现代
自然语言生成

Modern Natural Language Generation

黄民烈　黄 斐　朱小燕　著

電子工業出版社
Publishing House of Electronics Industry
北京 · BEIJING

内 容 简 介

本书总结了以神经网络为代表的现代自然语言生成的基本思想、模型和框架。本书共 12 章，首先介绍了自然语言生成的研究背景、从统计语言模型到神经网络语言建模的过程，以及自然语言建模的思想与技术演化过程；其次从基础模型角度介绍了基于循环神经网络、基于 Transformer 的语言生成模型，从优化方法角度介绍了基于变分自编码器、基于生成式对抗网络的语言生成模型，从生成方式角度介绍了非自回归语言生成的基本模型和框架；然后介绍了融合规划的自然语言生成、融合知识的自然语言生成、常见的自然语言生成任务和数据资源，以及自然语言生成的评价方法；最后总结了本书的写作思路及对自然语言生成领域未来发展趋势的展望。

本书可作为高等院校计算机科学与技术、人工智能、大数据等相关专业高年级本科生、研究生相关课程的教材，也适合从事自然语言处理研究、应用实践的科研人员和工程技术人员参考。

图书在版编目（CIP）数据

现代自然语言生成/黄民烈，黄斐，朱小燕著. —北京：电子工业出版社，2021.1
ISBN 978-7-121-40249-4
I. ① 现…　II. ① 黄…　② 黄…　③ 朱…　III. ① 自然语言处理-高等学校-教材
IV. ①TP391
中国版本图书馆 CIP 数据核字（2020）第 256283 号

责任编辑：章海涛
文字编辑：张　鑫
印　　刷：三河市君旺印务有限公司
装　　订：三河市君旺印务有限公司
出版发行：电子工业出版社
　　　　　北京市海淀区万寿路 173 信箱　　　邮编：100036
开　　本：787×1092　1/16　印张：17　字数：292 千字
版　　次：2021 年 1 月第 1 版
印　　次：2021 年 2 月第 3 次印刷
定　　价：79.00 元

凡所购买电子工业出版社图书有缺损问题，请向购买书店调换。若书店售缺，请与本社发行部联系，联系及邮购电话：（010）88254888，88258888。

质量投诉请发邮件至 zlts@phei.com.cn，盗版侵权举报请发邮件至 dbqq@phei.com.cn。

本书咨询联系方式：zhangxinbook@126.com。

序

PREFACE

本书系统地总结了以现代神经网络语言模型为基础的自然语言生成算法、模型和技术。自然语言生成的基本问题可以归结为“给定上文预测下文”。为了在神经网络模型下“预测下文”，需要引入静态词向量、语境化语言表示、条件概率建模，以及参数化的网络模型等新概念与新方法，才有可能实现从传统统计语言建模到神经网络建模，实现从语言文字的符号表示到向量表示的重大转变。语言生成的这种转变深刻地体现了人工智能中，从第一代知识驱动方法到第二代数据驱动方法的计算范式的转变。本书第 3 章到第 7 章围绕这种模型和计算范式，从基础模型、优化方法、生成方式和生成机制等多个层面进行了介绍。在基础模型中，介绍了循环神经网络和 Transformer 网络，并从模型结构和注意力机制等角度分析两者的区别和联系；在优化方法上，介绍了变分编解码器和生成式对抗网络中的优化方法；在生成方式上，除自回归生成方式外，还介绍了前沿的非自回归生成方式。

现有的文本生成模型由于缺乏知识而存在不少缺陷，如生成的内容连贯性差，甚至存在逻辑上矛盾和违背客观世界认知的内容；生成的内容信息量少，前后重复的内容多等。解决这些缺陷的办法是，在语言生成的模型中融入知识。但这项工作面临诸多的挑战，因为传统的知识表示采用符号化方法，在神经网络语言模型中，需要将符号表示转化为低维稠密向量表示，这种转化必然带来语义信息的丢失。而且，知识到自然语言的映射是一对多的关系，非常复杂。如何从大量的领域知识和常识中选择合适的知识融入，也存在很多的困难。本书第 8 章和第 9 章在规划和知识融入语言生成机制中，详细讨论了知识驱动与数据驱动相结合的各种可能方案。

自 20 世纪 50 年代人工智能诞生以来，自然语言生成一直是人工智能和自然语言处理的重要研究领域，并深受人工智能研究流派的影响。20 世纪 60 到 80 年代，符号主义在第一代人工智能中占主导地位。在语言生成中，采用的是基于规则和传统的机器学习方法，如由专家系统生成的简单解释，以及从数据库查询中返回的结果编写自然语言答案等，这充分说明符号主义对语言生成的影响。20 世纪 80 到 90 年代，以连接主义为主线的第二代人工智能崛起，在语言生成中，统计语言模型及前馈神经网络语言模型的提出，改变了语言建模的思路，开启了统计语言建模的新篇章。如今，基于神经网络的语言模型已经占据自然语言生成方法的统治地位。那么，能不能说，自然语言生成已经达到它的终点——到达或接近人类的水平？肯定不是。正如上面指出，目前机器所生成的自然语言与人类相比，还有很大的差距，未来的路还很长。发展第三代人工智能，将知识驱动和数据驱动结合起来，也一定是自然语言生成未来发展的方向。

总之，自然语言生成是人工智能和自然语言处理的重要研究领域。本书是一部以自然语言生成为专题的书籍。它整理、概括和归纳了现有自然语言生成模型、框架和方法，深入思考了这个领域的现状和未来。本书内容丰富，观点清晰，其中所涉及的模型、算法和技术，不仅在自然语言处理中，而且在人工智能中，均具有普适的意义。本书可以作为高等院校计算机科学与技术、人工智能和大数据等相关专业高年级本科生、研究生相关课程的教材，也可作为从事自然语言处理研究和应用的科研和工程技术人员的参考书。

张钹

2020 年 12 月 8 日于清华园

前言

PREFACE

自然语言生成经过几十年的发展，已经成为人工智能和自然语言处理的重要研究领域。最早的自然语言生成系统采用规则、模板的方法，设计各司其职的模块进行文本生成，其中体现了很多专家设计的词汇、语法、句法甚至语用的语言学知识。统计语言模型则从概率统计的角度提出了语言建模的新思路，将词汇与上下文的依赖关系编码在条件概率中。以深度学习模型为基本架构的现代语言生成模型绝大多数通过端到端训练的方式，能更好地建模词汇与上下文之间统计共现关系，显著地提升了文本生成的性能。特别是以 Transformer 为基础架构的预训练语言生成模型，能够较好地捕获包括词汇、语法、句法、语义等各层面的语言学知识，极大地推动了自然语言生成的进展，生成效果令人惊叹。

技术的进步显著地推动了应用的发展。就自然语言生成而言，机器翻译、摘要生成、故事生成、对话生成、诗歌生成等任务都广泛地应用了以神经网络为基本架构的现代语言生成方法，生成效果相比传统方法进步显著，在许多实际应用场景中大显身手。以神经机器翻译为例，在数据丰富的领域，机器翻译的效果甚至可以媲美人工翻译的效果。Google 新推出的聊天机器人 Meena 采用基于 Transformer 的架构，在某些方面接近甚至超过人类对话的效果。GPT 系列模型甚至可以生成人物角色丰富、故事情节曲折的长文本故事。机器创作，包括强调创新和创意的语言生成任务，如现代诗、歌词、古诗生成等，业已成为人工智能领域广受关注的研究课题，并在一些应用场景中落地，微软小冰甚至出版了机器创作的现代诗歌集。

正因为这样的背景，我们认为系统地总结自然语言生成的算法、模型和技术是十分必要的。通过梳理自然语言生成特有的问题和挑战，我们希望整理、概括和归纳现有的自然语言生成模型、框架和方法，以便我们更好地思考这个领域的现状和未来。而且，目前已有的相关书籍中，还未见以自然语言生成为专题的书籍，这也是我们写这本书的重要原因之一。

本书的写作围绕自然语言文本的概率建模展开。无论是传统的统计语言模型，还是现代神经网络语言模型，都可以归结到一个基本问题，即给定上文如何预测下文。传统的统计语言模型采用符号化的条件概率表，并利用共现次数直接估计条件概率。在基于神经网络的模型中，条件概率通过一个参数化模型来表达。模型容量越大，数据越多，这种参数化模型的优势体现得越明显。从统计语言建模到神经语言建模的发展过程实际是从语言文字的符号表示到向量表示的转变过程。静态词向量、语境化语言表示的建模思路深刻地改变了传统语言表示的计算范式，但其背后恒久不变的思想依然是分布假设：出现在相似上下文中的词是相似的。

本书围绕文本的“条件概率建模”这条主线，从基础模型、优化方法、生成方式、生成机制等多个层面进行介绍。在基础模型方面，介绍了目前主流的循环神经网络和 Transformer 两类模型，并从模型结构、注意力机制等角度分析了两者的区别与联系。在优化方法方面，介绍了变分自编码器中变分优化和生成式对抗网络中的对抗优化方法。在生成方式方面，除了经典的自回归语言生成方式，还介绍了前沿的非自回归生成方式，为文本生成提供了一种新的视角。在生成机制方面，介绍了语言生成中重要的规划机制和知识融入机制，并介绍了具体应用案例。最后系统地整理了语言生成的评价方法，从语言生成到语言评价形成了一个闭环。

本书可作为高等院校计算机科学与技术、人工智能、大数据等相关专业高年级本科生、研究生相关课程的教材，也适合从事自然语言处理研究、应用实践的科研人员和工程技术人员参考。本书的内容对理解现代语言生成模型的原理、优势和弊端将有很大的帮助。需要注意的是，理解本书内容需要具备概率统计、微积分、线性代数、机器学习的基本知识；对于深度学习方面的知识，则要求具备多层感知机、反向传播算法、自编码器等神经网络的基本知识。

本书是清华大学计算机系、人工智能研究院对话式智能 (CoAI) 小组集体努力的成果，也反映了课题组这几年在语言生成上的探索与积累，部分成果也编入了本书中。本书具体分工是：朱小燕负责审校、订正全书内容；黄民烈设计了全书结构，负责撰写和审校全部书稿；黄斐撰写了部分内容。此外，柯沛、关健、计昊哲、邵智宏也参与了部分内容的写作和资料整理工作，顾煜贤、周昊、郑楚杰、吴尘等参与了资料收集、整理工作。另外，如果没有国内外同行的研究工作，不可能有本书的出版。感谢清华大学人工智能研究院、国强研究院、国家自然科学基金委的支持。最后，感谢家人在写作期间无条件的支持。

由于编写时间仓促，书中难免存在错误、疏漏之处，望读者包涵，请批评指正。

黄民烈

2020 年 8 月 20 日于清华园

数学符号表

符　号	释　义
x	标量 x
$\|x\|$	x 的绝对值
$[x_1, x_2, \cdots, x_n]$	元素为 $x_1, x_2, \cdots, x_n$ 的列向量
$\boldsymbol{x}$	向量 $\boldsymbol{x}$
x_i	向量第 i 个元素
$\|\|\boldsymbol{x}\|\|_l$	向量 $\boldsymbol{x}$ 的 l 范数
$[\boldsymbol{x}_1; \boldsymbol{x}_2; \cdots; \boldsymbol{x}_n]$	列向量为 $\boldsymbol{x}_1, \boldsymbol{x}_2, \cdots, \boldsymbol{x}_n$ 的矩阵
$\boldsymbol{M}$	矩阵 $\boldsymbol{M}$
M_{ij}	矩阵 $\boldsymbol{M}$ 第 i 行第 j 列的元素
$\boldsymbol{x}^\top$	向量 $\boldsymbol{x}$ 的转置
$\boldsymbol{M}^\top$	矩阵 $\boldsymbol{M}$ 的转置
$\boldsymbol{x} \otimes \boldsymbol{y}$	向量 $\boldsymbol{x}$ 和 $\boldsymbol{y}$ 逐元素相乘
$\boldsymbol{x} \cdot \boldsymbol{y}$	向量 $\boldsymbol{x}$ 和 $\boldsymbol{y}$ 的点乘，即内积
$\boldsymbol{x} \oplus \boldsymbol{y}$	向量 $\boldsymbol{x}$ 和 $\boldsymbol{y}$ 的拼接
$\boldsymbol{M}_1\boldsymbol{M}_2$	矩阵 $\boldsymbol{M}_1$ 与矩阵 $\boldsymbol{M}_2$ 的相乘
$\mathcal{A}$	集合 $\mathcal{A}$
$\{x_1, x_2, \cdots, x_n\}$	元素为 $x_1, x_2, \cdots, x_n$ 的集合
$\|\mathcal{A}\|$	集合 $\mathcal{A}$ 的元素个数
$\mathbb{R}$	实数集合
$\mathbb{R}^d$	d 维实向量空间
$\mathbb{R}^{m \times n}$	$m \times n$ 维实矩阵空间
$\exp(x)$	自然常数的 x 次方
$\log_n(x)$	以 n 为底 x 的对数；本书规定，n 省略时为 x 的自然对数
$\text{sigmoid}(x)$ 或 $\sigma(x)$	$\dfrac{1}{1+\exp(-x)}$
$\text{softmax}(\boldsymbol{x})$	向量 $\boldsymbol{x}$ 经过 softmax 变换后的输出向量 (也是一个概率分布)，其中第 i 个元素为 $\dfrac{\exp(x_i)}{\sum\limits_j \exp(x_j)}$
$\text{softmax}(\boldsymbol{x})\|_i$	向量 $\boldsymbol{x}$ 经过 softmax 变换后，取输出向量 (也是一个概率分布) 的第 i 个元素值
τ	温度，一般用于控制概率分布 $\text{softmax}(\boldsymbol{x}/\tau)$ 的尖锐或平滑程度
$P(x)$	离散随机变量 x 的概率

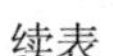

续表

符　号	释　义
$P(x\|C)$	离散随机变量 x 在已知 C 情况下的条件概率
$p(x)$	连续随机变量 x 的概率密度函数
$p(x\|C)$	连续随机变量 x 在已知 C 情况下的条件概率密度函数
$x \sim P$	随机变量 x 服从分布 P
$\mathbb{E}[f(x)]$	$f(x)$ 的期望
$\mathbb{E}_{x\sim P}[f(x)]$	$f(x)$ 的期望，x 服从分布 P
$\mathcal{N}(\mu,\sigma^2)$	均值为 μ，方差为 σ^2 的正态分布
$\mathcal{N}(\boldsymbol{\mu},\boldsymbol{\Sigma})$	均值向量为 $\boldsymbol{\mu}$，协方差矩阵为 $\boldsymbol{\Sigma}$ 的正态分布
$\mathcal{V}$	词表，所有词组成的集合
$W=(w_1,w_2,\cdots,w_n)$	词序列，由 $w_1,w_2,\cdots,w_n$ 组成的句子
$W_{<t}$ 或 $Y_{<t}$	句子 W 或 Y 中前 $t-1$ 个词所组成的前缀
$\text{len}(W)$, $\text{len}(Y)$	句子 W 或 Y 的长度，即所包含的词数目
$X=(x_1,x_2,\cdots,x_n)$	输入句子，$x_i\,(i=1,2,\cdots,n)$ 代表一个词
C	生成条件或上下文
$Y=(y_1,y_2,\cdots,y_n)$	人工撰写的句子，$y_i\,(i=1,2,\cdots,n)$ 代表一个词
$\hat{Y}=(\hat{y}_1,\hat{y}_2,\cdots,\hat{y}_n)$	模型生成句子，$\hat{y}_i\,(i=1,2,\cdots,n)$ 代表一个词
$\text{TF}(w,d)$	词 w 在文档 d 中出现的次数
$\text{DF}(w)$	在某个语料集中包含词 w 的文档数目
$\text{IDF}(w)$	$\log\dfrac{N}{\text{DF}(w)+1}$，其中 N 为语料集中文档的总数目
$\boldsymbol{E}$	词向量矩阵
$\boldsymbol{e}(y_i)$	词 y_i 的词嵌入向量
$\boldsymbol{h}$	编码器隐状态
$\boldsymbol{s}$	解码器隐状态
$\boldsymbol{\theta}$	模型的可学习参数
$\mathcal{L}$	损失函数
η	学习率
$\hat{*}, \bar{*}$	$*$ 的估计值，$*$ 中元素的算术平均值
$f(\boldsymbol{x};\boldsymbol{\theta})$	参数为 $\boldsymbol{\theta}$、关于自变量 $\boldsymbol{x}$ 的函数
$\dfrac{\partial f(x;\boldsymbol{\theta})}{\partial\boldsymbol{\theta}}$	函数 f 对参数 $\boldsymbol{\theta}$ 的导数
$f(x)\triangleq x+1$	将 $f(x)$ 定义为 $x+1$

专业名词释义表

专业名词	释　义
NLP	Natural Language Processing，自然语言处理
NLU	Natural Language Understanding，自然语言理解
NLG	Natural Language Generation，自然语言生成
n-gram	n 元文法，也指句子中连续 n 个词所组成的序列
CBOW	Continuous Bag-of-words，连续词袋
MLM	Masked Language Models，掩码语言模型
MLP	Multi-layer Perceptrons，多层感知机 (前馈全连接神经网络)
RNN	Recurrent Neural Network，循环神经网络
LSTM	Long Short-Term Memory，长短期记忆
GRU	Gated Recurrent Units，门控循环单元
CNN	Convolutional Neural Networks，卷积神经网络
VAE	Variational Auto-Encoder，变分自编码器
CVAE	Conditional Variational Auto-Encoder，条件变分自编码器
GAN	Generative Adversarial Networks，生成式对抗网络
ELMo	Embeddings from Language Models，语言模型嵌入表示
BERT	Bidirectional Encoder Representation from Transformers，基于 Transformers 的双向编码表示
GPT	Generative Pre-Training，生成式预训练
MLE	Maximum Likelihood Estimation，最大似然估计
ELBo	Evidence Lower Bound，变分证据下界

CONTENTS

目 录

第1章 自然语言生成的研究背景

"What I cannot create, I do not understand."

——Richard Feynman(美国理论物理学家，1965 年诺贝尔物理学奖获得者)

1.1 自然语言生成的背景概述

语言与文字作为几千年来人类文明发展的自然产物，在人类交流中扮演了不可替代的角色。自然语言处理 (Natural Language Processing, NLP) 作为研究人类语言的分支领域，自人工智能诞生以来就受到广泛的关注。特别是近几年随着深度学习的兴起，自然语言处理在许多应用领域取得了长足的进步，如机器翻译、对话系统、自动摘要系统的性能都获得了很大提升。基于现代深度学习框架的自然语言处理模型，在性能上显著地超越了基于规则或传统机器学习的方法。

自然语言生成 (Natural Language Generation，NLG) 是自然语言处理中非常重要和基础的任务。从狭义上说，自然语言处理包括自然语言生成和自然语言理解。人类的自然语言交互可以分解为两个阶段：一是从大脑中的意义 (Meaning) 到语言的表达过程，即通常意义上的自然语言生成；二是从语言到意义的理解过程，即通常意义上的自然语言理解 (Natural Language Understanding，NLU)。因此，在人类的自然语言交互过程中，自然语言生成 (或表达) 与自然语言理解就是两个最重要的部分。在以自然语言为主要交互手段的现代人机交互系统 (如对话系统、语音助手等) 中，自然语言生成和自然语言理解也是其中最核心的功能组件。

自然语言生成一直是自然语言处理领域的重要研究分支，具有长远的历史。20 世纪 50 年代，自然语言生成作为机器翻译的子问题被首次提出。20 世纪 70 年代，自然语言生成开始为专家系统生成简单的解释，以及为数据库查询的返回结果编写自然语言的答案。20

世纪 80 年代早期，自然语言生成逐渐成为自然语言处理中一个独立的研究领域，研究者开始探索其独特的关注点和研究问题。20 世纪 80~90 年代，研究者提出统计语言模型，开始从概率统计视角刻画语言文字，开启了统计语言建模的新篇章。2003 年，Bengio 提出了前馈神经网络语言模型[1]，非常前瞻性地改变了传统语言模型的建模思路。2013 年，词向量[2] 的提出标志着基于神经网络的语言建模时代的开始。时至今日，基于神经网络的语言模型已经占据了自然语言生成方法的统治地位。

本书主要讲述现代自然语言生成的基本问题、算法、模型和框架，特别是基于神经网络和深度学习架构的模型与方法。本章将讨论自然语言生成的基本定义和研究范畴，介绍传统的模块化生成框架和现代端到端的生成框架，并讨论自然语言生成中的核心问题——可控性问题。

1.2 基本定义与研究范畴

自然语言生成的宽泛定义可以表述为：在特定的交互目标下，从给定输入信息 (输入信息可能为空) 生成人类可读的语言文本的自动化过程。自然语言生成随着任务设定的不同，输入多种多样，但输出一定是可读的自然语言文本。从输入的维度来说，自然语言生成系统的输入可以表述为四元组，即 $<\mathrm{CG}, \mathrm{UM}, \mathrm{KB}, \mathrm{CH}>$[3]。

- CG：语言生成任务的交互目标 (Communicative Goal)，即所生成的语言文本服务于何种通信、交互目的。常见的交互目标包括告知、说服、广告营销、推荐等。
- UM：用户模型 (User Model)，即所生成的语言文本的读者或受众。对同样的信息，不同性别、年龄、职业的用户喜欢阅读的语言表达方式和风格是不同的。这涵盖了个性化语言生成任务，如个性化的对话生成、个性化的广告语生成。
- KB：任务相关的领域知识库 (Knowledge Base)，如实体、关系、领域规则等信息。KB 提供了关于语言生成任务的背景知识。
- CH：上下文信息 (Context History)，即模型在生成当前文本时需要考虑的输入信息，可能为文本、数据、图像或视频等。

以上定义几乎涵盖了所有的自然语言生成任务和场景，当然随着设定的不同，这些信息可以部分提供或全部提供。在输入中引入交互目标和用户模型使得这一定义具有普适的覆盖面，尤其包括了现代自然语言生成中的风格化生成、个性化生成等任务。

从研究范畴上看，自然语言生成在语言处理的基本问题上提供了独特的视角。**首先**，从人机交互的角度看，什么样的语言表达和语言行为，以及如何实现它们，才能更好地实现交互目标以促进人和机器之间的信息交流。**其次**，在特定的交互目标下，合适的语言表达的构成要素是什么，句法、语义、语用层面的约束应该如何形式化，语言学和领域知识应该如何表示又如何利用，自然语言生成中语言选择①的关键因素又是什么。**最后**，输入的信息应该如何被转换为高层次的符号化概念和文字 (例如，如何用语言文本描述复杂信息，如何抽象和概括原始数据以形成有意义、可理解的描述内容)，在这个过程中需要什么样的模型表达领域和世界知识，以及如何合理利用所关联的推理。显然，这些问题是整个自然语言处理领域基础的研究问题，它们普遍存在于几乎所有的自然语言生成任务和场景中。

1.3　自然语言生成与自然语言理解

自然语言生成和自然语言理解作为自然语言处理的两大分支，它们的共同特点在于两者都是研究关于语言和语言使用的计算模型。因此，它们的许多基础语言理论 (如关于语法、句法、语义、语用、篇章的理论) 是共通的。从一定意义上说，两者可以看成互逆的过程：自然语言理解将语言文本转换为计算机能处理的内在语义表示，而自然语言生成将计算机的内在语义表示翻译为人类可读的语言文本。

然而，两者也存在本质的不同。自然语言理解重在**分析**，目标是理解输入文本的语义、意图。语言分析过程通常是从底向上的过程：从词形 (Morphology)、语法 (Syntax)、语用 (Pragmatics)、篇章 (Discourse)，到最后的语义 (Semantics) 解析，需要在多个假设中选择最可能的一个或多个作为最终输出，其本质问题是假设管理 (Hypothesis Management)[4]。例如，在文本分类、词性标注、语义角色标注、自动问答、阅读理解等语言理解任务中，核

① 指对同一个语义可以选择不同的词汇、句式等进行表达。

心任务都是从假设空间中选择一个或多个类别标记、答案、选项作为最终模型的输出。自然语言理解的主要困难在于歧义 (同一个字面形式有多种可能的分析结果) 和输入信息不足 (需要字面以外的信息辅助才能做出分析和预测)。

而自然语言生成重在**规划和建构**，其遵循相反的信息流向：从语义到文本，从内容到形式。首先，自然语言生成是自上而下地在各种语言学层次上的规划过程，即从上层的语义出发，先要确定篇章和语用结构，再确定概念到词的映射，最后确定词形和具体的表型 (Surface Form)。其次，自然语言生成是考虑各种约束条件的从语义到文本的建构过程，这些约束条件包括文本长度、语言风格等。规划和建构的本质问题是确定选择，即选择合适的信息、词汇、句式来表达给定的输入信息。例如，在文本摘要中，需要从输入文档中选择合适的信息进行摘录；在生成最后的摘要时，需要选择合适的词和表达方式以生成通顺、流利的文本。

1.4 传统的模块化生成框架

传统的自然语言生成系统一般采用模块化的设计框架。一般认为，模块化的自然语言生成系统包括如下功能模块[3]。

(1) 内容选择 (Content Determination)

内容选择决定哪些信息应该出现在生成的文本中，哪些不应该出现。这个选择过程依赖多种因素，包括交互目标、生成内容的目标受众、输入信息源本身的重要性排序、输出的限制 (如长度、类别) 等。典型地，自动文摘系统中内容选择的两个关键因素就是信息源的重要性排序和摘要长度的限制。

(2) 文本结构化 (Text Structuring)

文本结构化决定需要表达的信息的先后顺序和结构。通常可以采用树状层次化结构或者篇章结构①确定表达信息的顺序和结构。

---

① Discourse relation 是指句子之间或子句之间的篇章关系，广泛采用修辞结构理论 (Rhetorical Structure Theory) 所定义的关系。

(3) 句子聚合 (Sentence Aggregation)

句子聚合决定哪些信息单元应该表达在一个句子中，或者某个信息单元应该被单独表达在某个句子中，以确保后续生成的句子流畅性和可读性。例如，在天气预报中，可能会在一句话中同时表达温度和湿度的信息：“今天相比昨天，温度更高，湿度也更大些。”如果用两句话分别表达温度和湿度信息，则显得冗余和啰唆。

(4) 词汇化 (Lexicalisation)

表达同样的意思有许多不同的表达方式，词汇化的核心任务是确定合适的词汇以表达选定的信息单元。很多情况下，从概念到词汇的映射过程并不是简单直接的，而需要处理语义相似词、近义词、上下位词等语言学的变种，这个过程受许多约束变量的制约，如上下文、生成文本的风格、所表达的情感、立场等。

(5) 指称表达生成 (Referring Expression Generation)

指称表达生成确定对实体的指称表达，即在文本中使用合适的名称 (原名、别名、代词、反身代词等) 对实体进行引用。实体引用还可能涉及实体属性的使用，以便在上下文中无歧义地指称实体，例如，“积木块中最大的红色立方体”从颜色、大小和形状三个方面对物体进行指称。

(6) 语言实现 (Linguistic Realization)

当以上所有的信息都确定后，语言实现负责形成句法、词形都正确的文本。这涉及句子成分的排序，人称、数、时态的一致，辅助词、功能词的插入等。

模块化的生成框架在自然语言处理的早期发展阶段中占据了统治地位，但在现代自然语言生成的不断发展中逐渐被新的框架所取代。不过，这些功能模块的划分对现在的研究仍然具有重要的指导和借鉴意义。实际上，在一个自然语言生成系统中，这 6 个模块的边界是不容易划分清楚的。例如，内容选择与文本结构化就存在紧密联系，它们的核心是确定内容和结构；句子聚合、词汇化、指称表达生成一起确定内容表达的微观结构。因此，三阶段模块化自然语言生成框架如图 1.1 所示，共包括以下三个步骤。

(1) 内容规划 (Content Planning)

内容规划从宏观层面决定内容和结构，即解决“说什么”(What to say) 的问题。这个步骤实际上包括传统框架中的内容选择和文本结构化两个模块。内容规划的结果通常用树状的层次化结构表示，叶子节点代表要生成的内容，树状结构用于组织内容在文本中的顺序。

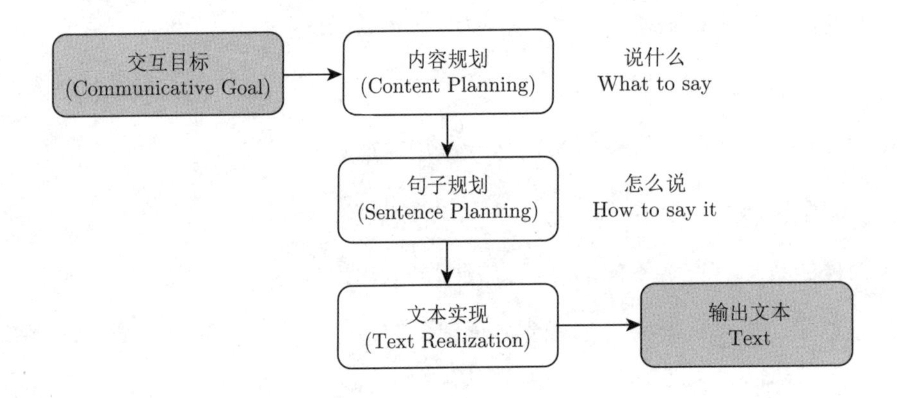

图 1.1　三阶段模块化自然语言生成框架

(2) **句子规划 (Sentence Planning)**

句子规划从微观层面决定词汇和句法结构，用以表达文档规划阶段确定的内容和结构，即解决“怎么说” (How to say it) 的问题。这个步骤包括句子聚合、词汇化和指称表达生成三个模块。同样地，句子规划的结果也可以用树状层次化结构表示，内部节点表示句子的结构，叶子节点表示单词或短语。

(3) **文本实现 (Text Realization)**

文本实现是指生成语法、句法、词形正确的文本内容，负责实现层面的语言表达。

传统的模块化自然语言生成框架一般采用两类方法实现：一是基于手写模板或语法规则的方法，二是基于统计的方法。当所处理的任务较简单、问题的规模较小时，基于手写模板或语法规则的方法不失为一个好的选择。模板一般表示为带有占位符的文本表述，如下所示：

“<Location> 附近有 <Cuisine> 类型的餐馆 <Restaurant>。”

其中，<Location>、<Cuisine>、<Restaurant> 表示相应的变量名。实例化时，只需将相应的值替换变量名，就可得到一个具体的文本，如“王府井 附近有烤鸭 类型的餐馆全聚德”。基于手写模板或语法规则的方法简单、实用，对输出文本完全可控，但缺点是死板、适用性有限，且很难扩展到语言表达形式丰富的生成场景中。

基于统计的方法一般可采取两种思路：其一，仍然基于手写的语法规则生成若干可能的候选文本，然后采用机器学习方法对这些候选文本进行排序，从中选出最优的结果；其二，直接使用统计信息影响生成过程的语言选择，不再使用先生成再过滤的策略。由于基于手写的语法规则不仅费时、费力，而且覆盖率有限，所以从大规模的树库资源中自动学习语法规则并利用这些语法规则生成文本成为了一个重要的研究方向。其中比较有代表性的是 OpenCCG 系统[5]，它基于组合范畴文法 (Combinatory Categorial Grammar，CCG)[6] 设计了一个覆盖度较广的英语表型实现器 (Surface Realizer)。该系统从宾州树库抽取 CCG 语法规则用于语言生成，并采用统计语言模型 (Statistical Language Models) 进行重排序。

基于手写模板或语法规则的方法考虑了许多细致的语言学规则和知识，而基于统计的方法更倾向于采用数据驱动的做法，自动学习数据隐含的规则和知识。增加统计信息的使用，往往也意味着语言学知识的减少。这种研究趋势也催生了完全数据驱动的现代语言生成框架——端到端的自然语言生成框架。

1.5　端到端的自然语言生成框架

传统的模块化自然语言生成框架属于“白盒”[①]的设计思路：每个模块的功能和职责相对明确，系统具有很好的可解释性，也方便故障诊断；但是，级联系统也会带来不可避免的错误传播问题，上一个模块的错误会传导至下一个模块，从而导致产生更严重的错误。现代深度学习的兴起，推动了各式各样基于神经网络的新自然语言生成模型，这些模型几乎都沿用了相同的端到端的自然语言生成框架，如图 1.2 所示。这是一种典型的“黑盒” (Black Box) 设计，传统的“内容规划—句子规划—文本实现”三个模块的功能被统一整合在一个解码器中。这种端到端的设计用一个模块就能实现所有模块的功能，不再纠缠每个模块的细节设计。采用数据驱动的方法训练模型，避免了手写模板或语法规则的麻烦。但是，这种设计存在不少问题：缺少对语言学知识的显式利用，缺少有效的手段来控制生成内容的质量，并且不能适用于数据资源不充足的情况。

① “白盒”即系统内部的模块和组件是可见的。

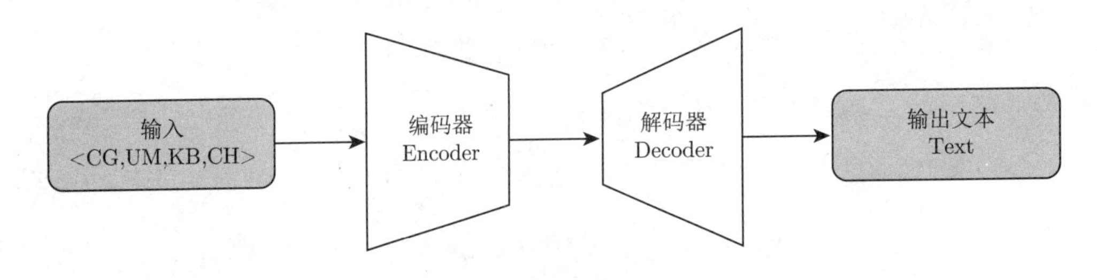

图 1.2　端到端的自然语言生成框架

绝大多数现代自然语言生成模型都采用了“编码器—解码器”框架，如图 1.2 所示。在这个框架中，输入 $X \triangleq < \text{CG}, \text{UM}, \text{KB}, \text{CH} >$ 经过编码器 (Encoder) 的处理被编码为向量表示，解码器 (Decoder) 则负责读取输入向量，生成所需要的文本。如前所述，这一框架将传统框架中的内容规划、句子规划、文本实现功能统一整合在解码器中。

可以从概率建模的角度对这一框架进行形式化。假设输入为 $X = < \text{CG}, \text{UM}, \text{KB}, \text{CH} >$，包含交互目标、用户模型、领域知识库、上下文信息；输出为 $Y = (y_1, y_2, \cdots, y_n)$，每个 $y_i\,(i = 1, 2, \cdots, n)$ 代表一个词。模型训练的目标是估计条件概率 $P_{\boldsymbol{\theta}}(Y|X)$，其中 $\boldsymbol{\theta}$ 表示模型的参数。在自回归 (Auto-Regressive) 生成模式[①]下, 条件概率 $P_{\boldsymbol{\theta}}(Y|X)$ 可以表达为

$$P_{\boldsymbol{\theta}}(Y|X) = \prod_{i=1}^{n} P_{\boldsymbol{\theta}}(y_i|Y_{<i}, X) \tag{1.1}$$

其中，$Y_{<i} = (y_1, y_2, \cdots, y_{i-1})$ 表示第 i 个位置已经生成的部分。模型的核心任务是估计概率分布 $P_{\boldsymbol{\theta}}(y|Y_{<i}, X)$，其中 $y \in \mathcal{V}$，$\mathcal{V}$ 表示词表，词表规模一般为 1000~50000 量级。在自回归生成模式下，模型每次从概率分布 $P_{\boldsymbol{\theta}}(y|Y_{<i}, X)$ 采样从而生成一个单词 y_i，新得到的单词重新作为输入，再采样得到下一个单词 y_{i+1}。这一过程可用公式表达为

$$y_i \sim P_{\boldsymbol{\theta}}(y|y_1 y_2 \cdots y_{i-1}, X) \tag{1.2}$$

$$y_{i+1} \sim P_{\boldsymbol{\theta}}(y|y_1 y_2 \cdots y_{i-1} y_i, X) \tag{1.3}$$

以上采样形式有一个贪心解码 (Greedy Decoding) 的特殊情形：即每个时刻 i 选取概率最大的词作为生成结果，$y_i = \arg\max_{y \in \mathcal{V}} P_{\boldsymbol{\theta}}(y|y_1 y_2 \cdots y_{i-1}, X)$。但该方法的性能通常不如集束搜索 (Beam Search) 的策略，这部分将在第 3 章中详细阐述。

① 对应地，非自回归 (Non-Autoregressive) 生成模式一次性把所有的单词并行解码出来，将在第 7 章中详细介绍。

大多数的“编码器—解码器”框架广泛采用注意力机制 (Attention Mechanism) 以便获得更好的语言生成性能。其核心思想是，解码器在每个解码位置维护一个状态向量，并根据状态向量有选择性地利用编码器所得到的输入向量。一个典型的方法是，使用状态向量去匹配每个输入向量，得到所有输入向量上的权重分布。通过注意力机制，模型在不同解码位置对输入信息的利用是不同的。这使得解码器在不同的生成阶段有效地“注意”到不同的输入信息。已有的研究表明，注意力机制显著提升了文本生成的质量。这部分也将在第 3 章中详细阐述。

在“编码器—解码器”框架中，编码器和解码器可以采用各种神经网络模型，一般两者可以有不同的网络结构和参数。最常见的选择是循环神经网络 (Recurrent Neural Network, RNN)，将在第 3 章中详细阐述。另一种常见的选择是 Transformer[7] 的结构，这是一种采用多头注意力 (Multi-head Attention) 机制的神经网络模型，将在第 4 章中详细介绍。由于编码器只需要编码信息，所以可以选择基于预训练语言模型如 BERT[8] 等，以充分利用语境化的语言表示 (Contextualized Language Representation)。自 2019 年以来，由于预训练模型的兴起，出现了以 GPT[9] (General Pretraining) 为代表的仅有解码器的生成模型。它们使用了统一的神经网络结构同时处理编码和解码部分。或者说，GPT 模型中的编码器和解码器共享同样的网络结构与参数。同时，预训练的“编码器—解码器”结构也开始被研究和使用。

1.6　典型的自然语言生成任务

自然语言生成任务的输入多种多样，在之前的定义中给出了一个非常普适的输入形式，即 $X \triangleq <\mathrm{CG}, \mathrm{UM}, \mathrm{KB}, \mathrm{CH}>$。引入交互目标和用户模型，能使该形式覆盖风格化语言生成 (正式语言和非正式语言、金庸风格和莎士比亚风格等)、个性化语言生成 (根据用户特征的不同生成不同文本) 等任务。但输入中最重要的部分还是上下文信息即 CH 部分，该部分和生成文本直接相关。其形式通常可以是文本、类别标记、关键词、数据、表格、图像、视频等。本节将分别从输入信息的形态和信息转换两个角度来概括典型的自然语言生成任务。

从输入信息形态的角度来说，自然语言生成任务可以分成：文本到文本 (Text-to-Text)、数据到文本 (Data-to-Text)、抽象意义表示到文本 (Meaning-to-Text)、多模态到文本 (Multimodality-to-Text)、无约束文本生成 (Zero-to-Text) 等。下面详细阐述这些任务。

- **文本到文本 (Text-to-Text)**。输入是文本内容 (连续文字或关键词信息)。这是最常见的一类任务，主要包括文本摘要、机器翻译、句子化简、语义复述生成、对话生成、诗歌生成、故事生成等。
- **数据到文本 (Data-to-Text)**。输入是数值、数据类信息，如表格、键值对列表、三元组等。例如，根据球赛的统计数据表格生成相应的体育新闻报道，根据结构化的个人信息生成维基百科简介页面等。在这类任务中，往往不可能将所有的原始数据都体现在生成内容中，因此对数据的选择、比较、关联、概括非常重要。
- **抽象意义表示到文本 (Meaning-to-Text)**。输入是语义的抽象表示，生成任务需要将抽象意义表示翻译成自然语言文本。常见的输入形式包括抽象意义表示 (Abstract Meaning Representation) 和逻辑表达式 (Logic Form)。
- **多模态到文本 (Multimodality-to-Text)**。输入是图像、视频等类型的多模态信息，模型需要将图像、视频中表达的语义信息转换为自然语言文本。典型的任务包括图像描述生成 (Image Captioning) 和视觉故事生成 (Visual Story Telling，根据视频或多个图像生成故事)。
- **无约束文本 (Zero-to-Text)**。不给定任何输入，要求模型自由生成自然语言文本。一般来说，这些模型会从学习到的分布中采样，以生成多样但符合数据分布的文本。部分模型也会先采样一个随机向量，然后将该向量转换为对应的文本。该任务一般用于测试基础的生成模型，如 RNN 语言模型、生成式对抗网络 (Generative Adversarial Network) 和变分自编码器 (Variational Auto-Encoder) 等。

从 “输入—输出” 信息变换的维度来看，自然语言生成可以分为开放端语言生成 (Open-ended Language Generation) 和非开放端语言生成 (Non-open-ended Language Generation)。开放端语言生成是指输入信息不完备、不足以引导模型得到完整输出语义的任务。

故事生成是一个典型的开放端语言生成任务：给定故事开头一句话或者几个主题关键字，模型需要生成具备一定情节的完整故事。显然，这个场景下输入信息非常有限，模型还需要利用其他信息 (如知识、大规模其他语料) 或“创造”输入中没有的其他关键信息，才能完成故事情节的规划并生成有意义的故事。这类任务普遍具有“一到多”的特点，即同一个输入存在多种语义显著不同的输出文本。对话生成、长文本生成 (如故事生成、散文生成) 都存在这样的特点，属于开放端语言生成任务。注意，这里的“创造”是相对狭义的，意指生成在输入中未指定或未约束的部分内容。

对应地，非开放端语言生成任务中，输入信息在语义上提供了完备甚至更多的信息，模型需要将这些信息用语言文字表述出来。机器翻译就是典型的非开放端语言生成任务：一般情况下，输入已经完整地定义了输出需要表达的语义，模型需要用另一种语言将其表达出来。语义复述生成可视为信息的等价变换，输入与输出的语义完全相同，只是表达形式不同。在文本摘要、句子化简这类任务中，输入给出了输出语义空间中更多的信息，模型需要通过信息过滤来选择合适的信息表达在输出文本中。在抽象意义表示到文本的任务中，输入完整地定义了输出所要表达的语义，因此模型只需要完成相应的语言实现 (Linguistic Realization) 即可。

表 1.1 所示为常见的自然语言生成任务与特点。

表 1.1　常见的自然语言生成任务与特点

任　务	任务类型	输入完备性	生成开放性	模型创造性
文本摘要	文本到文本	完备	非开放端	低
机器翻译	文本到文本	完备	非开放端	低
句子化简	文本到文本	完备	非开放端	低
语义复述生成	文本到文本	完备	非开放端	低
对话生成	文本到文本	非完备	开放端	高
故事生成	文本到文本	非完备	开放端	高
散文生成	文本到文本	非完备	开放端	高
表格—文本转换	数据到文本	完备	开放端	中
逻辑表达式—文本转换	抽象意义表示到文本	完备	非开放端	低
图像描述生成	多模态到文本	完备	非开放端	低
视觉故事生成	多模态到文本	非完备	开放端	中

1.7 自然语言生成的可控性

自然语言生成的可控性[①]是指模型在给定输入条件下生成不符合预期的文本，这些文本在语法、用词、语义等方面不符合人类语言的规范或者事先给定的约束。传统的模块化自然语言生成框架中，基于规则的方法往往能生成稳定可靠的文本。基于神经网络的端到端方法，由于引入了概率采样的机制，每次需要从模型估计的概率分布 $P_{\boldsymbol{\theta}}(y|Y_{<i}, X)$ 中采样 (参考公式(1.3))。考虑到词表规模较大，一般为 1000~50000 量级，因此概率分布中不可避免地存在大量出现概率很低的长尾词，再加上概率采样本身的随机性，基于采样的自然语言生成模型面临的可控性问题尤为严重。

如图 1.3 所示，自然语言生成的可控性问题可以从以下 4 个维度来概括。

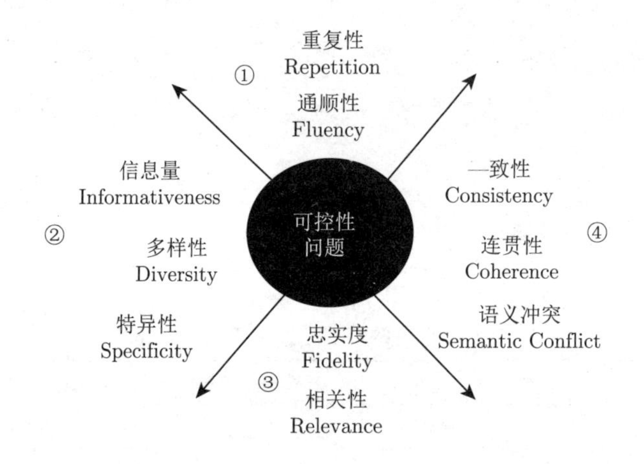

图 1.3 自然语言生成可控性的 4 个维度

1. 语法性问题

语法性问题是指生成文本是否通顺 (Fluency)，是否符合自然语言的语法，是否存在重复 (Repetition)。多数情况下，现代自然语言生成模型在大数据和大模型[②]的支撑下，通顺性几乎不存在显著问题。但在重复性问题上，即便现在最先进的预训练模型 GPT-2、GPT-3，

① 这里的可控性是广泛意义上的，狭义的可控性是指当调整输入变量时模型改变生成文本的属性的能力。

② 指模型的参数规模很大，如几千万到几亿甚至几十亿。

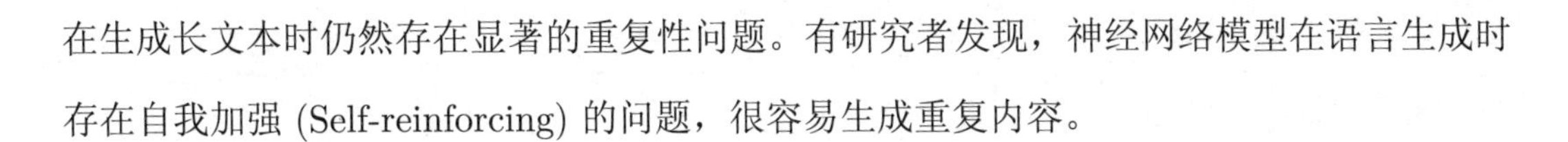

在生成长文本时仍然存在显著的重复性问题。有研究者发现，神经网络模型在语言生成时存在自我加强 (Self-reinforcing) 的问题，很容易生成重复内容。

2. 信息量问题

信息量问题是指模型生成高频的、无意义的、通用的内容，生成文本的信息量 (Informativeness)、多样性 (Diversity)、特异性 (Specificity) 显著不足。这是现代语言生成模型中最根本的可控性问题。基于概率采样的模型，更容易在每个位置上生成常见词，使整个生成的文本也变得常见 (如 “好的，我知道了”“我不知道” 等)，损失了其本身应该具有的信息量、多样性和特异性。

3. 关联度问题

关联度问题是指生成内容与输入的相关性 (Relevance) 低，或者与输入信息不符合，忠实度 (Fidelity) 低。例如，在对话生成中，生成与输入相关的、有意义的回复仍然是一个比较大的挑战。尤其是在数据到文本的生成任务中，忠实度是一个非常重要的问题，所生成的文本中不能编造新数据或者修改给定的输入数据。例如，在体育新闻报道中，若给定输入是 “A 队打败了 B 队”，但模型输出是 “B 队打败了 A 队”，这种情况则是不可接受的。

4. 语义问题

语义问题是指生成文本与给定上下文一致性 (Consistency) 不足，前后连贯性 (Coherence) 差，或与常识存在语义冲突 (Semantic Conflict)。如何检测语义问题本身就存在困难，因此语义问题也是可控性问题中最难的一类问题。当前自然语言生成模型很容易生成通顺但存在语义问题的内容，如前后矛盾 (如 “我喜欢你，但我不喜欢你”) 或者与常识不符 (如 “四个角的独角兽”)。

自然语言生成可控性的另一个维度是社会学偏置 (Social Bias)，即现有的生成模型容易生成侵略性的、恶毒的、人身攻击的、性别歧视的、种族歧视的不合适内容。尤其是当训练数据的质量不高、包含较多不合适的数据时，模型表现的社会学偏置问题可能会进一步加剧。现有模型的社会学偏置实际上反映了人类自身根深蒂固的偏见。对于这类可控性问题，一种简单的做法是在后处理基础上加过滤模块。从模型控制的角度来说，可以引入

反似然的训练 (Unlikelihood Training) 目标，即降低不合适词的采样概率。目前，这个研究方向的工作还比较少。

1.8 本书结构

本书共 12 章。第 1 章介绍了自然语言生成的背景、范畴、基本框架、任务设定和研究挑战。第 2 章介绍了从统计语言模型到神经网络语言建模的发展过程，重点介绍了语言建模的思想与技术演化过程。第 3~6 章分别介绍了基于循环神经网络、基于 Transformer、基于变分自编码器、基于生成式对抗网络的语言生成模型，它们几乎覆盖了现代语言生成模型的基本架构。这 4 章的内容也代表了 4 种对于语言建模完全不同的思路，在现代语言生成模型中极具代表性。第 7 章介绍了前沿的非自回归的语言生成，相比自回归的语言生成，提供了一种崭新的视角。

考虑到规划在语言生成尤其是长文本生成中的重要性，第 8 章以数据到文本生成、故事生成为例，介绍了基于规划的自然语言生成。第 9 章介绍了融合知识的自然语言生成，阐述了引入知识的动机、常用方法、面临的挑战，并以对话生成、故事生成为例，阐述了知识应用的方式和机制。第 10 章介绍了常见的自然语言生成任务和数据资源。第 11 章详细介绍了自然语言生成的评价方法，包括评价角度、人工评价、自动评价、自动评价与人工评价的结合、统计相关性等。第 12 章对本书的写作思路进行了总结和回顾，并对未来自然语言生成领域的发展趋势进行了展望。

第 2 章　从统计语言模型到神经网络语言建模

语言模型的核心任务是确定语言中任意词序列的概率，它提供了从概率统计角度建模语言文字的独特视角。语言模型在自然语言处理中有广泛的应用，在语音识别、语法纠错、机器翻译、语言生成等任务中均发挥着重要的作用。

语言模型的基本任务是在给定上下文 C 的情况下，预测下一个词 w 的条件概率 $P(w|C)$。在传统的统计语言模型中，这一条件概率基于语料集上词串的计数来直接计算，是完全符号化的非参数化建模方法①。在基于神经网络的语言模型中，这一条件概率通过一个参数化的神经网络模型来建模。这一思想见于 Bengio 等人于 2003 年发表的论文[1]，也奠定了后续许多神经网络语言建模研究工作的基础。另外，神经网络的语言处理模型中常用的词向量、语境化语言表示，实际上也是通过建模文本中的条件概率而实现的。

本章介绍了传统的统计语言模型、基于神经网络的语言模型、静态词向量模型和语境化语言表示模型的基本原理，并通过语言中的条件概率建模将这些内容串联在一起，阐述了这些模型在建模思路上的内在联系。

2.1　统计语言模型

2.1.1　基本原理

任何一个自然语言的文本，都可以看成词表 $\mathcal{V} = \{w_1, w_2, \cdots, w_{|\mathcal{V}|}\}$ 下采样生成的单词序列，当然这样的序列必须符合词形、语法、句法、篇章、语义等语言学的各种约束。从概率统计的角度来看，观测到不同文本的概率是不同的。例如，句子"瘦死的骆驼比马大"的出现概率比"瘦死的骆驼比驴大"要高。

① 符号化方法这里是指，条件概率 $P(w|C)$ 中的 w 和 C 都是以单词符号本身出现的，而非向量或其他参数形式。

语言模型的核心任务是确定词序列 $W=(w_1,w_2,\cdots,w_m)$ 的概率。具体来说，词序列 W 的概率可以表达为

$$P(W)=P(w_1)\times P(w_2|w_1)\times\cdots\times P(w_m|w_1w_2\cdots w_{m-1}) \tag{2.1}$$

因此，语言模型的主要任务是估计这些概率：$P(w_1)$ 和 $P(w_i|w_1w_2\cdots w_{i-1})$。给定一个语料集 $\mathcal{D}=\{W_1,W_2,\cdots,W_{|\mathcal{D}|}\}$，其中每个 W_k 都是自然语言的词序列。可以采用最大似然准则 (Maximum Likelihood Estimation，MLE) 进行模型参数的估计，即调整模型参数使得观测数据的出现概率最大：

$$P^*=\arg\max\sum_{k=1}^{|\mathcal{D}|}\log P(W_k) \tag{2.2}$$

注意，该模型的参数是一些概率值，即 $P(w_1)$ 和 $P(w_i|w_1w_2\cdots w_{i-1})$。通过求解函数极值，不难得到最大化出现概率的参数：

$$P(w_i|w_1w_2\cdots w_{i-1})=\frac{\#(w_1w_2\cdots w_{i-1}w_i)}{\sum\limits_{w_j\in\mathcal{V}}\#(w_1w_2\cdots w_{i-1}w_j)} \tag{2.3}$$

其中，$\#(w_1w_2\cdots w_{i-1}w_i)$ 表示词序列 $w_1w_2\cdots w_{i-1}w_i$ 在语料集 $\mathcal{D}$ 中出现的次数。其中，$P(w_1)=\dfrac{\#(<\text{SOS}>w_1)}{\sum_{w_j\in\mathcal{V}}\#(<\text{SOS}>w_j)}$ 表示 w_1 出现在词序列第一个位置的概率，$<\text{SOS}>$ 是表示文本序列首位置的特殊标识。为了处理方便，通常还会在一段完整的文本末尾添加 $<\text{EOS}>$ 标记，它表示序列终止符。

以上形式化是非常理想的情形，即每个词的出现概率依赖于其所有的历史信息。显然，由于语料规模和模型本身的限制[①]，不可能兼顾所有的历史信息，所以引入了 n 元文法 (n-gram) 假设，即每个词出现的概率仅仅依赖其前面出现的 $n-1$ 个词：

$$P(w_i|w_1w_2\cdots w_{i-1})\approx P(w_i|w_{i-n+1}w_{i-n+2}\cdots w_{i-1}) \tag{2.4}$$

当 $n=1$ 时，模型称为一元文法 (Unigram) 模型，即认为词序列中每个词都独立地出现：

$$P(W)=P(w_1)\times P(w_2)\times\cdots\times P(w_m) \tag{2.5}$$

① 历史信息越长，$\#(\cdot)$ 出现次数越少，造成概率估计不可靠；同时，模型需要的估计概率表也急剧增大，后文详述。

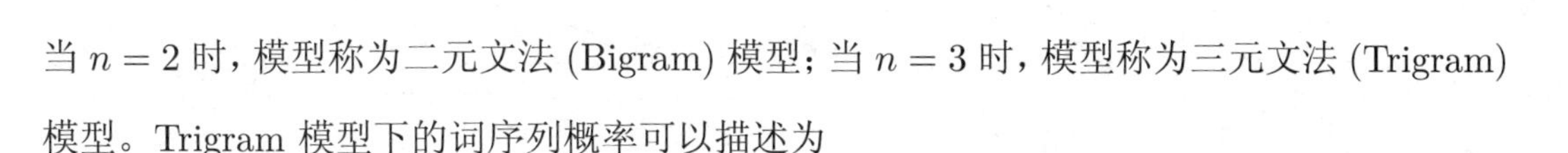

当 $n=2$ 时，模型称为二元文法 (Bigram) 模型；当 $n=3$ 时，模型称为三元文法 (Trigram) 模型。Trigram 模型下的词序列概率可以描述为

$$P(W)=P(w_1)\times P(w_2|w_1)\times P(w_3|w_1w_2)\times\cdots\times P(w_m|w_{m-2}w_{m-1}) \tag{2.6}$$

n 元文法模型非常简单，只需在给定的语料集上进行计数统计，并根据公式 (2.3) 计算条件概率即可。得到这样的模型后，可以估计任意词序列的概率，并比较不同句子的出现概率。例如，可以比较 P("瘦死的骆驼比马大") 和 P("瘦死的骆驼比驴大") 的关系。利用语言模型进行语言生成时，通常给定部分输入文本 $w_1w_2\cdots w_l$，通过从分布 $P(w|w_1w_2\cdots w_l)$ 中采样而生成 w_{l+1}，直至生成最后一个序列终止符 $<\mathrm{EOS}>$。

2.1.2　平滑技术

统计语言模型面临严重的"零概率"问题。在公式 (2.1) 中，只要连乘中的任何一个概率为零，整个词序列的概率即为零。由于语料集 $\mathcal{D}$ 的规模总是有限的，特别是当 n 元文法中 n 较大 (如 n=4 或者 5) 时，词串 $w_1w_2\cdots w_l$ 的某一子串 $w_{m-n+1}w_{m-n+2}\cdots w_m$ 在语料集 $\mathcal{D}$ 中不出现将导致 $P(w_m|w_{m-n+1}w_{m-n+2}\cdots w_{m-1})=0$，整个序列的概率也为零。实际上，这并不代表它在实际的语言中不会出现。

平滑技术的核心是为语料集中未出现的词串赋予合理的概率。常见的平滑技术包括加法平滑、Good-Turing 估计、Katz 平滑、Jelinek-Mercer 平滑、Witten-Bell 平滑、Kneser-Ney 平滑。其中，Katz 平滑、Kneser-Ney 平滑经常使用，而且 Kneser-Ney 平滑是性能最好的方法之一。

在实际应用中最简单的平滑技术就是加法平滑 (Additive Smoothing)，它假设每个词串的出现次数比实际观测的次数额外多 δ 次，其中 $0<\delta\leqslant 1$，如下所示：

$$P_{\text{add}}(w_n|w_1w_2\cdots w_{n-1})=\frac{\delta+\#(w_1w_2\cdots w_{n-1}w_n)}{\delta\times|\mathcal{V}|+\sum\limits_{w_j\in\mathcal{V}}\#(w_1w_2\cdots w_{n-1}w_j)} \tag{2.7}$$

不难看出，相比公式 (2.3)，所有出现过的词串概率都被降低了，这实际上是将所有观测到的词串的一部分概率平均地分配给所有未出现过的词串。当 $\#(w_1w_2\cdots w_{n-1}w_n)=0$ 时，这种未出现过的词串仍有一个较低概率值。

Good-Turing 估计是许多平滑技术的核心。其基本思路是，对任何一个出现 r 次的 n-gram 词组①，都将出现次数修正为 $\text{disc}(r)$ 次，即

$$\text{disc}(r) = (r+1) \times \frac{n_{r+1}}{n_r} \tag{2.8}$$

其中，

$$n_r = |\{w_{i-n+1} \cdots w_{i-1} w_i | \#(w_{i-n+1} \cdots w_{i-1} w_i) = r\}|$$

即 n_r 是恰巧出现过 r 次的 n-gram 词组的数量。一般而言，对出现过的 n-gram 词组，$\text{disc}(r) < r$，即相比原来的频次 r，$\text{disc}(r)$ 是被折扣过的频次。基于该频次，出现过 r 次的 n-gram 词组的概率被设置为

$$P_r = \frac{\text{disc}(r)}{N}$$
$$N = \sum_{r=0}^{\infty} n_r \times \text{disc}(r) = \sum_{r=0}^{\infty} n_{r+1} \times (r+1) = \sum_{r=1}^{\infty} n_r \times r$$

不难看出，当 $r=0$ 时，$\text{disc}(0) = \dfrac{n_1}{n_0}$，$P_0 = \dfrac{n_1}{N \times n_0}$。这说明 n_0 个没有出现的 n-gram 词组出现的频次相同，它们的频次之和恰好等于所有出现过的 n-gram 词组所减少的频次，刚好等于 $n_1$②。注意，不同出现频次的 n-gram 词组被“拿走”的频次是不同的，即 $r - \text{disc}(r)$ 会随着 r 发生变化。

Katz 平滑采用如下做法进行概率估计：

$$P_{\text{Katz}}(w_i | w_{i-n+1} \cdots w_{i-1}) = \begin{cases} \dfrac{\text{disc}(\#(w_{i-n+1} \cdots w_{i-1} w_i))}{\#(w_{i-n+1} \cdots w_{i-1})}, & \#(w_{i-n+1} \cdots w_i) > 0 \\ \alpha(w_{i-n+1} \cdots w_{i-1}) \times P_{\text{Katz}}(w_i | w_{i-n+2} \cdots w_{i-1}), & \text{其他} \end{cases} \tag{2.9}$$

其中，$\alpha(w_{i-n+1} \cdots w_{i-1})$ 是一个正规化因子，使得 $P_{\text{Katz}}(w | w_{i-n+2} \cdots w_{i-1})$ 为一个合法的概率分布；$\text{disc}(\cdot)$ 是公式 (2.8) 定义的折扣计数。当 $\#(w_{i-n+1} \cdots w_{i-1}) = 0$ 时，概率估计被回退到一个更低阶的计数上。

相比 Katz 平滑，Kneser-Ney 平滑是一个性能更优越的平滑方法。Kneser-Ney 平滑有各种版本，这里介绍回退版本 (Backoff Kneser-Ney)。在 Katz 平滑中，当 $\#(w_{i-n+1} \cdots w_{i-1}) \neq$

---

① 指由连续 n 个词组成的序列。

② 所有出现过的 $n-$gram 词组所减少的频次是：$\sum\limits_{r=1}^{\infty}(r - \text{disc}(r))n_r = \sum\limits_{r=1}^{\infty}(n_r \times r - (r+1) \times n_{r+1}) = n_1$。

0 时，采用的是 Good-Turing 估计方法，即采用公式 (2.8) 对原始计数进行折扣。在 Kneser-Ney 平滑中，采用固定折扣方法，从原始计数中减去一个固定量 d，如下所示：

$$P_{\text{bkn}}(w_i|w_{i-n+1}\cdots w_{i-1}) = \begin{cases} \dfrac{\#(w_{i-n+1}\cdots w_{i-1}w_i) - d}{\#(w_{i-n+1}\cdots w_{i-1})}, & \#(w_{i-n+1}\cdots w_i) > 0 \\ \alpha(w_{i-n+1}\cdots w_{i-1})\dfrac{|\{v|\#(vw_i) > 0\}|}{\sum\limits_{w}|\{v|\#(vw) > 0\}|}, & \text{其他} \end{cases} \tag{2.10}$$

其中，v 表示长度为 $n-1$ 的前缀；d 是一个在验证集上调整好的固定折扣值。与 Katz 平滑的另一个区别是，当 $\#(w_{i-n+1}\cdots w_i) = 0$ 时，Kneser-Ney 平滑考虑了与 w_i 搭配的前缀数目。与 w_i 可以搭配的前缀数目越多，相应的回退概率也越大。

另一种考虑平滑的技术就是插值方法：将高阶语言模型 (n 较大) 的概率估计回退到更低阶的语言模型 (n 较小) 概率上。例如，Trigram 模型的概率可以由 Bigram 和 Unigram 模型概率的线性插值得到，如下所示：

$$P_{\text{tri}}(w|w_{i-2}w_{i-1}) = \lambda P_{\text{tri}}(w|w_{i-2}w_{i-1}) + (1-\lambda)\left[\mu P_{\text{bi}}(w|w_{i-1}) + (1-\mu)P_{\text{uni}}(w)\right] \tag{2.11}$$

这些平滑方法看似简单，但在实际应用过程中需要较多的实验调整。在现代神经网络语言模型中，低频计数的问题被参数化模型的模型参数、词向量等方式极大地缓解了，因为这些模型能更好地利用相似的上下文信息弥补低频信息的稀疏性。

2.1.3　语言模型评价

语言模型好坏的评价是非常重要和基础的问题。语言模型的质量评估指标最常用的是混乱度 (Perplexity)。当模型训练好后，给定一个测试语料集 $\mathcal{D}_t = \{W_1, W_2, \cdots, W_N\}$，语言模型在该语料集上的混乱度计算如下：

$$\text{PPL} = \exp\left(-\frac{1}{N_t}\sum_{W_i \in \mathcal{D}_t}\log P(W_i)\right) \tag{2.12}$$

其中，N_t 表示测试语料集中单词的总数。混乱度可以度量一个概率模型适配数据的能力，更低的混乱度意味着更好的数据适配能力。一个好的语言模型 (即更能反映真实语言的使用规律) 应该赋予真实文本更高的概率，进而模型应该具有更低的混乱度。当比较不同语言模型的混乱度时，需要保证所使用的测试语料集和词表相同。

值得注意的是，混乱度是一种内在的评价指标，它评估模型拟合训练数据的能力。当然，可以采用跟任务相关的外在标准进行评价。本书第 11 章将系统地阐述语言生成的评价问题。

2.1.4 统计语言模型的缺点

统计语言模型非常容易“训练” (通过计数来估计概率)，很容易适用到大规模语料集上，在实际应用中性能也不错。但统计语言模型存在其固有的问题，主要体现在以下三个方面。

- 模型复杂度较高。对于 n 元文法模型而言，需要估计的概率的数量达到 $O(|\mathcal{V}|^n)$。而通常的词表规模在 5000~100000 之间，当 n=3 时，模型需要估计的概率的数量理论上达到 10^{11}~10^{15} 量级。这对训练数据的规模提出了更高的要求，大量 n-gram 词组的频次计数将变得非常稀疏。同时也限制了模型不能考虑更长的上文 (如 n=6、7 甚至更长)，因此模型的表达能力有限，无法根据更长的上文预测下一个单词。
- 模型的泛化性能较差。传统的语言模型是一种非参数化的方法，即不像支持向量机、神经网络等模型一样通过特征表示、模型权重等参数来进行建模。相比于参数化方法，传统语言模型使用的非参数化方法泛化性较差。条件概率 $P(w_i|w_{i-n+1}w_{i-n+2}\cdots w_{i-1})$ 中每个 w_k 都是离散的符号，只要其中一个不在训练数据中出现，该概率就无法被充分表达。这种离散符号的使用使得相似上文无法复用 (如“红苹果”“青苹果”“绿苹果”实际上有聚类的特点)①，加剧了低频计数造成的概率估计不可靠的问题。
- 概率平滑和插值技术的适用性差。实际上为了兼顾模型的表达能力 (使用更高阶的 n-gram 模型) 和尽可能可靠地估计条件概率，统计语言模型会采用概率平滑或插值方法回退到低阶的 n-gram 模型。但这些处理通常需要依靠经验选取平滑参数，并且顺序回退到更低阶的语言模型也缺乏对上文的选择性利用。例如，英文句子“The sky above our heads is blue.” 中，对于预测 blue 单词最有帮助的上文是 sky，而中间的几个单词可以被忽略。但因为语言的多样性，仅利用人工构造规则难以实现对上文信息的选择性利用。

① 简单地理解，假设这三个词分别出现了 n_1, n_2, n_3 次，如果能使用相似上下文，那它们的频次计数可以合并为 $n_1+n_2+n_3$。

2.2 神经网络语言模型

传统的统计语言模型是一种非参数化的模型，即直接通过计数估计条件概率 $P(w_i|w_1w_2\cdots w_{i-1})$。这种非参数化模型最主要的缺点是泛化性能差，不能充分利用相似上下文。以神经网络为代表的语言模型使用了参数化的方式建模条件概率，利用模型参数学习了词之间的统计，因此相似上下文的统计信息能有效地被编码在模型参数中。由于不是简单的计数统计，所以不在语料集中出现的词串也能基于词向量 (本章后文阐述) 的相似性获得合理的概率估计，从而避免使用复杂的平滑和回退技术处理零概率的问题。基于参数化模型的基本思想可以用下面公式表达：

$$P_{\boldsymbol{\theta}}(w_i|w_1w_2\cdots w_{i-1}) = f_{\boldsymbol{\theta}}(w_1w_2\cdots w_{i-1}, w_i) \tag{2.13}$$

其中，函数 $f_{\boldsymbol{\theta}}$ 的两个输入变量为上文 $w_1w_2\cdots w_{i-1}$ 和当前词 w_i，$\boldsymbol{\theta}$ 表示模型的参数，如神经网络中的权重。

下面将介绍的前馈神经网络语言模型、基于循环神经网络的神经语言模型、基于 Transformer 的神经语言模型都可以抽象成上述形式，仅在输入信息的利用、数据的编码表示、模型的内部结构上有所差别。

2.2.1 前馈神经网络语言模型

Bengio 等人[1] 在 2003 年提出了一个前馈神经概率语言模型①，其结构如图 2.1 所示。该模型的核心任务是估计 n 元文法中的条件概率：

$$P_{\boldsymbol{\theta}}(w_n|w_1w_2\cdots w_{n-1}) = \frac{e^{y_{w_n}}}{\sum\limits_{w\in\mathcal{V}} e^{y_w}} \tag{2.14}$$

其中，y_{w_n} 为神经网络在对应词 w_n 位置处的输出。输入的每个词 w 对应一个向量 $\boldsymbol{v}_w$，把 $n-1$ 个向量拼接起来构成输入列向量 $\boldsymbol{x}$，表示如下：

$$\boldsymbol{x} = \boldsymbol{v}_{w_1} \oplus \boldsymbol{v}_{w_2} \oplus \cdots \oplus \boldsymbol{v}_{w_{n-1}} \tag{2.15}$$

① 实际上这一思想早在 1988 年就由 Nakamura 和 Shikano 提出，他们采用神经网络模型进行词类 (word class) 预测。

$$\boldsymbol{v}_w = \boldsymbol{E}_{[w]} = \boldsymbol{e}(w) \tag{2.16}$$

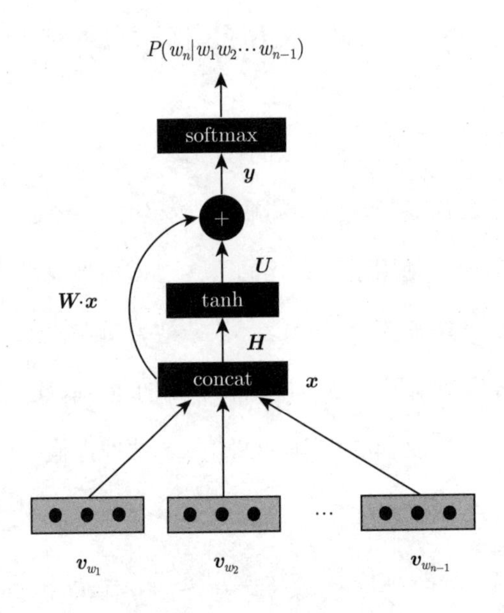

图 2.1　前馈神经概率语言模型结构

其中，词向量矩阵 $\boldsymbol{E} \in \mathbb{R}^{d_w \times |\mathcal{V}|}$ 中每一列代表一个单词的词向量，列向量 $\boldsymbol{x} \in \mathbb{R}^{(n-1)d_w}$，$d_w$ 表示词向量维度，$\oplus$ 表示向量拼接。网络结构使用了经典的前馈连接、跳层连接 (直接从输入 $\boldsymbol{x}$ 到 softmax 输出层的线性连接，也称高速连接、残差连接)、softmax 输出层，形式化如下：

$$\boldsymbol{y} = \boldsymbol{b} + \boldsymbol{W}\boldsymbol{x} + \boldsymbol{U}\tanh(\boldsymbol{b}_1 + \boldsymbol{H}\boldsymbol{x}) \tag{2.17}$$

其中，$\boldsymbol{y}, \boldsymbol{b} \in \mathbb{R}^{|\mathcal{V}|}$，$\boldsymbol{W} \in \mathbb{R}^{|\mathcal{V}| \times (n-1)d_w}$，$\boldsymbol{U} \in \mathbb{R}^{|\mathcal{V}| \times d_h}$，$\boldsymbol{H} \in \mathbb{R}^{d_h \times (n-1)d_w}$，$\boldsymbol{b}_1 \in \mathbb{R}^{d_h}$，均为可学习参数，$d_h$ 表示隐层维度。输出 $\boldsymbol{y}$ 中每一维对应词表中每个词的神经网络输出值，经过 softmax 计算之后得到概率分布，即公式 (2.13) 可以表达为

$$P_{\boldsymbol{\theta}}(w_n|w_1w_2\cdots w_{n-1}) = \frac{\exp(y_{w_n})}{\sum\limits_{w \in \mathcal{V}} \exp(y_w)} \tag{2.18}$$

$$= \text{softmax}(\boldsymbol{y})|_{w_n} \tag{2.19}$$

其中，$[\cdot]|_{w_n}$ 表示在概率分布中词 w_n 对应的位置取值。

$\mathcal{V}$ 是一个有限的词表。其中包括几个特殊字符：句子起始符 < SOS > 和终止符 < EOS >，以及代表所有低频词标志 < UNK >。词表的规模一般在 5000~100000 之间。训练样本是长度为 n 的文本片段，其中前 $n-1$ 词作为输入来预测最后一个词。该模型采用最大似然准则对参数进行优化，目标是使得观测数据的概率最大：

$$\boldsymbol{\theta}^* = \arg\max \sum_{k=1}^{|\mathcal{D}|} \log P_{\boldsymbol{\theta}}(w_n^k | w_1^k w_2^k \cdots w_{n-1}^k) \tag{2.20}$$

其中，$\boldsymbol{\theta} = \{\boldsymbol{W}, \boldsymbol{U}, \boldsymbol{H}, \boldsymbol{E}, \boldsymbol{b}, \boldsymbol{b_1}\}$，$w_1^k w_2^k \cdots w_{n-1}^k w_n^k$ 表示训练语料集 $\mathcal{D}$ 中第 k 个 n-gram 词组，训练数据已经将文本预处理分割成 n-gram 词组。

以上模型与传统语言模型相比，具有几个方面的优点。首先，当 n 增大到 $n+1$ 时，传统模型参数规模从 $O(|\mathcal{V}|^n)$ 增大到 $O(|\mathcal{V}|^{n+1})$，增大了 $|\mathcal{V}|$ 倍；而神经概率语言模型的参数只是 $\boldsymbol{W}$ 矩阵增加了 $|\mathcal{V}| \times d_w$，$\boldsymbol{H}$ 矩阵增加了 $d_h \times d_w$，与原参数规模相比只是线性的增加。其次，在实践中，神经概率语言模型的混乱度性能指标显著优于传统的统计语言模型，且更容易扩展到高阶的 n 元文法。最后，模型使用了词的向量表示，不同位置的相同词可以共享参数，使得模型可以共享不同上下文之间的统计信息，因此具有更好的泛化性能。假如在训练语料集中有“红苹果”“青苹果”，但从来没有出现过“绿苹果”，那么由于颜色之间的相似性[①]，模型也能给“绿苹果”赋以合理的概率，而不是零。

特别值得注意的是，模型的一个副产品是 $\boldsymbol{E}$，即词向量矩阵。该矩阵中存储了每个词的词向量表示。考虑到同一个词出现在相似上下文的概率应该大概相同，模型可以推导出，出现在相似上下文中的词应该具有相似的词向量。本章后续还将继续深入阐述关于如何获得词向量的模型和方法。

本节所介绍的模型也存在显著的缺点：相比传统的统计语言模型，神经概率语言模型需要更大的计算开销，使用大规模词表和大规模训练语料集将变得非常耗时。主要的时间开销来自 softmax 正规化因子的计算及模型中的矩阵乘法[②]。减少 softmax 的计算开销可以采用层次化 softmax，将这一概率的计算复杂度从 $O(|\mathcal{V}|)$ 降低到 $O(\log_2 |\mathcal{V}|)$；或者利用重要性采样对分母的正规化因子进行近似计算；或者采用负采样方法，将条件概率转换为

① 基于假设：出现在相似上下文中的词具有相似的词向量。

② 随着高度并行的 GPU 设备的不断发展，现在也可以不再使用优化技巧，而直接对模型进行训练 (如本章后面将介绍的语境化语言表示中的模型)。

二分类问题。除 softmax 的计算开销外，公式 (2.17) 中还涉及大量矩阵乘法 ($\boldsymbol{Wx}$，$\boldsymbol{Hx}$ 等)。但由于直接减少矩阵乘法的开销较为困难，所以不少方法从模型的角度进行了简化。本章静态词向量模型部分会介绍这些优化技巧。

2.2.2 基于循环神经网络的神经语言模型

Bengio 等人的前馈神经概率语言模型只能根据前面固定的 $n-1$ 个词预测下一个词，因此本质上还只是一个固定的 n 元文法模型。采用循环神经网络 (Recurrent Neural Networks, RNN) 的神经语言模型理论上可以利用任意长度的上文进行词预测。此外，RNN 模型是一个序列模型，因此它具有更强的捕获词序列模式的能力，即对于那些上文中词相同、位置不同的模式而言，RNN 的递归循环结构能够更好地编码历史信息，这是因为 RNN 模型能够在隐状态中选取并记住历史信息中有用的词。

关于 RNN 的内容将在第 3 章中详细阐述，下面只阐述其基本的建模思想。RNN 是一种建模序列的神经网络，最基本的 RNN 模型通过一个隐状态 $\boldsymbol{h}_t$ 记录所有的历史信息，在每个位置上输入对应单词的向量更新隐状态，通过每个位置的隐状态预测下一个词的出现概率。公式描述如下：

$$\boldsymbol{h}_t = f(\boldsymbol{U}\boldsymbol{h}_{t-1} + \boldsymbol{W}_1\boldsymbol{v}_{w_t} + \boldsymbol{b}) \tag{2.21}$$

$$P_{\boldsymbol{\theta}}(w_{t+1}|w_1w_2\cdots w_t) = \text{softmax}(\boldsymbol{W}_2\boldsymbol{h}_t)|_{w_{t+1}} \tag{2.22}$$

其中，$\boldsymbol{\theta} = \{\boldsymbol{U}, \boldsymbol{W}_1, \boldsymbol{W}_2, \boldsymbol{b}\}$，$\boldsymbol{h}_t \in \mathbb{R}^{d_h}$，$\boldsymbol{U} \in \mathbb{R}^{d_h \times d_h}$，$\boldsymbol{W}_1 \in \mathbb{R}^{d_h \times d_w}$，$\boldsymbol{W}_2 \in \mathbb{R}^{|\mathcal{V}| \times d_h}$，$\boldsymbol{v}_w \in \mathbb{R}^{d_w}$，$\boldsymbol{b} \in \mathbb{R}^{d_h}$ 均为可学习参数，d_h 和 d_w 分别表示隐状态的维度与输入词向量的维度。从以上公式不难看出，通过 RNN 表达的条件概率理论上可以捕获任意长度的上文信息，相比 Bengio 等人的前馈神经概率语言模型具有更强的表达能力。给定训练语料集 $\mathcal{D}$，模型同样基于最大似然准则进行优化：

$$\boldsymbol{\theta}^* = \arg\max \sum_{k=1}^{|\mathcal{D}|} \sum_{i=1}^{l_k} \log P_{\boldsymbol{\theta}}(w_i^k|w_1^k w_2^k \cdots w_{i-1}^k) \tag{2.23}$$

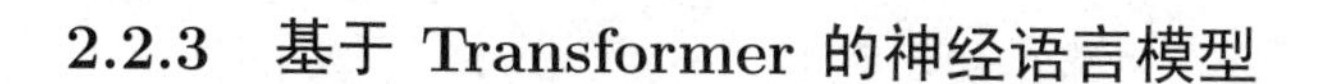

2.2.3　基于 Transformer 的神经语言模型

近年来，基于 Transformer[7] 的神经语言模型在文本表示和语言建模上取得了显著进展，代表性工作有 GPT、BERT、XLNet 等。相比基于 RNN 的神经语言模型，基于 Transformer 的神经语言模型采用了本质上完全不同的设计，使用了更深的结构、更多的参数，并在大规模语料集上采用预训练任务从而取得了卓越性能。关于 Transformer 的详细阐述将在第 4 章中展开。

相比用于建模序列数据的 RNN，Transformer 结构完全摒弃了递归循环的结构，采用全连接的自注意力机制。在自注意力机制中，输入序列的每个单词 w_i 都会生成查询 (Query)、键 (Key)、值 (Value) 向量 $<\boldsymbol{q}_i, \boldsymbol{k}_i, \boldsymbol{v}_i>$，每个位置的 $\boldsymbol{q}_i$ 与所有位置 (含自身) 的 $\boldsymbol{k}_j$ 计算相似度并采用 softmax 将其规格化为权重分布，每个位置 $\boldsymbol{v}_i$ 是所有位置 $\boldsymbol{v}_j$ 的加权和。当 Transformer 作为编码网络时，每个位置都能看到所有位置的信息，因此其本质上是一种全连接的图结构，这使得模型很容易捕捉序列中任意两个位置之间的依赖关系。当 Transformer 被当成解码网络用于语言生成时，当前位置 i 只能看到上文的信息 $w_1w_2\cdots w_{i-1}$，因此其采用了带掩码的多头自注意力机制 (Masked Multi-head Self-attention)：在计算注意力权重分布时，将当前位置 i 及后面的权重置为零，而其他的处理完全相同。

从抽象的层面，以上过程可以用公式描述如下：

$$\boldsymbol{h}_n^0 = \boldsymbol{e}_n + \boldsymbol{p}_n \tag{2.24}$$

$$\boldsymbol{h}_n = \text{Transformer}(\boldsymbol{h}_{\leqslant n}^0) \tag{2.25}$$

$$P_{\boldsymbol{\theta}}(w_n|w_1w_2\cdots w_{n-1}) = \text{softmax}(\boldsymbol{W}\boldsymbol{h}_{n-1} + \boldsymbol{b})|_{w_n} \tag{2.26}$$

$$\boldsymbol{\theta}^* = \arg\max\sum_{k=1}^{|\mathcal{D}|}\sum_{n=1}^{l_k}\log P_{\boldsymbol{\theta}}(w_n^k|w_1^k w_2^k\cdots w_{n-1}^k) \tag{2.27}$$

其中，$\boldsymbol{e}_n$ 表示位置 n 处单词的词向量，$\boldsymbol{p}_n$ 表示位置 n 的位置嵌入向量，$\boldsymbol{h}_n$ 表示最后一层对应位置 n 的隐状态输出，Transformer(·) 表示多层 Transformer 结构，这里采用的是带掩码的自注意力机制。通常，在基于 Transformer 的预训练模型中，这样的结构会重复 12~96 层，参数规模大约在几亿到几百亿之间，GPT-3 模型的参数规模则达到了 1750 亿。

基于 Transformer 的神经语言模型与基于 RNN 的神经语言模型存在相通之处：在条

件概率中都可以表达任意长度的上文信息。但两者存在着本质不同。基于 RNN 的神经语言模型采用的循环递归函数决定了必须按照固定方向顺序串联各个隐状态 (如 $\boldsymbol{h}_1 \rightarrow \boldsymbol{h}_2 \rightarrow \boldsymbol{h}_3 \rightarrow \cdots \rightarrow \boldsymbol{h}_n$)；而基于 Transformer 的神经语言模型采用全连接的自注意力机制，当前位置可以与之前的任意位置直接计算注意力权重，因此更容易捕获序列中任意两个位置之间的依赖关系。如图 2.2 所示，基于 RNN 和基于 Transformer 的神经语言模型在隐状态计算上完全不同，前者是顺序串联，后者则可以直接关联所有前面位置的隐状态。例如，假设有一个长度为 100 的序列，对 RNN 来说，最后一个位置与第一个位置的依赖关系要通过中间的 98 个隐状态才能体现出来，在序列较长时信息衰减较为严重；对 Transformer 来说，最后一个位置可以直接与第一个位置进行注意力权重的计算，因此更容易建立两个位置之间的依赖关系。

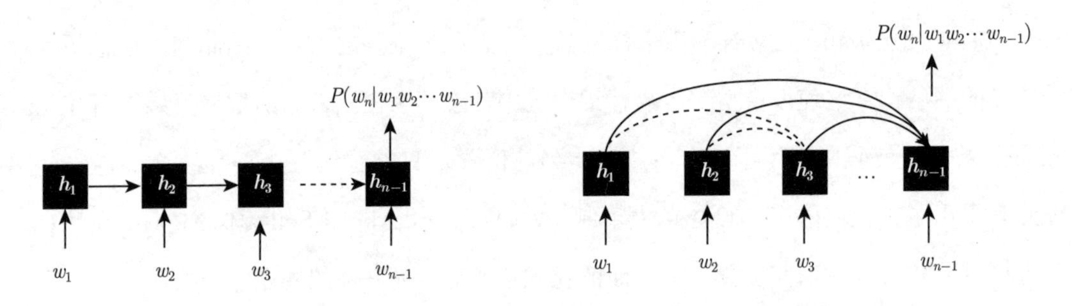

图 2.2　基于 RNN (左侧) 和基于 Transformer (右侧) 的神经语言模型对比

2.3　静态词向量模型

2.3.1　分布假设与分布式表示

在自然语言处理领域中，美国语言学家 Zellig S Harris 在 1954 年[10] 提出了影响深远的 **“分布假设”**(Distributional Hypothesis)：出现在相似上下文中的词是相似的。在语言理解中，人们也常通过上下文推测生僻词的含义。分布假设认为，一个词的含义可以通过它在语料中所有出现的上下文的聚合来表示，因此出现在相似上下文中的词的意义也相似。这一思想催生了许多分布式语义的研究，即根据词语在大规模语料中的分布特性度量词汇、术语等之间的语义相似性。最典型的做法是采用“词—上下文”矩阵 $\boldsymbol{M}$，其中每一行 i 表示一个词，每一列 j 表示与词 i 共现的上下文 (每个上下文可能是一个词或词组)，$M_{i,j}$ 表示词 i 与上下文 j 之间的关联强度。在这种方式下，每个词由 $\boldsymbol{M}$ 中的行向量表示，可以看成高维空间中的稀疏向量，该向量的每一维表示该词与上下文的统计共现信息。根据上下文的不同定义及计算 $M_{i,j}$ 的不同方式，对应的词的表示也不同。度量词的相似性或关联性可以在 $\boldsymbol{M}$ 矩阵的基础上采用余弦相似度、Jaccard 相似度、点互信息 (Point-wise Mutual Information, PMI) 等。为了避免低频计数在统计上的不可靠性，可以对 $\boldsymbol{M}$ 矩阵进行矩阵奇异分解 (Singular Value Decomposition, SVD)，获得矩阵更鲁棒的低阶表示后，在分解后的低阶矩阵上进行词的表示与计算。

传统的分布假设本质上还是基于计数和统计共现 (Statistical Co-occurrence) 的，即统计一个词在语料中出现的次数或者一个词与其他词的共现次数。以 Hinton 等人为代表的神经网络学派，则提出了**分布式表示** (Distributed Representation) 的思想[11]，认为神经网络中的“激活模式”代表一种客观实体，词的相似性通过激活模式的相似性体现。因此，不应该将词表示成高维、稀疏、离散的向量，而应将每个词对应到低维空间中的连续向量，词的含义由其向量表示及它与其他词的空间关系决定。之前介绍的“词—上下文”矩阵就是将词映射到离散维度的一种方法，矩阵中的每个维度对应某个词所出现的上下文，具有明确的语言学含义①。在分布式表示中，词向量的每个维度不具有明确的含义，不对应特定概念。某种特定的语言含义可以由许多维度的组合来表达，而某个维度也可能表达多种不同的语言含义。

2.3.2 词向量模型 CBOW 和 Skip-gram

词向量已经成为基于神经网络的自然语言处理方法的一个重要组成部分，在自然语言理解和生成中扮演着关键角色。在词向量的表示方法中，每个词被表示为一个低维向量空间 (一般为 100~1000 维度) 中的稠密向量 (Dense Vector)。这种词向量模型的建模目标是使意义相近的词在向量空间中位置也相近，因此，可以使后续的学习任务变得更加容易。

① 注意，当 $\boldsymbol{M}$ 矩阵采用 SVD 降维后，分解后矩阵的每个维度也不再具有明确的语言学含义。

获得词向量的方法一般有两种。第一种方法是把词向量矩阵当成模型参数的一部分进行学习。在 Bengio 等人提出的前馈神经概率语言模型中，每个词被表示为低维空间的向量，并且被当成模型参数的一部分进行优化，语言模型的一个副产品就是词向量矩阵。第二种方法是在大规模无监督语料上的预训练方法，基于 Harris 提出的分布假设：出现在相似上下文中的词是相似的。虽然词的相似性很难定义，而且多数情况下与任务相关，但在分布假设下，相似性所表达的含义是语言表达中的语义“相似性”与向量空间中的“距离相近”之间的一致性。

在基于神经网络的语言模型中，语言建模可以视为一种“无监督”的方法，即基于前 n 个词的上文预测第 $n+1$ 个词。两个代表性的工作 Collobert&Weston 算法[12] 和影响深远的 Word2Vec 算法[2] 都受到了语言模型建模思路的启发，即通过表达条件概率 $P(w|C)$(C 表示上下文) 实现词向量的学习。相比 Bengio 等人的前馈神经概率语言模型，Collobert&Weston 算法有两个关键的改变。第一个改变是从周围词预测当前词，如估计 $P(w_n|w_{n-2}w_{n-1}w_{n+1}w_{n+2})$，而不是从前 k 个词预测当前词，如 $P(w_n|w_{n-4}w_{n-3}w_{n-2}w_{n-1})$。第二个改变是放弃直接估计条件概率分布，转而对每个单词打分，只要求正确词的分数高于不正确的词。这避免了在词表上计算 softmax 归一化因子的昂贵计算，使计算时间与词表的大小无关。因此，网络训练变得更快，并且几乎可以扩展到无限大的词表。

Word2Vec 算法包括训练词向量的两种模型 CBOW 和 Skip-gram，如图 2.3 所示。CBOW 模型的主要思想是从周围的 $2n$ 个词 $C_t = (w_{t-n}, \cdots, w_{t-1}, w_{t+1}, \cdots, w_{t+n})$ 预测 w_t。与语言模型一样，词向量模型的核心任务仍然是建模条件概率，如下所示：

$$\boldsymbol{c}_t = \sum_{t-n \leqslant j \leqslant t+n \wedge j \neq t} \boldsymbol{v}_j^{(c)} \tag{2.28}$$

$$P(w_t|C_t) = \frac{\exp(\boldsymbol{v}_{w_t} \cdot \boldsymbol{c}_t)}{\sum\limits_w \exp(\boldsymbol{v}_w \cdot \boldsymbol{c}_t)} \tag{2.29}$$

$$\mathcal{L} = -\frac{1}{T}\sum_{t=1}^{T} \log P(w_t|C_t) \tag{2.30}$$

其中，每个词对应两个向量：一个是上下文词向量 $\boldsymbol{v}_j^{(c)}$，出现在条件概率的条件部分，作为输入；另一个是最终使用的词向量 $\boldsymbol{v}_j$，出现在条件概率的结果部分，作为输出。CBOW

模型先将上下文中所有词的向量相加，然后直接和输出词的向量计算内积，再归一化到概率分布上。模型的参数为两个词向量矩阵——词输出向量矩阵和词输入向量矩阵，仍然使用最大似然准则进行优化，即通过最小化负的对数似然得到模型参数。相比 Bengio 等人的前馈神经概率语言模型，为了适应超大规模的数据和大词表，CBOW 模型在结构上进行了极大的简化。

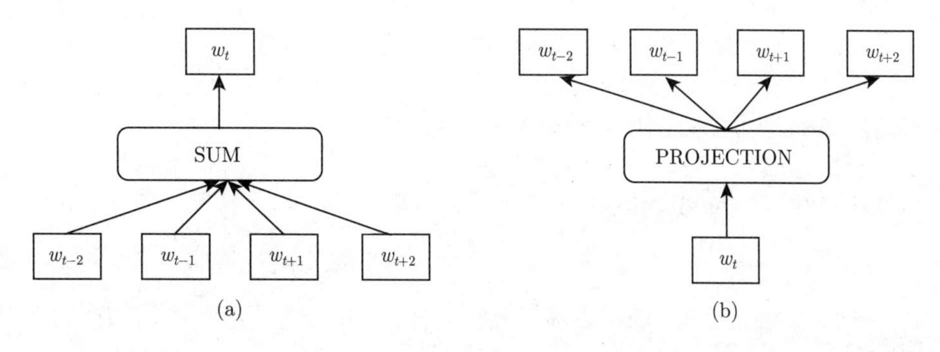

图 2.3　CBOW 模型和 Skip-gram 模型

Skip-gram 模型遵循稍微不同的思想：从当前词独立地预测上下文中的每个词。相比 CBOW 模型，它引入了更强的独立性假设，即认为上下文中的每个词都可以被独立地预测[①]。Skip-gram 模型将条件概率表达为

$$P(w_{t+j}|w_t) = \frac{\exp(\boldsymbol{v}_{w_{t+j}} \cdot \boldsymbol{v}_{w_t}^{(c)})}{\sum\limits_{w} \exp(\boldsymbol{v}_w \cdot \boldsymbol{v}_{w_t}^{(c)})} \tag{2.31}$$

$$\mathcal{L} = -\frac{1}{T}\sum_{t=1}^{T}\sum_{-n\leqslant j\leqslant n\wedge j\neq 0} \log P(w_{t+j}|w_t) \tag{2.32}$$

其中，$\boldsymbol{v}_{w_{t+j}}$ 表示词 w_{t+j} 的词向量，$\boldsymbol{v}_{w_t}^{(c)}$ 表示词 w_t 的上下文词向量。相比 CBOW 模型，Skip-gram 模型去掉了加法操作，直接在输入向量和输出向量之间做内积，并仍然使用最大似然准则进行优化。

值得注意的是，虽然 CBOW 模型和 Skip-gram 模型采用了与语言模型相似的优化目标，但它们的最终目标却是不同的：语言模型的最终目标是通过一个参数化的模型估计条件概率，以便更好地预测下一个词；而词向量模型却是通过条件概率获得词向量矩阵。如

① 虽然这种假设看起来不合理，但 Skip-gram 模型在实践中非常有效，比 CBOW 模型更加常用。

果从语言模型的角度看，CBOW 模型和 Skip-gram 模型所表达的条件概率远没有神经网络语言模型的精确，词的预测能力也弱很多。

相比 Bengio 等人提出的前馈神经概率语言模型，CBOW 模型和 Skip-gram 模型去掉了计算代价较高的矩阵乘法，以适应超大规模的数据和大词表。但在公式 (2.31) 中，依然需要计算概率分布中的 softmax 归一化因子，这一计算代价非常高[1]。加速这一项的计算可以采用负采样、层次化 softmax、噪声对比估计、重要性采样等方法。

2.3.3 词向量模型训练优化：负采样

负采样 (Negative Sampling) 方法将条件概率的估计问题转换为一个二分类问题。给定一个上下文 $C_t = (w_{t-n}, w_{t-n+1}, \cdots, w_{t+n-1}, w_{t+n})$ 和词 w_t，构成一个正确的“词—上下文”对 $< w_t, C_t >$。同时，还可以通过随机采样将 w_t 替换为其他的词，构成不正确的“词—上下文”对 $< w'_t, C_t >$。算法的目标是估计给定“词—上下文”对 $< w, C >$ 是正确的还是错误的，即将概率建模如下：

$$\begin{aligned} P(B=1|< w, C >) &= \frac{1}{1+\exp(-S(w, C))} \\ P(B=0|< w, C >) &= 1 - P(B=1|< w, C >) \end{aligned} \tag{2.33}$$

其中，$B=1$ 表示给定的“词—上下文”对是正确的，$B=0$ 表示这是负采样得到的样本；$S(w, C)$ 表示词 w 和上下文 C 的匹配度分数，越大表示越匹配。

假设正确的“词—上下文”对构成正例集 $\mathcal{D}$，负采样“词—上下文”对构成负例集 $\widetilde{\mathcal{D}}$，负采样算法通过最小化如下损失函数得到模型参数：

$$\mathcal{L}(\theta) = -\sum_{< w, C > \in \mathcal{D}} \log P(B=1|< w, C >) - \sum_{< w, C > \in \widetilde{\mathcal{D}}} \log P(B=0|< w, C >) \tag{2.34}$$

负例集可以用很多种方法生成。Word2Vec 算法中的采样方法是：对每个正确的 $< w, C > \in \mathcal{D}$，采样 k 个词，并将每个 $< w_i, C >$ 加入负例集 $\widetilde{\mathcal{D}}$。k 是算法中可以手工调整的超参数。采样词 w 的概率可以是词 w 出现在语料中的概率，即 $\frac{\#(w)}{\sum_{w'} \#(w')}$（$\#(w)$ 表示单词 w 出现

① 随着高度并行化的 GPU 计算的发展，softmax 的计算逐渐不再成为模型的瓶颈，但本节介绍的这些方法使当时处理大规模数据成为可能，具有里程碑的意义。

在语料中的次数)，或者使用平滑的方法所得到的概率。

在 CBOW 模型中，$S(w,C) = \boldsymbol{v}_w \cdot \boldsymbol{c}$，即 w 的词向量和上下文向量 $\boldsymbol{c}$ 的内积。在 Skip-gram 模型中，w 的词向量和上下文 C 中每个单词的向量独立地计算内积，如下所示：

$$P(B=1|<w,c_i>) = \frac{1}{1+\exp(-\boldsymbol{v}_w \cdot \boldsymbol{v}_{c_i}^{(c)})} \tag{2.35}$$

$$P(B=1|<w,C>) = \prod_{i=1}^{m} P(B=1|<w,c_i>) \tag{2.36}$$

$$= \prod_{i=1}^{m} \frac{1}{1+\exp(-\boldsymbol{v}_w \cdot \boldsymbol{v}_{c_i}^{(c)})} \tag{2.37}$$

这里假设上下文 C 中有 m 个词，即 $C=(c_1,c_2,\cdots,c_m)$，$\boldsymbol{v}_{c_i}^{(c)}$ 表示单词 c_i 的词向量。负采样方法通过建模一个分类问题，巧妙地避免了计算概率分布中的归一化因子，在计算效率上获得了极大的改进。

2.3.4 词向量模型训练优化：层次化 softmax

层次化 softmax(hierarchical softmax) 的思路是将 softmax 中归一化因子的计算转换为一系列的二分类问题。首先，将词表中的所有单词表示在一棵二叉树上，每个单词出现在树的叶子节点上，对应唯一的二进制编码。图 2.4 所示为使用 Huffman 编码树的例子 (Huffman 树为二叉树的一种特殊形式)，w_3 对应 110，w_4 对应 111。假设词 w 在二叉树上从根节点到其所在叶子节点的路径长度为 L，其编码可以表示一个位向量：$[b(w,1),b(w,2),\cdots,b(w,L)]$，$b(w,i)\in\{0,1\}$，则从给定上下文 C 预测词 w 的条件概率可以表示为

$$P(w|C) = P(b(w,1)b(w,2)\cdots b(w,L)|C) \tag{2.38}$$

$$= \prod_{j=1}^{L} P(b(w,j)|b(w,1)b(w,2)\cdots b(w,j-1),C) \tag{2.39}$$

$$= \prod_{j=1}^{L} P(b(w,j)|n(w,j-1),C) \tag{2.40}$$

其中，$n(w,j-1) \triangleq b(w,1)b(w,2)\cdots b(w,j-1)$ 表示从根节点出发、长度为 $j-1$ 的前缀编码。

考虑到 $b(w,j)\in\{0,1\}$，条件概率 $P(b(w,j)|n(w,j-1),C)$ 可以看成一个二分类问题，

可以采用如下 sigmoid 函数来计算：

$$P(b(w,j)=1|n(w,j-1),C) = \sigma(\boldsymbol{W}_{n(w,j-1)} \cdot \boldsymbol{c}) \tag{2.41}$$

$$P(b(w,j)=0|n(w,j-1),C) = \sigma(-\boldsymbol{W}_{n(w,j-1)} \cdot \boldsymbol{c}) \tag{2.42}$$

其中，$\boldsymbol{c}$ 表示上下文 C 的向量表示。注意，参数 $\boldsymbol{W}$ 是与前缀编码 $n(w,j-1)$ 相关的。

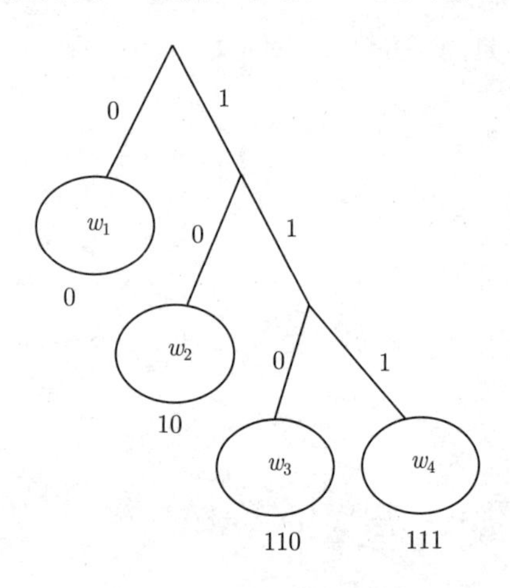

图 2.4　Huffman 编码树 (每个单词对应唯一的二进制编码)

这样，条件概率的计算转换为一系列二分类 sigmoid 函数的计算过程。在这种形式化过程中，每个词对应一个编码，假设编码长度为 L，则确定叶子需要估计 $L-1$ 个 $\boldsymbol{W}$ 参数。若使用平衡二叉树[①]来进行分组，则条件概率估计可以转换为 $\log_2|\mathcal{V}|$ 个二分类问题，可实现的加速比为 $\dfrac{|\mathcal{V}|}{\log_2|\mathcal{V}|}$。进一步，可以使用 Huffman 编码树，其语料集中越高频的词出现在越靠近树根部的地方，因此高频的词汇编码更短，条件概率的计算代价更低，可以进一步加速训练速度。

2.3.5　静态词向量的缺陷

静态词向量在捕获语义相似性上具有令人惊叹的效果。例如，以“瑞典”作为查询词，与之最相似的单词均为北欧国家，如挪威、丹麦、芬兰等。同时，静态词向量还可以捕获

① 平衡二叉树是一棵空树，或它的左右两个子树的高度差的绝对值不超过 1，并且左右两个子树都是一棵平衡二叉树。其特点是树高与节点数的对数成正比。

下面的语义和句法特性：

$$\boldsymbol{v}_{\text{brother}} - \boldsymbol{v}_{\text{sister}} \approx \boldsymbol{v}_{\text{grandson}} - \boldsymbol{v}_{\text{granddaughter}}$$

$$\boldsymbol{v}_{\text{apparent}} - \boldsymbol{v}_{\text{apparently}} \approx \boldsymbol{v}_{\text{rapid}} - \boldsymbol{v}_{\text{rapidly}}$$

英文单词 brother 和 sister 之间、grandson 和 granddaughter 之间都只相差性别；而 apparent 和 apparently 之间、rapid 和 rapidly 之间的差别是形容词和对应的副词的差别。有些研究还表明，词向量能一定程度捕获语言中的组合性，如 $\boldsymbol{v}_{\text{Germany}} + \boldsymbol{v}_{\text{Capital}} = \boldsymbol{v}_{\text{Berlin}}$，以及语言中的上下位关系 (如 Dog-ISA-Animal)。这要归功于词向量算法中最本质的分布假设：出现在相似上下文中的词是相似的。同时，CBOW 模型和 Skip-gram 模型都只使用了简单的线性运算，使词向量之间的平移性得到保持。

静态词向量最大的问题是缺少语境，同一个单词即使在不同语境下有不同的含义，它们的向量也是相同的。这是因为，从分布假设出发，词被表示为其出现在语料中所有上下文的聚合表示，这种“平均主义”已经抹掉了每个独立语境的差别。对于多义词，静态词向量不能反映一词多义的差别。例如，对于单词“bank”，单一词向量不能区分是河岸还是银行。另外，静态词向量在反义词的处理上也存在一定的问题。由于反义词的上下文通常高度相似 (若将句子中的词替换为反义词，句子语义几乎依然通顺)，所以相互为反义词的词向量距离可能很近，如“good”和“bad”、“冷”和“热”、“高”和“低”等。这对某些自然语言处理任务如情感分析、阅读理解、自然语言推理等带来负面影响。

2.4　语境化语言表示模型

1935 年，英国语言学家 John Rupert Firth 曾指出：“The complete meaning of a word is always contextual, and no study of meaning apart from context can be taken seriously”[13]。一个词的完整含义只有放置在特定的上下文中才具有明确意义。如前所述，静态词向量不能处理一词多义的情况。例如，在句子“The girl fell off the bank.”和句子“The girl went to the bank to get some cash.”中，词 bank 的意义是不同的，但静态词向量使用了相

同的向量表示。因为静态词向量的这个缺点，语境化语言表示 (Contextualized Language Representation) 开始成为热门研究。以 ELMo 和 BERT(ELMo 是多层双向 LSTM，BERT 是多层 Transformer 结构) 为代表的表示算法，认为每个词的表示与其所处的特定上下文相关。在这类算法中，句子中的词以静态词向量作为初始输入，经过预训练的神经网络变换得到每个位置的语境化表示向量，这些向量将被用来完成后续的下游任务。预训练的神经网络通常在大规模语料集上预先训练，并结合特定的预训练任务 (如 Masked Language Model、Next Sentence Prediction 等) 使表示具有很强的上下文预测能力。这种语境化的表示方法在各种自然语言处理任务中大幅刷新了性能。

语境化语言表示可以用公式抽象表示为

$$[\boldsymbol{h}_1, \boldsymbol{h}_2, \cdots, \boldsymbol{h}_n] = f_{\text{enc}}(\boldsymbol{h}^0_{[w_1]}, \boldsymbol{h}^0_{[w_2]}, \cdots, \boldsymbol{h}^0_{[w_n]}) \tag{2.43}$$

其中，f_{enc} 表示编码函数，每个输入词 w_i 对应一个输出的语境化向量 $\boldsymbol{h}_i$，其对应编码了词所在上下文中的语境信息。$\boldsymbol{h}^0_{[w_i]}$ 表示对应词 w_i 位置的输入向量，至少包含词向量部分。在 BERT 一类的预训练模型中，输入向量除词向量外，还包括位置嵌入向量、文段分割标记嵌入向量。

基于语境化表示的自然语言处理框架一般如图 2.5 所示。输入向量经过语境化编码器 (如多层 RNN 或 Transformer 结构) 后，每个位置的向量 $\boldsymbol{h}_i$ 都编码了所有位置的语境化上下文信息。基于向量 $\boldsymbol{h}_1, \boldsymbol{h}_2, \cdots, \boldsymbol{h}_n$，下游任务模型可以完成文本分类、信息抽取等各种任务。下面介绍语境化编码器 ELMo[14]、BERT[8]、XLNet[15] 的设计思想和形式化过程。

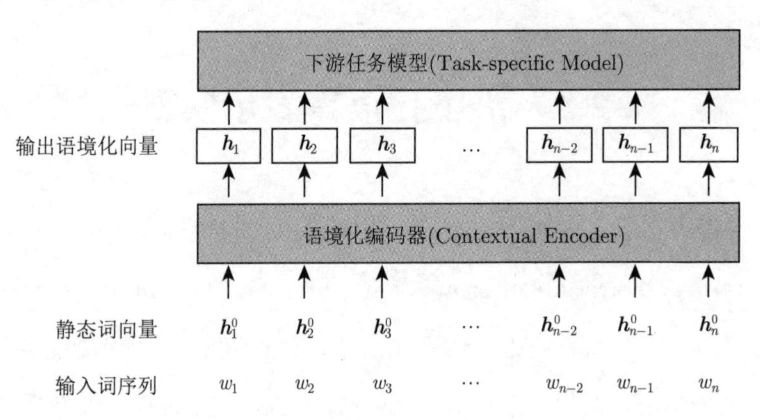

图 2.5 基于语境化表示的自然语言处理框架

2.4.1 ELMo

ELMo[14] 的全称是 Embeddings from Language Models，译为语言模型嵌入表示，属于语境化向量表示的代表性工作之一。它的基本思想是，首先在大规模语料上训练多层双向语言模型 (从左到右和从右到左)，然后在任务相关的数据上用模型获得每一层的隐向量表示，最后每个位置上的语境化向量表示由各层对应位置上的向量表示的加权和，该权重和下游任务相关。ELMo 模型的基本结构如图 2.6 所示。

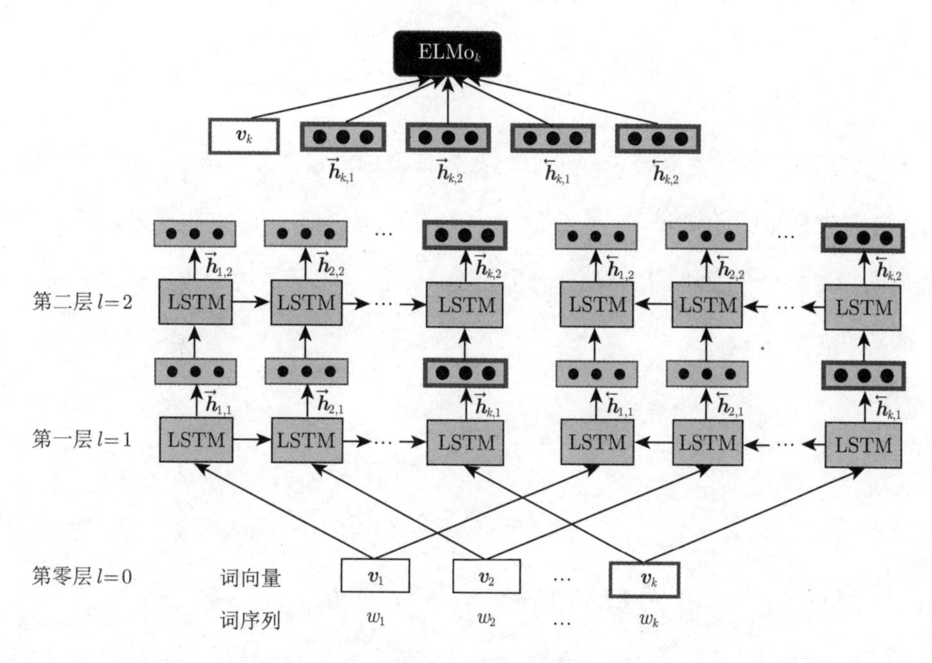

图 2.6　ELMo 模型的基本结构

ELMo 模型采用长短期记忆 (Long Short-term Memory, LSTM) 网络[16] 作为语言模型的基本结构，关于 LSTM 的具体介绍可参考第 3 章。双向语言模型分别估计由上文生成下文的概率，即 $P(w_n|w_1w_2\cdots w_{n-1})$；以及从下文生成上文的概率，即 $P(w_n|w_{n+1}w_{n+2}\cdots w_N)$。训练双向语言模型时，采用最大似然准则对模型参数进行优化：

$$\max \sum_{w_1w_2\cdots w_N\in\mathcal{D}} \sum_{k=1}^{N} \log P(w_k|w_1w_2\cdots w_{k-1};\overrightarrow{\boldsymbol{\theta}}) + \log P(w_k|w_{k+1}w_{k+2}\cdots w_N;\overleftarrow{\boldsymbol{\theta}}) \tag{2.44}$$

其中，$\overrightarrow{\boldsymbol{\theta}}$ 表示从左到右的前向语言模型的参数，$\overleftarrow{\boldsymbol{\theta}}$ 表示从右到左的反向语言模型的参数。

在大规模数据上训练得到语言模型的参数后，这些参数就固定住且不再调整。当处理某个特定的自然语言处理任务时，对于给定的文本，语言模型得到对应位置的隐向量，如下所示：

$$\overrightarrow{\boldsymbol{h}}_{k,l} = \text{LSTM}(\overrightarrow{\boldsymbol{h}}_{k-1,l}, \overrightarrow{\boldsymbol{h}}_{k,l-1}; \overrightarrow{\boldsymbol{\theta}}) \tag{2.45}$$

$$\overleftarrow{\boldsymbol{h}}_{k,l} = \text{LSTM}(\overleftarrow{\boldsymbol{h}}_{k+1,l}, \overleftarrow{\boldsymbol{h}}_{k,l-1}; \overleftarrow{\boldsymbol{\theta}}) \tag{2.46}$$

$$\overrightarrow{\boldsymbol{h}}_{k,0} = \overleftarrow{\boldsymbol{h}}_{k,0} = \boldsymbol{v}_k \tag{2.47}$$

其中，$\overrightarrow{\boldsymbol{h}}_{k,l}$ 为第 k 个位置上第 j 层的前向语言模型的向量表示，$\overleftarrow{\boldsymbol{h}}_{k,l}$ 为第 k 个位置上第 j 层的反向语言模型的向量表示。第零层的向量表示 $\overrightarrow{\boldsymbol{h}}_{k,0}$ 和 $\overleftarrow{\boldsymbol{h}}_{k,0}$ 都定义为第 k 个位置上的静态词向量。每个位置上的 ELMo 向量表示，不仅考虑了语境上下文信息，还考虑了任务相关的特性，如下：

$$\boldsymbol{h}_{k,0} = \boldsymbol{v}_k$$

$$\boldsymbol{h}_{k,l} = \overleftarrow{\boldsymbol{h}}_{k,l} \oplus \overrightarrow{\boldsymbol{h}}_{k,l} \tag{2.48}$$

$$\textbf{ELMo}_k = \gamma^{\text{Task}} \sum_{l=0}^{L} s_l^{\text{Task}} \boldsymbol{h}_{k,l} \tag{2.49}$$

其中，$\textbf{ELMo}_k$ 为第 k 个位置上的 ELMo 向量表示，s_l^{Task} 是经过 softmax 归一化后的权重分布，标量 γ^{Task} 允许任务模型随着任务的需要缩放整个 ELMo 向量表示。ELMo 向量表示可以作为任务模型的输入特征，如将其输入任务相关的 RNN 模型。参数 γ^{Task} 和 s_l^{Task} 可以随着特定任务的优化目标进行调整。

相比静态词向量，ELMo 向量表示通过预训练好的双向语言模型编码了上下文的更多信息。由于 ELMo 模型在大规模语料集上进行了预训练，所以这种做法能编码更多语料集的语言信息。同时，ELMo 向量表示能够随着任务目标而进行调整，考虑了任务的特性。研究表明，这种做法可以显著地改进自然语言处理任务的性能，在自动问答、文本蕴含、情感分析等多个下游任务中取得了明显的性能改进。

2.4.2 BERT

BERT 的全称是 Bidirectional Encoder Representations from Transformers，其模型是一种基于 Transformer 结构的预训练模型。在大规模语料集上预训练后，BERT 模型在各种自然语言理解的任务上都取得了卓越的性能，相比 ELMo 模型具有明显的优势。BERT 模型的成功可以归因于两点。其一是基于 Transformer 的深度网络，基础版本 BERT 模型采用 12 层，参数量为 1.1 亿；BERT 模型 Large 版本采用 24 层，参数量为 3.4 亿。其二是基于大规模数据设计预训练任务，使所学习到的向量表示具有更强的预测能力。

BERT 模型的输入/输出示意图如图 2.7 所示。输入向量包括词向量、位置嵌入矩阵、文段分割嵌入矩阵。经过多层 Transformer 结构的变换后，最终得到每个位置上的语境化向量表示。每个基本的 Transformer 单元中最核心的部分是全连接多头自注意力机制。Transformer 的结构会堆叠多层。可以将其抽象地形式化为

$$\boldsymbol{H}^0 = \boldsymbol{E} + \boldsymbol{P} + \boldsymbol{S} \tag{2.50}$$

$$\boldsymbol{H}^l = \text{Transformer\_block}(\boldsymbol{H}^{l-1}), l \in [1, L] \tag{2.51}$$

$$P(w_i|w_1 \cdots w_{i-1}w'w_{i+1} \cdots w_n) = \text{softmax}(\boldsymbol{W}\boldsymbol{H}_i^L + \boldsymbol{b})|_{w_i} \tag{2.52}$$

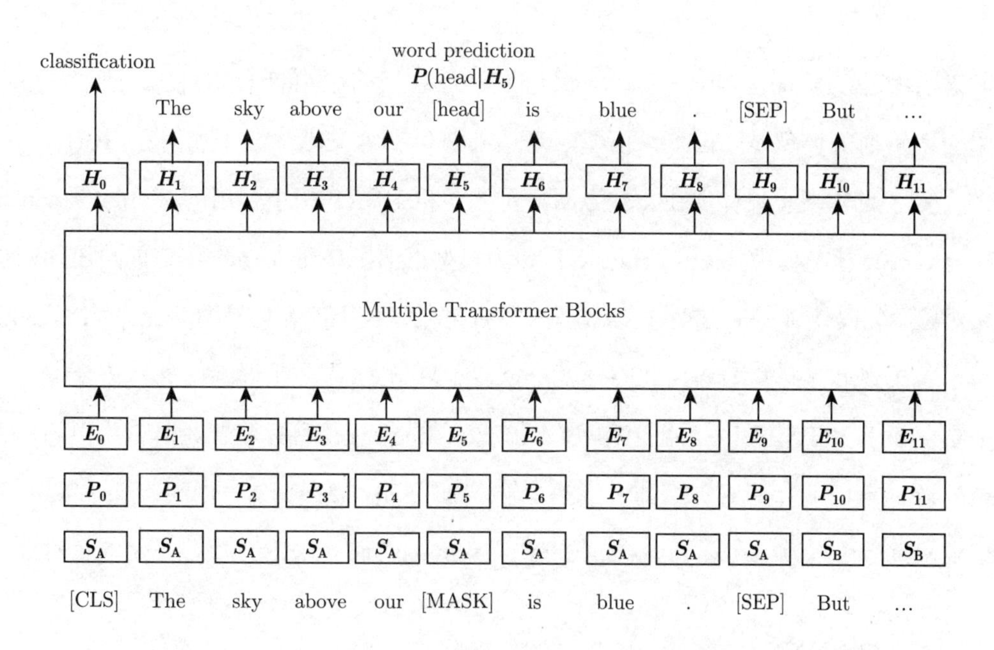

图 2.7　BERT 模型的输入/输出示意图

其中，$\boldsymbol{E}$ 为输入文本的词向量矩阵；$\boldsymbol{P}$ 为位置嵌入矩阵，用于表示文段中词的位置，每个位置对应不同向量；$\boldsymbol{S}$ 为文段分割嵌入矩阵，用于表示不同的两段连续文段；w' 表示原真实文本中 w_i 被随机替换掉的词或掩码特殊标识符 [MASK]。如图 2.7 所示，第一句中所有词的文段分割嵌入向量均为 $\boldsymbol{S}_{\mathrm{A}}$，第二句中所有词均为 $\boldsymbol{S}_{\mathrm{B}}$。$\boldsymbol{P}$ 和 $\boldsymbol{S}$ 均为模型的参数，在训练过程中一起参与优化。最终每个位置得到一个语境化的向量表示，构成了最后的输出词向量矩阵 $\boldsymbol{H}^L$。

BERT 模型另一个重要的设计是引入了新的预训练任务，包括恢复隐藏词的掩码语言模型 (Masked Language Models) 和下句预测 (Next Sentence Prediction)。在掩码语言模型任务中，训练文本中的词 w_i 以一定概率被替换成 w'_i，w'_i 或者是词表中随机选取的词，或者是表示隐藏的特殊字符 [MASK]。模型需要将隐藏掉的词恢复出来，即最大化概率 $P(w_i|w_1w_2\cdots w_{i-1}w'_iw_{i+1}\cdots w_n)$①。在下句预测任务中，两段文本 s_1、s_2 被拼接为 [CLS]s_1[SEP]s_2[SEP] 的形式②作为模型的输入，其中 s_2 以等概率从语料集中采样一句随机的文段或者选择 s_1 的真实的下一句连续文段。模型在 [CLS] 输出位置向量通过二分类预测 s_2 是否为 s_1 的真实的下一句连续文段。

2.4.3 XLNet

语境化语言表示是一个研究十分活跃的领域，不少工作在 BERT 模型上进行了扩展。其中一个重要的模型是 XLNet 模型，具体细节可参考文献 [15]。相对于 BERT 模型，XLNet 模型的主要扩展体现在几个方面。首先，和 BERT 模型使用的 Transformer 结构相比，XLNet 模型使用 Transformer-XL 作为模型框架，Transformer-XL 的片段递归机制和相对位置编码使 XLNet 模型在涉及长文本理解的任务上能有更好的性能。其次，XLNet 模型引入排列语言模型 (Permutation Language Model) 作为预训练任务，该模型的训练目标结合了 BERT 模型中运用自编码 (Autoencoding) 训练目标和普通语言模型的自回归 (Autoregressive) 训练目标。例如，当模型输入为 “I like [MASK] [MASK] very much” 且待恢复的目标语句为 “I like deep learning very much” 时，BERT 模型优化的负对数似然

① 这里只以隐藏一个词作为例子，实例训练中可能同时隐藏多个词。

② 其中 [CLS] 和 [SEP] 分别是代表文本开头和分割的特殊标记。

函数为

$$\begin{aligned}\mathcal{L}_{\mathrm{BERT}} = -\,&(\log P(\text{deep}|\text{I like [MASK] [MASK] very much})\\&+\log P(\text{learning}|\text{I like [MASK] [MASK] very much}))\end{aligned} \tag{2.53}$$

不难看出，deep 和 learning 是分别独立地预测的。而 XLNet 模型优化的目标则为

$$\begin{aligned}\mathcal{L}_{\mathrm{XLNet}} = -\,&\big(\log P(\text{learning}|\text{I like [MASK] [MASK] very much})\\&+\log P(\text{deep}|\text{I like [MASK] }\textbf{learning}\text{ very much})\big)\\&-\big(\log P(\text{deep}|\text{I like [MASK] [MASK] very much})\\&+\log P(\text{learning}|\text{I like }\textbf{deep}\text{ [MASK] very much})\big)\end{aligned} \tag{2.54}$$

在 XLNet 的优化目标中，预测多个 [MASK] 时会枚举不同的预测顺序：可以先预测 learning 再预测 deep，也可以反过来。而且，多个单词之间的预测顺序存在依赖关系，例如，在已经预测出 deep 后再预测 learning 时，概率似然函数为 $P(\text{learning}|\text{I like }\textbf{deep}\text{ [MASK] very much})$。而在 BERT 模型中，这两个被隐藏的单词是分别独立被预测的。通过这种排列和自回归的方式，模型更容易学到多个单词之间的依赖关系，表示向量的预测能力也更强。

2.5 本章小结

本章以语言中的条件概率建模为主线，介绍了统计语言模型和神经网络语言模型。神经网络模型包括最早的前馈神经网络语言模型、基于 RNN 的神经语言模型、基于 Transformer 的神经语言模型。同样地，静态词向量、语境化词向量的建模思想和方法也是以语言中的条件概率建模为主要路径的。从中不难看出，围绕语言文字的概率建模这一基本问题，不同模型在如何表达条件概率 $P(w|C)$ 上给出了不同的解决方案。而解决条件概率建模问题也恰好符合了词向量模型的基本出发点，即分布假设：出现在相似上下文中的词意义相近，在向量空间中距离也应该接近。

传统的统计语言模型是一种非参数化的方法，直接基于频率计数估计条件概率，是一种完全符号化的方法，概率表中的词都体现其符号本身的含义。Bengio 等人在 2003 年提出采用前馈神经网络表达语言模型中的条件概率，是早期采用神经网络进行语言建模的代表性工作。无论是基于 RNN 的神经语言模型、基于 Transformer 的神经语言模型，还是静态词向量中 Skip-gram 模型和 CBOW 模型 (直接内积或经过线性加和后的内积模型)，其背后的核心任务都是对条件概率的建模。静态词向量到语境化词向量的演化过程更深刻地体现了 1935 年 Firth 所说的思想：一个词的完整含义只有放置在特定的上下文中才具有明确意义。

这些历史变迁过程对于今天的自然语言处理研究仍具有深刻的启发意义。基于向量的语言表示取得了极大成功，但语言文字的符号语义却极大地弱化了，在语言的向量表示和符号语义之间应该如何平衡，仍然是值得深入研究的问题。

第 3 章　基于RNN的语言生成模型

自然语言文本是一种典型的具有序列结构的数据。常见的前馈神经网络，如多层感知器 (Multi-layer Perceptrons，MLP) 和卷积神经网络等，由于没有内在的时序结构和记忆能力，难以建模这种序列数据。和前馈神经网络不同，循环神经网络 (Recurrent Neural Networks, RNN) 是带层间反馈的神经网络模型，它维护了一个隐状态序列，每个隐状态都依赖于先前的隐状态和当前位置的输入，且输入序列的长度是不定长的。正是因为这种特性，RNN 具有更强的捕获序列数据特征和生成词序列的能力，成为语言建模和语言生成的主流模型之一。

本章将介绍 RNN 的基本原理、训练算法、模型变种、架构设计，以及基于 RNN 的语言模型、序列到序列模型、解码方法 (包括搜索和采样方法)，最后分析基于 RNN 的序列到序列模型存在的问题。

3.1　RNN 的基本原理

RNN 的算法框架包括输入层、隐藏层和输出层，如图 3.1(a) 所示。给定一个词向量序列 $\boldsymbol{X} = (\boldsymbol{e}(w_1), \boldsymbol{e}(w_2), \cdots, \boldsymbol{e}(w_n))$，其中 $\boldsymbol{e}(w_i) \in \mathbb{R}^k$ 为单词 w_i 的向量表示，k 是向量维度。RNN 的隐状态 $\boldsymbol{h}_t \in \mathbb{R}^d$ 通过下式进行更新：

$$\boldsymbol{h}_t = \begin{cases} \mathbf{0}, & t = 0 \\ f_r\left(\boldsymbol{h}_{t-1}, \boldsymbol{e}(w_t)\right), & t \geqslant 1 \end{cases} \tag{3.1}$$

其中，f_r 是 RNN 隐藏层中的循环函数。与全连接神经网络不同的是，RNN 隐藏层每一时刻的输入也包括上一时刻隐藏层的输出 $\boldsymbol{h}_{t-1}$，RNN 的记忆能力也正来源于此。RNN 中最简单的循环函数为

$$f_r(\boldsymbol{h}_{t-1}, \boldsymbol{e}(w_t)) = f\left(\boldsymbol{U}\boldsymbol{h}_{t-1} + \boldsymbol{W}\boldsymbol{e}(w_t) + \boldsymbol{b}\right) \tag{3.2}$$

其中，f 是激活函数 (如 tanh 或 ReLU 函数)，$\boldsymbol{U} \in \mathbb{R}^{d\times d}$ 和 $\boldsymbol{W} \in \mathbb{R}^{d\times k}$ 是可训练的网络权重，$\boldsymbol{b} \in \mathbb{R}^{d}$ 是偏置向量，d 是隐状态向量的维度。输出层接收隐藏层的输出 $\boldsymbol{h}_t$ 作为输入，并按照下式产生输出 $\boldsymbol{y}_t$：

$$\boldsymbol{y}_t = g_r(\boldsymbol{h}_t) \tag{3.3}$$

其中，g_r 是 RNN 输出层的输出函数，$\boldsymbol{y}_t$ 为 RNN 在 t 时刻的输出，一般为类别集合或词表上的概率分布，并表示成向量。在不同的任务中，g_r 和 $\boldsymbol{y}_t$ 可能有不同的形式。如果把每个时刻的输入层、隐藏层和输出层按照时间线展开，则如图 3.1(b) 所示。需要注意的是，尽管循环的时间步数可以自由变化，但 f_r 和 g_r 中的网络参数不随时间变化，即在不同时刻使用了同一套参数计算隐状态和输出。

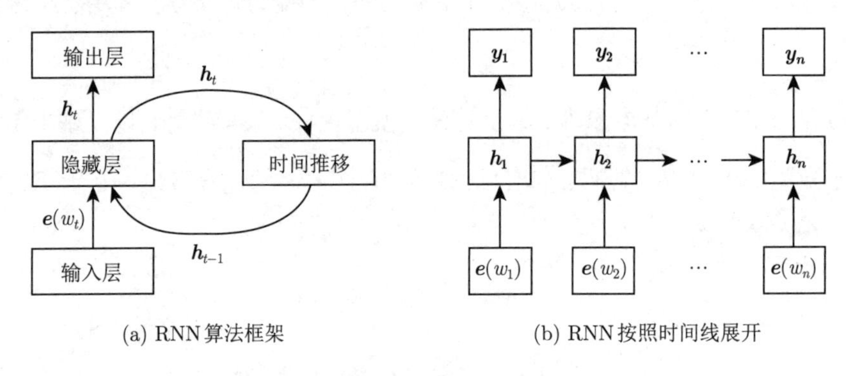

(a) RNN 算法框架　　(b) RNN 按照时间线展开

图 3.1　RNN 的算法框架

3.2　RNN 的训练算法

上节介绍了 RNN 的前馈计算过程，即按照输入时间序列递增的方向依次计算隐状态和输出。本节将介绍如何训练 RNN。RNN 输入的每个训练样本是一个时间序列，每一时刻都可能有输出，进而计算模型输出相对于真实标签的误差。而且，每一时刻的隐状态都受之前时刻隐状态的影响，因此 RNN 的训练需要从最后一个时刻开始将误差的梯度回传。这种训练算法称为基于时间的反向传播 (Back Propagation Through Time，BPTT) 算法，其原理与标准的反向传播算法类似，都是根据链式法则计算误差对网络权重、偏置向量的梯度。不同的是，标准的反向传播算法中梯度回传是在不同的网络层之间建立的，而在 RNN 中是沿着时间轴建立的，如图 3.2 所示。其中，J_t 是在时间步 t 上的损失函数，即 RNN 的输出与目标输出之间的误差，是 $\boldsymbol{y}_t$ 的函数，可以用 $J_t = \mathcal{L}(\boldsymbol{y}_t)$ 表示。RNN 在所有时间步上的整体损失函数 $J = \sum\limits_{i=1}^{T} J_t$，则 J 对于网络权重 $\boldsymbol{U}$ 的梯度为

$$\frac{\partial J}{\partial \boldsymbol{U}} = \sum_{t=1}^{T} \frac{\partial J_t}{\partial \boldsymbol{U}} \tag{3.4}$$

$$= \sum_{t=1}^{T} \frac{\partial J_t}{\partial \boldsymbol{h}_t} \frac{\partial \boldsymbol{h}_t}{\partial \boldsymbol{U}} \tag{3.5}$$

$$= \sum_{t=1}^{T} \sum_{k=1}^{t} \frac{\partial J_t}{\partial \boldsymbol{y}_t} \frac{\partial \boldsymbol{y}_t}{\partial \boldsymbol{h}_t} \frac{\partial \boldsymbol{h}_t}{\partial \boldsymbol{h}_k} \frac{\partial \boldsymbol{h}_k}{\partial \boldsymbol{U}} \tag{3.6}$$

其中，$\dfrac{\partial \boldsymbol{h}_k}{\partial \boldsymbol{U}}$ 表示仅回传一步的偏导数，即 $\dfrac{\partial \boldsymbol{h}_k}{\partial \boldsymbol{U}} = \dfrac{\partial f_r}{\partial \boldsymbol{U}}$。进一步求解上式的关键在于求解 $\dfrac{\partial \boldsymbol{h}_t}{\partial \boldsymbol{h}_k}$。由于 $\boldsymbol{h}_t$ 和 $\boldsymbol{h}_k$ 都是 d 维列向量，不妨设 $\boldsymbol{h}_t[i]$ 是 $\boldsymbol{h}_t$ 的第 i 个元素 $(1 \leqslant i \leqslant d)$，则

$$\boldsymbol{h}_t = [\boldsymbol{h}_t[1], \cdots, \boldsymbol{h}_t[d]] \tag{3.7}$$

$$= [f(\boldsymbol{U}_1 \cdot \boldsymbol{h}_{t-1} + \boldsymbol{W}_1 \cdot \boldsymbol{e}(w_t) + b_1), \cdots, f(\boldsymbol{U}_d \cdot \boldsymbol{h}_{t-1} + \boldsymbol{W}_d \cdot \boldsymbol{e}(w_t) + b_d))] \tag{3.8}$$

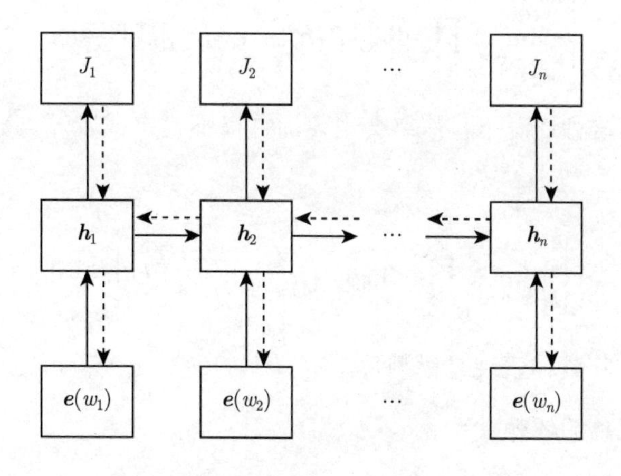

图 3.2　RNN 的训练算法示意图 (虚线表示梯度回传方向)

其中，$\boldsymbol{U}_i$ 和 $\boldsymbol{W}_i$ 分别表示权重矩阵 $\boldsymbol{U}$ 和 $\boldsymbol{W}$ 的第 i 个行向量，b_i 表示偏置向量 $\boldsymbol{b}$ 的第 i 个元素，$1 \leqslant i \leqslant d$。注意，对于任意 i，$\boldsymbol{U}_i \cdot \boldsymbol{h}_{t-1} + \boldsymbol{W}_i \cdot \boldsymbol{e}(w_t) + b_i$ 都是标量，则

$f(\boldsymbol{U}_i \cdot \boldsymbol{h}_{t-1} + \boldsymbol{W}_i \cdot \boldsymbol{e}(w_t) + b_i)$ 也是标量，不妨记为 $f(\boldsymbol{h}_{t-1}, \boldsymbol{e}(w_t))[i]$。进一步可得

$$\frac{\partial \boldsymbol{h}_t}{\partial \boldsymbol{h}_{t-1}} = \left[\frac{\partial f(\boldsymbol{h}_{t-1}, \boldsymbol{e}(w_t))[1]}{\partial \boldsymbol{h}_{t-1}}, \cdots, \frac{\partial f(\boldsymbol{h}_{t-1}, \boldsymbol{e}(w_t))[d]}{\partial \boldsymbol{h}_{t-1}}\right] \tag{3.9}$$

$$= [\boldsymbol{U}_1 f'(\boldsymbol{h}_{t-1}, \boldsymbol{e}(w_t))[1], \cdots, \boldsymbol{U}_d f'(\boldsymbol{h}_{t-1}, \boldsymbol{e}(w_t))[d]] \tag{3.10}$$

$$= \mathbf{diag}[f'(\boldsymbol{h}_{t-1}, \boldsymbol{e}(w_t))]\boldsymbol{U} \tag{3.11}$$

其中，f' 是 f 关于 $\boldsymbol{h}_{t-1}$ 的偏导数，$f'(\boldsymbol{h}_{t-1}, \boldsymbol{e}(w_t))[i] = f'(\boldsymbol{U}_i \cdot \boldsymbol{h}_{t-1} + \boldsymbol{W}_i \cdot \boldsymbol{e}(w_t) + b_i)$，也是一个标量。$\mathbf{diag}[f'(\boldsymbol{h}_{t-1}, \boldsymbol{e}(w_t))]$ 表示一个对角阵，其对角元素为 $f'(\boldsymbol{h}_{t-1}, \boldsymbol{e}(w_t))[i], i = 1, 2, \cdots, d$。则结合式 (3.6)，可得

$$\frac{\partial J}{\partial \boldsymbol{U}} = \sum_{t=1}^{T} \sum_{k=1}^{t} \frac{\partial J_t}{\partial \boldsymbol{y}_t} \frac{\partial \boldsymbol{y}_t}{\partial \boldsymbol{h}_t} \left(\prod_{i=k+1}^{t} \mathbf{diag}[f'(\boldsymbol{h}_{i-1}, \boldsymbol{e}(w_i))]\boldsymbol{U}\right) \frac{\partial \boldsymbol{h}_k}{\partial \boldsymbol{U}} \tag{3.12}$$

其余几项偏导数都容易通过一步求导得到，RNN 通过上式即可进行梯度的反向传播。实际中出于对训练效率的考虑，一般采用带时间截断的 BPTT(Truncated BPTT) 算法，即在反向传播计算梯度时沿着序列的反方向最多传递有限步而不是一直传递到第一个位置。

在使用 BPTT 算法进行训练时，RNN 面临着梯度爆炸和梯度消失的问题。具体来说，在公式 (3.12) 中，若定义 $\gamma_i = ||\mathbf{diag}[f'(\boldsymbol{h}_{i-1}, \boldsymbol{e}(w_i))]\boldsymbol{U}||_2$，则当 $\gamma_i > 1$ 时，

$$\left[\lim_{t-k\to\infty} \prod_{i=k+1}^{t} \mathbf{diag}[f'(\boldsymbol{h}_{i-1}, \boldsymbol{e}(w_i))]\boldsymbol{U}\right] \to \infty$$

这就是梯度爆炸，在这种情况下，网络会出现训练极不稳定或者浮点数越界的现象；反之，当 $\gamma_i < 1$ 时，

$$\left[\lim_{t-k\to\infty} \prod_{i=k+1}^{t} \mathbf{diag}[f'(\boldsymbol{h}_{i-1}, \boldsymbol{e}(w_i))]\boldsymbol{U}\right] \to 0$$

就会造成梯度消失，其具体表现是模型每个位置上的参数更新被近距离的梯度所主导，导致模型难以学到远距离的依赖关系。

这些现象本质上都是由 RNN 内在的长距离依赖问题所带来的，RNN 的步数越多，这些现象就越严重。目前研究者已经提出了许多方法来缓解这些问题。例如，使用梯度截断来避免梯度爆炸，即设置一个梯度截断阈值，在更新梯度的时候，如果梯度的范数 (Norm) 超过这个阈值，就将其强制截断，设置为该阈值。除此之外，也可以使用正则项限制网络

参数大小来避免梯度过大。为了缓解标准 RNN 梯度爆炸或梯度消失的问题，研究者提出了许多 RNN 的变种，如下节将介绍的长短期记忆神经网络、门控循环单元等结构。

3.3　长短期记忆神经网络与门控循环单元

长短期记忆 (Long Short-term Memory, LSTM)[16] 神经网络能够进一步改善 RNN 的记忆能力并且减轻梯度爆炸和梯度消失问题，它对 RNN 的主要修改在于将循环函数 f_r 从简单的全连接改进为使用三个控制门的记忆单元。控制门是指控制信息通过量多少的一种函数，即对于向量 $\boldsymbol{y}$，希望通过向量 $\boldsymbol{x}$ 来控制 $\boldsymbol{y}$ 所保留的信息。控制门可以用下式来表示：

$$\boldsymbol{o} = \sigma(\boldsymbol{x}) \otimes \boldsymbol{y} \tag{3.13}$$

其中，$\otimes$ 表示逐元素的向量乘法，$\sigma(\boldsymbol{x})$ 为 sigmoid 函数，其输出的每个元素取值范围在 0~1 之间。$\sigma(\boldsymbol{x})$ 中的元素越接近 1，$\boldsymbol{y}$ 对应位置保留的信息越多；$\sigma(\boldsymbol{x})$ 中的元素越接近 0，$\boldsymbol{y}$ 对应位置保留的信息越少。$\boldsymbol{o}$ 为控制门的输出，即输入向量 $\boldsymbol{y}$ 通过该控制门的输出信息。使用控制门，LSTM 的循环函数可写为

$$\boldsymbol{h}_t = \boldsymbol{o}_t \otimes \tanh(\boldsymbol{c}_t) \tag{3.14}$$

$$\boldsymbol{c}_t = \boldsymbol{f}_t \otimes \boldsymbol{c}_{t-1} + \boldsymbol{i}_t \otimes \hat{\boldsymbol{c}}_t \tag{3.15}$$

$$\hat{\boldsymbol{c}}_t = \tanh(\boldsymbol{W}_c \boldsymbol{e}(w_t) + \boldsymbol{U}_c \boldsymbol{h}_{t-1} + \boldsymbol{b}_c) \tag{3.16}$$

其中，$\boldsymbol{c}_t$ 为 t 时刻 RNN 的单元状态 (Cell State)，带有序列的历史信息。$\boldsymbol{i}_t, \boldsymbol{o}_t, \boldsymbol{f}_t$ 分别称为输入门、输出门、遗忘门，分别通过下式计算：

$$\boldsymbol{i}_t = \sigma(\boldsymbol{W}_i \boldsymbol{e}(w_t) + \boldsymbol{U}_i \boldsymbol{h}_{t-1} + \boldsymbol{b}_i) \tag{3.17}$$

$$\boldsymbol{o}_t = \sigma(\boldsymbol{W}_o \boldsymbol{e}(w_t) + \boldsymbol{U}_o \boldsymbol{h}_{t-1} + \boldsymbol{b}_o) \tag{3.18}$$

$$\boldsymbol{f}_t = \sigma(\boldsymbol{W}_f \boldsymbol{e}(w_t) + \boldsymbol{U}_f \boldsymbol{h}_{t-1} + \boldsymbol{b}_f) \tag{3.19}$$

LSTM 通过这种复杂的循环函数在每个时间步上对当前的输入和记忆的历史信息进行重新的组合，有效地减轻了梯度爆炸、梯度消失等问题，其关键在于以下两点。

- 更复杂的循环函数。复杂的循环函数使梯度在回传过程中经历了更多导数较小的激活函数，从而降低了梯度爆炸发生的可能性。
- 遗忘门的使用。遗忘门中的偏置项 $\boldsymbol{b}_f$ 通常在初始化时会设置得较大，从而使 $\boldsymbol{f}_t$ 接近 **1**，即单元状态 $\boldsymbol{c}_t$ 将尽量保留 $\boldsymbol{c}_{t-1}$ 中的信息。因此在训练时，即使其他的回传路径仍然面临着梯度消失的风险，$\boldsymbol{c}_t$ 上的梯度能够通过 $\boldsymbol{c}_{t-1}$ 一直回传，不易消失。但是，在训练过程中，$\boldsymbol{f}_t$ 中的元素可能会逐渐减小，通过遗忘门的梯度也会逐渐消失。因此，遗忘门只在一定程度上避免了梯度消失问题，并非完全解决这一问题。

针对梯度消失问题，有学者去掉了 LSTM 神经网络中的遗忘门进行了实验。尽管从理论上来看，去掉遗忘门 (相当于 $\boldsymbol{f}_t$ 为 1) 可以完全避免梯度消失，但是有遗忘门的 LSTM 神经网络实际效果往往会更好。这其实说明解决梯度消失问题并非是设计 RNN 的唯一目标，通过控制门结构使模型能够自由选择信息的传递，也是 LSTM 神经网络能够成功的重要原因。

尽管 LSTM 神经网络效果优于标准 RNN，但复杂的循环函数使得 LSTM 神经网络的学习和推理效率较低，在大规模的神经网络架构中时间性能较差。门控循环单元 (Gated Recurrent Units, GRU) 通过简化 LSTM 神经网络的循环函数达到了相似的效果和更高的时间、空间效率。GRU 的循环函数如下：

$$\boldsymbol{h}_t = (1 - \boldsymbol{z}_t) \otimes \boldsymbol{h}_{t-1} + \boldsymbol{z}_t \otimes \hat{\boldsymbol{h}}_t \tag{3.20}$$

$$\hat{\boldsymbol{h}}_t = \tanh(\boldsymbol{W}_c \boldsymbol{e}(w_t) + \boldsymbol{U}_c(\boldsymbol{r}_t \otimes \boldsymbol{h}_{t-1})) \tag{3.21}$$

其中，$\boldsymbol{r}_t, \boldsymbol{z}_t$ 分别称为重置门 (Reset Gate) 和更新门 (Update Gate)，可形式化地表示为

$$\boldsymbol{r}_t = \sigma(\boldsymbol{W}_r \boldsymbol{e}(w_t) + \boldsymbol{U}_r \boldsymbol{h}_{t-1}) \tag{3.22}$$

$$\boldsymbol{z}_t = \sigma(\boldsymbol{W}_z \boldsymbol{e}(w_t) + \boldsymbol{U}_z \boldsymbol{h}_{t-1}) \tag{3.23}$$

通过这种简化，GRU 在达到和 LSTM 神经网络相似效果的情况下，提高了网络运算的效率。

3.4　RNN 的架构设计

无论是标准的 RNN 还是 LSTM 神经网络和 GRU 等变种，如果输入的时间序列很长，前向传播时都很难有效地记忆历史信息，反向传播时也很难沿时间轴进行有效的梯度回传。通过设计各种网络架构在一定程度上可以解决这些问题，其中包括多层结构、双向结构等。

3.4.1　多层 RNN

如图 3.3(a) 所示，RNN 隐藏层中的循环函数 f_r 也可以用多层全连接神经网络表示，从而得到更深的多层 RNN。与标准 RNN 相同，第一个隐藏层的输入是上一时刻的隐状态和当前的词向量，而其他隐藏层的输入则是上一时刻的隐状态和上一隐藏层当前时刻的隐状态。最终，多层 RNN 使用最后一个隐藏层的隐状态预测输出。相比于简单的 RNN，多层 RNN 具有更多的网络参数和更深的结构，能够有效提高对更长的时间序列的记忆能力。

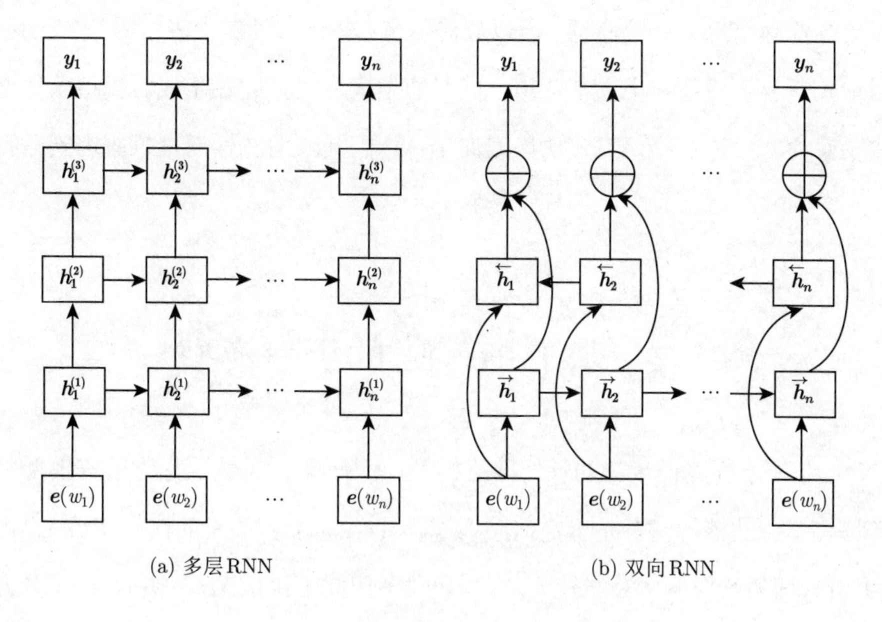

(a) 多层RNN　　(b) 双向RNN

图 3.3　RNN 的主要变种

3.4.2 双向 RNN

一般来说，单向 RNN 对于输入的时间序列按照时间顺序从左至右依次进行编码，每一时刻的隐状态受当前时刻的输入和之前时刻的隐状态影响。但是在有些问题中，当前时刻之前和之后的信息均对当前时刻的输出有影响。以词性标注任务为例，模型需要预测句子中每个单词的词性，此时前文信息和后文信息都对词性判断有帮助。即使对于一般的序列编码问题，同时考虑当前位置的历史信息和未来信息也有助于得到更有效的序列特征表示。因此，如图 3.3(b) 所示，双向 RNN 的隐状态 $\boldsymbol{h}_t$ 由两个方向编码得到的隐状态组成，可形式化地表示如下：

$$\boldsymbol{h}_t = \overleftarrow{\boldsymbol{h}}_t \oplus \overrightarrow{\boldsymbol{h}}_t \tag{3.24}$$

$$\overrightarrow{\boldsymbol{h}}_t = \begin{cases} \boldsymbol{0}, & t = 0 \\ f_r(\overrightarrow{\boldsymbol{h}}_{t-1}, \boldsymbol{e}(w_t)), & 1 \leqslant t \leqslant n \end{cases} \tag{3.25}$$

$$\overleftarrow{\boldsymbol{h}}_t = \begin{cases} \boldsymbol{0}, & t = n+1 \\ f_l(\overleftarrow{\boldsymbol{h}}_{t+1}, \boldsymbol{e}(w_t)), & 1 \leqslant t \leqslant n \end{cases} \tag{3.26}$$

其中，$\boldsymbol{x} \oplus \boldsymbol{y}$ 表示将两个向量进行拼接。相比于标准 RNN，由于每个位置上的隐状态反映了该位置的前缀信息和后缀信息，所以双向 RNN 在语言理解和表示等任务上更加有效。但由于目前在语言生成任务中大都使用自回归的生成方式，即在生成时模型只知道已经生成的前缀信息而不知道后缀信息，所以双向 RNN 因其双向特性而难以应用到语言生成任务中。

3.5 基于 RNN 的语言模型

RNN 是专为序列建模设计的神经网络模型，因此能够自然地作为语言模型来建模语言序列。语言模型的核心任务是确定词序列 $Y = (y_1, y_2, \cdots, y_n)$ 的概率 $P(Y)$，由于直接建模 Y 中所有词的联合概率分布较为困难，可以利用自回归 (Autoregressive) 的方式将其进行分解：

$$P(Y) = \prod_{t=1}^{n} P(y_t|Y_{<t}) \tag{3.27}$$

使用 RNN 作为语言模型建模语言序列时，可以将词序列每一步的条件概率表示为如下形式：

$$P(y_t|Y_{<t}) = \text{softmax}(\boldsymbol{W}_0\boldsymbol{h}_t + \boldsymbol{b}_0)|_{y_t} \tag{3.28}$$

其中，$\boldsymbol{W}_0 \in \mathbb{R}^{|\mathcal{V}|\times d}, \boldsymbol{b}_0 \in \mathbb{R}^{|\mathcal{V}|}$ 是 RNN 的输出函数中可训练的网络参数，$\boldsymbol{h}_t$ 是 t 时刻 RNN 的隐状态，$P(y_t|Y_{<t})$ 即为 t 时刻模型预测的在词表上的条件概率分布。

3.5.1 模型结构

基于 RNN 的语言模型结构如图 3.4 所示。

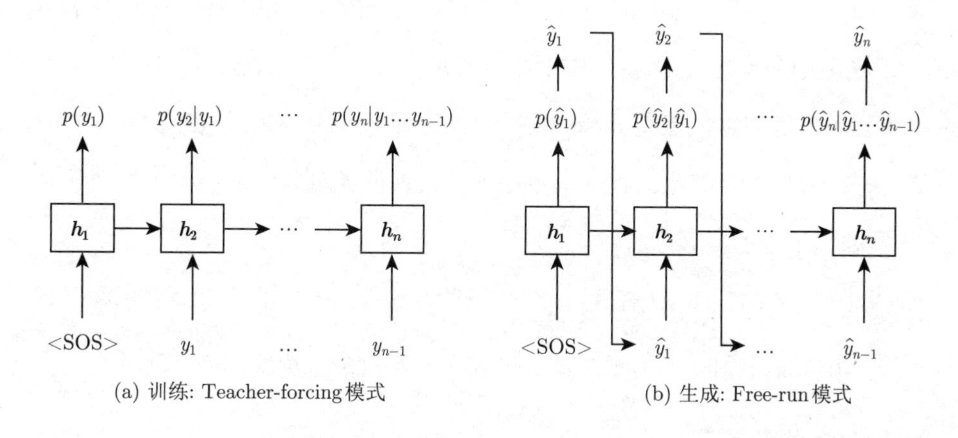

(a) 训练: Teacher-forcing模式　　(b) 生成: Free-run模式

图 3.4　基于 RNN 的语言模型结构

$<$ SOS $>$ 是预定义的起始符[①]，表示文本序列的第一个位置。在每个时间步 t，模型都会通过隐状态 $\boldsymbol{h}_t$ 中的历史信息预测下一个词出现的概率。模型在训练和生成时有着不同的运行过程。具体来说，在使用最大似然估计进行训练时，模型每一个时刻接收真实句子的前缀 $Y_{<t}$ 并预测下一个词 y_t 的分布，这种训练模式称为教师强制 (Teacher-forcing) 模式。对于训练语料集 $\mathcal{D}$，模型通过最大似然估计对网络参数进行优化，在 $\mathcal{D}$ 上训练时的优化目标可形式化地表示如下：

$$\boldsymbol{\theta}^* = \text{argmax}_{\boldsymbol{\theta}} \sum_{k=1}^{|\mathcal{D}|}\sum_{t=1}^{l_k} \log P(y_t^k|Y_{<t}^k;\boldsymbol{\theta}) \tag{3.29}$$

① “Start Of Sequence” 的简写，表示文本序列的第一个位置。

其中，$\boldsymbol{\theta}$ 为 RNN 中的所有可训练参数，$y_1^k y_2^k \cdots y_{l_k}^k$ 表示 $\mathcal{D}$ 中的第 k 个文本，其长度为 l_k。而在进行生成时，模型则需要读入自己生成的前缀 $\hat{Y}_{<t}$ 再预测下一个词 $\hat{y}_t$ 的分布，并根据该概率分布通过搜索或采样的方法得到要生成的词 $\hat{y}_t$。该词将会被送回模型输入端，进行下一个词的生成，直到遇到序列终止符 < EOS >[①]时停止继续生成，这种模式称为自由运行 (Free-run) 模式。通过这两种模式，基于 RNN 的语言模型得以训练参数和生成新的文本。

3.5.2 主要问题

相比前馈神经网络语言模型，基于 RNN 的语言模型能取得更好的困惑度 (Perplexity)，同时训练速度也更快。基于 RNN 的语言模型中存在的主要问题是，使用 softmax 预测在整个词表上的概率分布时，需要计算归一化因子 $\sum\limits_{y\in\mathcal{V}}(\varepsilon(y))$，其中 $\varepsilon(y)$ 指的是公式 (3.28) 的 softmax 之前的多层感知器输出中单词 y 对应的结果，即 $\varepsilon(y_t) = (\boldsymbol{W}_0\boldsymbol{h}_t + \boldsymbol{b}_0)|_{y_t}$，$\boldsymbol{\theta}$ 代指网络中的可训练参数。但是计算该归一化因子的时间复杂度为 $\mathcal{O}(|\mathcal{V}|)$，当词表 $\mathcal{V}$ 较大时计算过程较为耗时。因此，有一些更高效、快速的计算方法被提出，主要包括层次化 softmax、重要性采样近似等方法。

层次化 softmax 在第 2 章中已经详细介绍过，它将词表中的所有词表示在一棵二叉树上，从而将 softmax 中归一化因子的计算转换为一系列的二分类问题，可实现 $\dfrac{|\mathcal{V}|}{\log_2|\mathcal{V}|}$ 的加速比。

重要性采样 (Importance Sampling) 近似方法指的是，训练时模型不在整个词表上进行概率计算，而通过随机或者启发式采样的方法从词表中采样一小部分进行概率估计和梯度计算。具体来说，负对数似然的梯度可以采用下式表示：

$$-\frac{\partial \log P(y_t|Y_{<t})}{\partial \boldsymbol{\theta}} = -\frac{\partial \varepsilon(y_t)}{\partial \boldsymbol{\theta}} + \frac{\partial \log \sum\limits_{y\in\mathcal{V}} \exp(\varepsilon(y))}{\partial \boldsymbol{\theta}} \tag{3.30}$$

$$= -\frac{\partial \varepsilon(y_t)}{\partial \boldsymbol{\theta}} + \frac{1}{\sum\limits_{y\in\mathcal{V}} \exp(\varepsilon(y))} \frac{\partial \sum\limits_{y\in\mathcal{V}} \exp(\varepsilon(y))}{\partial \boldsymbol{\theta}} \tag{3.31}$$

$$= -\frac{\partial \varepsilon(y_t)}{\partial \boldsymbol{\theta}} + \frac{1}{\sum\limits_{y\in\mathcal{V}} \exp(\varepsilon(y))} \sum_{y\in\mathcal{V}} \exp(\varepsilon(y)) \frac{\partial \varepsilon(y)}{\partial \boldsymbol{\theta}} \tag{3.32}$$

① “End Of Sequence” 的简写，表示文本序列的最后一个位置。

softmax 中的归一化因子 $\sum_{y \in \mathcal{V}} \exp(\varepsilon(y))$ 可以用重要性采样近似来进行估计：

$$\sum_{y \in \mathcal{V}} \exp(\varepsilon(y)) \approx \frac{1}{N} \sum_{y' \in \mathcal{J}} \frac{\exp(\varepsilon(y'))}{Q(y'|Y_{<t})} \tag{3.33}$$

其中，集合 $\mathcal{J}$ 中包括 N 个从预定义的便于采样的提议分布 (Proposal distribution) $Q(y|Y_{<t})$ 中采样得到的词。同理，

$$\sum_{y \in \mathcal{V}} \exp(\varepsilon(y)) \frac{\partial \varepsilon(y)}{\partial \boldsymbol{\theta}} \approx \frac{1}{N} \sum_{y' \in \mathcal{J}} \frac{\exp(\varepsilon(y'))}{Q(y'|Y_{<t})} \frac{\partial \varepsilon(y')}{\partial \boldsymbol{\theta}} \tag{3.34}$$

则负对数似然的梯度进一步可表示为

$$-\frac{\partial \log P(y_t|Y_{<t})}{\partial \boldsymbol{\theta}} \approx -\frac{\partial \varepsilon(y_t)}{\partial \boldsymbol{\theta}} + \frac{\sum_{y' \in \mathcal{J}} \frac{\partial \varepsilon(y')}{\partial \boldsymbol{\theta}} \frac{\exp(\varepsilon(y'))}{Q(y'|Y_{<t})}}{\sum_{y' \in \mathcal{J}} \frac{\exp(\varepsilon(y'))}{Q(y'|Y_{<t})}} \tag{3.35}$$

在实际使用时，可以任意选择提议分布 $Q(y|Y_{<t})$ 及采样个数 N，$Q(y|Y_{<t})$ 一般可设为均匀分布。该方法将全词表上的计算问题缩减到了采样集合 $\mathcal{J}$ 上，因此时间复杂度将从 $O(|\mathcal{V}|)$ 缩减到 $O(N)$，从而能够有效提高训练速度。重要性采样近似方法的缺点在于，每一步训练都只会调整与 y_t 和 $\mathcal{J}$ 中的词相关的一部分参数。这使整体梯度的估计存在方差，可能导致训练的不稳定。通过调整提议分布 $Q(y|Y_{<t})$ 或扩大采样个数 N，可以缩小梯度估计的方差，以提升训练的稳定性。

3.5.3　模型改进

受到语言学的启发，有许多工作提出更加有效的结构或者引入必要的外部信息来提升基于 RNN 的语言模型的性能，这些改进主要包括缓存 (Caching) 机制[17]、字符感知模型 (Character-aware Models)[18]、因子模型 (Factored Models)[19] 等。其中，缓存机制基于这样一种假设："在文本中刚刚出现过的词很有可能在后边的句子中再次出现"，在语言模型计算单词的生成概率时，缓存机制通过将普通的语言模型概率和缓存语言模型概率进行线性插值来计算新的生成概率，如下所示：

$$P(y_t|Y_{<t}) = \lambda P_{\mathrm{LM}}(y_t|Y_{<t}) + (1-\lambda) P_{\mathrm{cache}}(y_t|Y_{<t}) \tag{3.36}$$

$$P_{\text{cache}}(y|Y_{<t}) = \begin{cases} \dfrac{\#(y)}{t-1}, & y \in Y_{<t} \\ 0, & \text{其他} \end{cases} \tag{3.37}$$

其中，$P_{\text{LM}}(y_t|Y_{<t})$ 就是普通的 RNN 语言模型概率；$P_{\text{cache}}(y_t|Y_{<t})$ 是缓存语言模型概率，根据 y_t 在缓存中出现的相对频率计算得出，缓存是已经生成过的词的集合 $Y_{<t}$；$\#(y)$ 表示单词 y 在缓存中出现的次数；$\lambda \in [0,1]$ 是自定义的超参数。实验证明，缓存机制能够降低模型的困惑度，且不必经过训练，只需生成时使用已经生成过的词来调整每一时刻的生成概率即可。

此外，字符感知模型将单词中字符级的信息 (如 “superman” 中的 “super” 和 “man”) 通过层次 RNN 等方式与单词级的信息相结合，帮助模型建模细粒度语言学特征，同时能够缓解低频词问题。因子模型将语言的形态、语法、词性、词袋等多种因子的信息融入 RNN 语言模型中，能够帮助模型学习到单词的连续表示，但是这些信息需要额外的人工标注，对不同的数据或下游任务也需要通过实验确定融入哪些因子信息。

3.6 序列到序列模型

序列到序列 (Sequence to Sequence, Seq2Seq) 模型是一种重要的语言生成框架[①]，在机器翻译、自动摘要、对话系统等领域被广泛应用。在训练和测试过程中，序列到序列模型先通过编码器对输入文本进行编码，再通过解码器解码生成目标文本。本节将介绍序列到序列模型的基本原理、模型结构和注意力机制。

3.6.1 基本原理

序列到序列模型由编码器和解码器组成，目标是建模给定输入文本时输出文本的条件概率分布，算法框架如图 3.5 所示。在训练时，给定输入语句 $X = (x_1, x_2, \cdots, x_m)$，其中 x_t 表示输入语句中的第 t 个词；希望模型输出目标语句 $Y = (y_1, y_2, \cdots y_n)$，其中 y_t 表示目标语句中的第 t 个词。序列到序列模型需要通过学习编码 X、解码 Y 来建模条件概

① 序列到序列模型指的是一类根据输入的数据序列来生成输出序列的模型。

率分布 $P(Y|X)$。与基于 RNN 的语言模型类似，可以使用自回归的方式对 $P(Y|X)$ 进行分解：

$$P(Y|X) = \prod_{t=1}^{n} P(y_t|Y_{<t}, X) \tag{3.38}$$

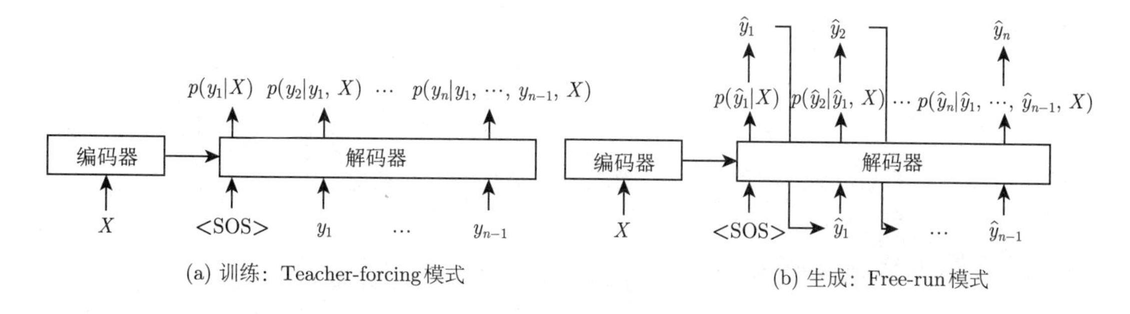

图 3.5　序列到序列模型的算法框架

序列到序列模型使用教师强制 (Teacher-forcing) 模式进行训练，在解码器的第 t 个时间步，输入 X 的编码信息和目标文本 Y 的前缀信息 (第 1 步时输入起始符 $<$ SOS $>$)，则会得到 y_t 的生成概率 $P(y_t|Y_{<t}, X)$，之后可以进一步利用最大似然估计对模型进行优化。在生成时，目标文本 Y 的前缀信息是未知的，模型使用自由运行 (Free-run) 模式进行生成，即解码器利用模型本身生成的前缀预测下一个词，直到遇到特殊字符 $<$ EOS $>$ 时停止继续生成。而模型在选择生成词的时候，可以根据 $P(y_t|Y_{<t}, X)$ 通过搜索或采样的方法进行生成。

3.6.2　模型结构

序列到序列模型一般采用两个 RNN 分别作为编码器和解码器①。在编码器和解码器的每个时间步 t，编码状态和解码状态都由 RNN 的隐状态表示：

$$\boldsymbol{h}_t = \text{RNN}(\boldsymbol{h}_{t-1}, \boldsymbol{e}(x_t)) \tag{3.39}$$

$$\boldsymbol{s}_t = \text{RNN}(\boldsymbol{s}_{t-1}, \boldsymbol{e}(y_{t-1}), \boldsymbol{h}_m) \tag{3.40}$$

其中，$\boldsymbol{h}_t$ 和 $\boldsymbol{s}_t$ 分别表示编码器和解码器在时间步 t 的编码状态与解码状态；$\boldsymbol{h}_m$ 是编码器在编码完整个输入 X 之后最后一个位置的隐状态，可以看成对 X 中包含的所有输入信

① 编码器和解码器采用 Transformer 结构也很常见，将在第 4 章中介绍。

息的总结，解码器的起始状态用 $\boldsymbol{h}_m$ 进行初始化；RNN 函数代表 RNN 中一系列非线性变换，既可以是标准的线性层加上激活函数，也可以是更复杂的 LSTM 或 GRU ，RNN 函数中的参数即需要输入非线性变换中的信息；$\boldsymbol{e}(y)$ 指词 y 对应的词向量。在得到每一个时间步的解码状态后，模型通过一个多层感知器计算在整个词表上的概率分布，以便预测相应位置的输出：

$$P(y_t|Y_{<t}, X) = \text{softmax}(\text{MLP}(\boldsymbol{s}_t))|_{y_t} \tag{3.41}$$

在得到该概率分布后，模型就可以通过最大似然估计进行训练。

3.6.3 注意力机制

实验发现，使用序列到序列模型生成文本时，X 中越靠后的词对解码器生成文本的影响越大，而靠前的词容易被忽略。这一问题是因为最终的编码状态 $\boldsymbol{h}_m$ 更容易记住靠后的词的信息。注意力机制的提出正是为了解决这一问题。解码器在解码时的每一步都会评价 X 中每个词对生成当前词的重要性，从而使解码器在预测每个词时能够动态地关注到 X 的不同部分。下面介绍 Bahdanau 等人[20] 提出的注意力机制，使用注意力机制的序列到序列模型的算法框架如图 3.6 所示。

引入注意力机制的解码器改变了公式 (3.40) 中解码状态的计算方式。在计算时间步 t 的解码状态 $\boldsymbol{s}_t$ 时，模型需要输入之前的解码状态 $\boldsymbol{s}_{t-1}$ 和上一步解码生成的词 y_{t-1}，同时也要考虑注意力机制基于编码器的 m 个编码状态计算出的上下文向量 $\boldsymbol{c}_t$，而不仅仅直接使用编码器最后一个编码状态：

$$\boldsymbol{s}_t = \text{RNN}(\boldsymbol{s}_{t-1}, \boldsymbol{e}(y_{t-1}), \boldsymbol{c}_t) \tag{3.42}$$

其中，$\boldsymbol{c}_t$ 为上下文向量，是对所有编码隐状态 $\{\boldsymbol{h}_1, \cdots, \boldsymbol{h}_m\}$ 的动态加权和：

$$\boldsymbol{c}_t = \sum_{i=1}^{m} \alpha_{it} \boldsymbol{h}_i \tag{3.43}$$

$$\alpha_{it} = \frac{\exp(e_{it})}{\sum\limits_{k=1}^{m} \exp(e_{kt})} \tag{3.44}$$

$$e_{it} = \boldsymbol{V}_a \cdot \tanh(\boldsymbol{W}_a \boldsymbol{s}_{t-1} + \boldsymbol{U}_a \boldsymbol{h}_i) \tag{3.45}$$

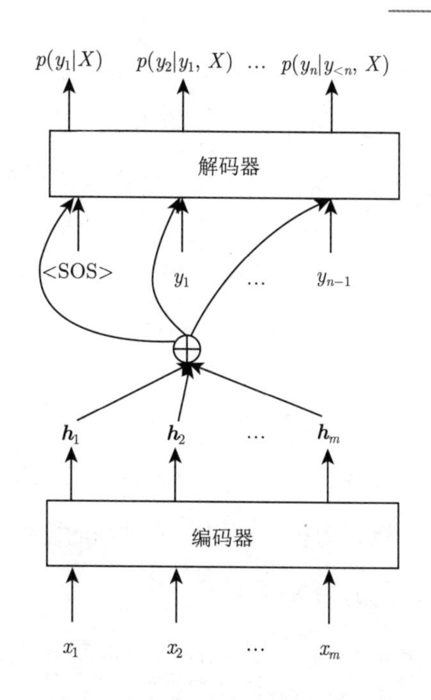

图 3.6　使用注意力机制的序列到序列模型的算法框架

其中，$\boldsymbol{V}_a \in \mathbb{R}^d, \boldsymbol{W}_a \in \mathbb{R}^{d\times d}, \boldsymbol{U}_a \in \mathbb{R}^{d\times d}$ 是网络的可训练参数；e_{it} 表示 t 时刻解码状态 $\boldsymbol{s}_{t-1}$ 受到编码状态 $\boldsymbol{h}_i$ 的影响程度。公式 (3.45) 称为对齐函数，描述了上下文之间的对齐关系；公式 (3.44) 通过 softmax 函数将所有的 e_{it} 归一化，得到 $\boldsymbol{s}_{t-1}$ 对所有编码状态的注意力权重。这时 $\boldsymbol{s}_{t-1}$ 常被称为查询 (Query) 向量；$\{\boldsymbol{h}_1, \cdots, \boldsymbol{h}_m\}$ 中的向量既是键向量 (Key)，也是值向量 (Value)①，注意力机制可以宏观地总结为：查询向量对每个键向量分别计算影响度，即注意力分布，并在归一化之后将其作为权重对 m 个值向量加权求和，得到基于注意力的上下文向量。在得到解码器隐状态 $\boldsymbol{s}_t$ 后，计算条件概率 $P(y_t|Y_{<t}, X)$ 的方式与标准的序列到序列模型相同，参考公式 (3.41)。通过注意力机制，解码器在生成每个词时，都能动态地关注到不同位置的编码状态，从而使得模型具有更好的拟合能力和更强的可解释性。

Luong 等人对注意力机制提出了进一步的扩充和改进[21]，相比于上面所述的注意力机制而言主要有以下几点不同。

① 借用信息检索的概念，每条信息在数据库中由键和值组成，并且键和值是一一对应的。用户在进行查询时，系统应在键的索引中进行查找，并返回符合条件的键所对应的值。

其一，Bahdanau 等人提出的注意力机制对标准序列到序列模型的修改在于解码状态的计算方式，即公式 (3.40)；而 Luong 等人修改的则是 $P(y_t|Y_{<t},X)$ 的计算方式，即公式 (3.41)。具体来说，Luong 等人使用下式来计算该条件概率分布：

$$P(y_t|Y_{<t},X) = \text{softmax}(\text{MLP}(\tilde{\boldsymbol{s}}_t))|_{y_t} \tag{3.46}$$

$$\tilde{\boldsymbol{s}}_t = \tanh\left(\boldsymbol{W}_c(\boldsymbol{s}_t \oplus \boldsymbol{c}_t)\right) \tag{3.47}$$

其中，$\tilde{\boldsymbol{s}}_t$ 是 t 时刻带有注意力的隐状态，$\boldsymbol{s}_t$ 是根据公式 (3.40) 得到的隐状态，$\boldsymbol{c}_t$ 是上下文向量。直观来讲，在计算 $\boldsymbol{c}_t$ 时，Bahdanau 等人的注意力机制使用 $t-1$ 时刻的隐状态作为查询向量，Luong 等人的注意力机制使用了 t 时刻的隐状态作为查询向量，因此在计算注意力权重时会考虑到 t 时刻的输入信息。

其二，$\boldsymbol{c}_t$ 的计算框架与 Bahdanau 等人的注意力机制类似，但 Luong 等人额外提出了如下两种对齐函数：

$$e_{it} = \boldsymbol{s}_{t-1} \cdot \boldsymbol{h}_i \tag{3.48}$$

$$e_{it} = \boldsymbol{s}_{t-1}\boldsymbol{W}_a\boldsymbol{h}_i \tag{3.49}$$

这些对齐函数比公式 (3.45) 更加简单、高效。

其三，Bahdanau 等人提出的注意力机制用到的键向量、值向量都是编码器的所有隐状态，这种注意力机制称为全局注意力机制，其缺点在于生成长文本时时间复杂度高。因此，Luong 等人提出了局部注意力机制。在这种机制下，模型会定义一个整数超参数 D，并且在解码的每一时刻 t 都预测一个整数值 I_t，键向量和值向量则变为 $\{\boldsymbol{h}_{I_t-D}, \boldsymbol{h}_{I_t-D+1}, \cdots, \boldsymbol{h}_{I_t+D}\}$。Luong 等人使用两种方式计算 I_t。第一种方式是单调对齐，直接设定 $I_t = t$，即假设解码器在 t 时刻关注编码器的位置应该也在 t 时刻附近；另一种方式是预测对齐，解码器通过神经网络来自动学习在每一时刻 t 应该关注的位置范围：

$$I_t = m \cdot \sigma(\boldsymbol{V}_p \cdot \tanh(\boldsymbol{W}_p\boldsymbol{h}_t)) \tag{3.50}$$

其中，$\boldsymbol{V}_p, \boldsymbol{W}_p$ 是模型参数，m 是 X 的句子长度，也是编码器编码状态的个数。这时 I_t 是一个处于区间 $[0,m]$ 的实数。在这种情况下，为了使模型关注到 I_t 附近的编码状态，模型在计算注意力权重 α_{it} 时，将公式 (3.44) 加入以 I_t 为中心的高斯权重：

$$\alpha_{it} = \frac{\exp(e_{it})}{\sum_{k=1}^{m}\exp(e_{kt})}\exp\left(-\frac{(i-I_t)^2}{2\sigma^2}\right) \tag{3.51}$$

其中，σ 一般设为 $\frac{D}{2}$。实际上这种预测对齐的方式反而增加了模型的计算量，但是能够使模型更多地关注到预测的相应位置的局部信息。然而，目前广泛应用的仍然是全局注意力机制，这是因为无论使用单调对齐还是预测对齐，I_t 的预测都不准确。这一问题会直接地影响到局部注意力机制捕捉信息的能力，从而损害模型的性能。

在实际应用中，Bahdanau 等人的注意力机制和 Luong 等人的注意力机制的性能优劣与具体任务相关，因此均被广泛使用。

3.7 解码器的解码方法

如前文所述，基于 RNN 的语言模型和序列到序列模型一般采用教师强制 (Teacher-forcing) 的训练模式，在测试过程中则采用自由运行 (Free-run) 的生成模式。以序列到序列模型为例，训练过程中，在第 t 步模型已知真实输出序列前缀 $Y_{<t}$，训练目标是最大化 $P(y_t|Y_{<t},X)$。在生成过程中，真实文本未知，解码器需要利用模型本身生成的前缀 $\hat{Y}_{<t}$ 来预测下一个词 $\hat{y}_t$ 在词表上的概率分布，进而通过搜索或采样的方法从词表中得到一个词作为 $\hat{y}_t$，然后继续下一步的生成。

如果生成目标是得到模型认为最优 (即概率最高) 的文本，则生成时需要解决的问题可以归结为：求一个单词序列 $\hat{Y}$，使其生成概率 $P(\hat{Y}|X)$ 达到最大，这是一个典型的搜索问题，搜索空间大小为 $|\mathcal{V}|^T$，其中 $|\mathcal{V}|$ 是词表大小，T 是句子的最大长度。得到最优解的搜索方法自然是先遍历所有可能的文本，再比较文本的生成概率，从而取得概率最高的文本，这是一种穷举搜索。但这种方法的时间复杂度、空间复杂度都非常高，因此其他一些搜索算法，如贪心搜索、集束搜索等被广泛使用。尽管这些搜索算法通常不能得到最优解，但因简单有效而被广泛采用。

除此之外，大多数生成任务也要求在保证生成文本质量的基础上达到较好的多样性，因此解码时也经常采用基于随机采样的方法。预训练语言模型 GPT-2 使用不同解码方法时的生成样例如表 3.1 所示，关于 GPT-2 的介绍可参考第 4 章。

表 3.1　GPT-2 使用不同解码方法时的生成样例

上文：An unprecedented number of mostly young whales have become stranded on the West Australian coast since 2008.
贪心搜索：He'd been in the oval office for over a year now, and he'd never been so happy to be there. He'd been in the oval office for almost a year, and he'd never been so happy to be there.
集束搜索，B=16：The number of stranded whales has increased by more than 50 per cent in the past year, with the number of stranded whales on the West Australian coast increasing by more than 50 per cent in the past year. The number of whales stranded on the West Australian coast has increased by more than 50 per cent in the past year, with the number of stranded whales on the West Australian coast increasing by more than 50 per cent in the past year.
随机采样：The Australian Food Safety Authority has warned Australia's beaches may be revitalised this year because healthy seabirds and seals have been on the move. More than 50,000 seabirds, sea mammals and seahorses have been swept into the sea by the Holden CS118 and Adelaide Airport CS300 from 2013. A major white-bat and umidauda migration across Australia is under way in Australia for the first time, with numbers reaching an estimated 50,000.
随机采样，τ=0.9：Last week's intense storms and a series of powerful cyclones have been officially blamed for the deaths of at least nine large fin whales near Whitsundays - the largest loss of any species globally. The fin whales: packed in the belly of one killer whale thrashing madly in fear as another tries to bring it to safety. When the colossal animal breached the waters of Whitsundays, he'd been seen tagged for a decade.
Top-k 采样，k=60：Pumping Station #3 shut down due to construction damage Find more at: www.abc.net.au/environment/species-worry/ in-the-top-10-killer-whale-catastrophes-in-history.html "In the top 10 killer whale catastrophes in history: 1) 1986: Up to 12 orcas struck by lightning; many drowned and many more badly injured.
Top-p 采样，p=0.95：There has been an unprecedented number of calves caught in the nets of whaling stations that operate in WA. Pilot whales continue to migrate to feeding grounds to feed their calves. They are now vulnerable due to the decline of wild populations; they are restricted to one breeding site each year. Image copyright Yoon Bo Kim But, with sharp decline in wild populations the size of the Petrels are shrinking and dwindling population means there will only be room for a few new fowl.
人工写作：Poor nutrition has led to a rise in the number of stranded humpback whales on the West Australian coast, veterinary researchers have said. Carly Holyoake, from Murdoch University, at the Australian Veterinary Association's annual conference in Perth on Wednesday, said an unprecedented number of mostly young whales had become stranded on the coast since 2008.

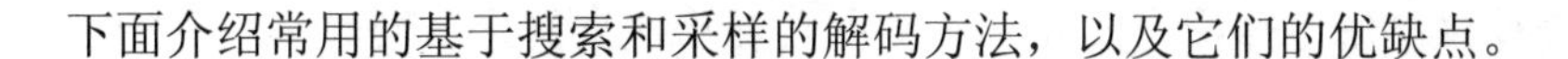

下面介绍常用的基于搜索和采样的解码方法，以及它们的优缺点。

3.7.1 基于搜索的解码方法

1. 贪心搜索

贪心搜索算法在每一个时间步 t 都选取当前概率分布中概率最大的词，即

$$\hat{y}_t = \mathrm{argmax}_y P(y|\hat{Y}_{<t}, X) \tag{3.52}$$

直到 $\hat{y}_t$ 为 $<\mathrm{EOS}>$ 时停止生成。贪心搜索本质上是局部最优策略，但并不能保证最终结果一定是全局最优的。由于贪心搜索在解码的任意时刻只保留一条候选序列，所以在搜索效率上，贪心搜索的复杂度显著低于穷举搜索。

2. 集束搜索

集束搜索 (Beam Search) 扩大了搜索范围，对贪心搜索进行了有效改进。虽然集束搜索的搜索范围远远不及穷举搜索，但已经覆盖了大部分概率较高的文本，因此在搜索方法中被广泛使用。集束搜索有一个关键的超参数“束宽”(Beam Size)，一般用 B 表示。集束搜索的基本流程是：在第一个时间步，选取当前概率最大的 B 个词，分别当成 B 个候选输出序列的第一个词；在之后的每个时间步，将上一时刻的输出序列与词表中每个词组合后得到概率最大的 B 个扩增序列作为该时间步的候选输出序列。形式化地说，假设在 $t-1$ 时刻，B 个序列的集合表示为 $\mathcal{Y}_{[t-1]} = \{Y^1_{[t-1]}, \cdots, Y^B_{[t-1]}\}$；在 t 时刻，集束搜索需要考虑所有这些集束与词表上所有单词的组合，即在集合 $\mathcal{S}_t = \{(Y^b_{[t-1]}, y_t) \mid \forall (Y^b_{[t-1]} \in \mathcal{Y}_{[t-1]}) \wedge (y_t \in \mathcal{V} \cup \{<\mathrm{EOS}>\})\}$ 中保留 B 个概率最高的扩展作为 $\mathcal{Y}_{[t]}$，其中 $(Y^b_{[t-1]}; y_t)$ 表示将单词 y_t 作为序列 $Y^b_{[t-1]}$ 的后缀与之拼接。若 $y_t =<\mathrm{EOS}>$，则表明相应的候选序列在此结束生成。具体来说，$\mathcal{Y}_{[t]}$ 的更新公式为

$$\mathcal{Y}_{[t]} = \mathrm{argmax}_{Y^1_{[t]}, \cdots, Y^B_{[t]} \in \mathcal{S}_t} \sum_{b=1}^{B} \mathrm{log} P(Y^b_{[t]}|X) \tag{3.53}$$

$$\text{s.t. } Y^i_{[t]} \neq Y^j_{[t]},\ \forall i \neq j,\ i,j = 1,2,\cdots,B \tag{3.54}$$

重复上述步骤直至最大长度为 T，最终得到 B 个候选序列。使用对数将条件概率的乘法转换为加法是为了避免数据下溢，因为多个条件概率的乘积可能过小以致计算机的浮点表示

不能精确储存。取对数在使计算稳定的同时，也不会影响搜索结果。同时，由于每一步生成的概率介于 0 和 1 之间，所以候选序列的生成概率随着不断累乘会越来越小。因此，集束搜索常常会倾向于生成较短的序列，即较早地生成 $<$ EOS $>$。为了改进这个问题，在对候选序列排序的过程中，可以引入长度惩罚。最简单的方法是使用长度归一化的条件概率，即把每一个候选序列的概率除以它的序列长度 n 后再进行排序。实践中，常常会给归一化因子 n 加上一个可调节参数 a 作为指数，即 n^a，$a \in [0,1]$。当 $a=0$ 时，不进行长度惩罚；当 $a=1$ 时，则直接用长度 n 来进行惩罚。上述过程可形式化地表示为

$$\mathcal{Y}_{[t]} = \text{argmax}_{Y^1_{[t]},\cdots,Y^B_{[t]} \in \mathcal{S}_t} \sum_{b=1}^{B} \frac{1}{(n_{b,[t]})^a} \log P(Y^b_{[t]}|X) \tag{3.55}$$

$$\text{s.t. } Y^i_{[t]} \neq Y^j_{[t]},\ \forall i \neq j,\ i,j=1,2,\cdots,B \tag{3.56}$$

其中，$n_{b,[t]}$ 表示候选序列 $Y^b_{[t]}$ 的长度。

下面用一个例子来说明集束搜索的过程。假设词表中有 5 个词 {A,B,C,D,E}，束宽 B=2。以三个时间步为例展示集束搜索的基本流程，如图 3.7 所示。在第 1 个时间步，假设 A 和 D 是概率最高的两个词，因此得到了两个集束分别为 [A],[D]。在第 2 个时间步，基于这两个结果继续进行解码，在 [A] 这个分支可以得到 5 个候选序列，即 [AA], [AB], [AC], [AD], [AE]。同理，[D] 分支也可以得到 5 个候选序列。此后模型对这 10 个候选序列按照概率进行排序，保留概率最高的两个序列，假设为 [AC] 和 [DE]。在第 3 个时间步，算法会继续生成新的 10 个候选序列，并从中保留生成概率最高的两个序列，假设为 [ACD] 和 [DEB]。最后，算法从这两个候选序列中选择概率更高的序列，假设是 [ACD]，即为集束搜索得到的生成结果。

可以发现，集束搜索在每一步需要维护的候选序列数量是贪心搜索的 B 倍。因此，集束搜索是一种牺牲时间换性能的方法，贪心搜索也可以看成 $B=1$ 的集束搜索。无论是贪心搜索还是集束搜索，都基于最大似然的搜索目标，即要求生成的文本有最高的概率。但在实验中发现，这类解码方法容易生成重复的文本，这一现象甚至在目前最强的预训练语言模型 GPT-2 上也能观察到。如表 3.1 所示，使用集束搜索生成较长的文本时，模型极容易生成不断重复的语句。一种可能的解释是，模型在训练时解码器输入的每个位置都是人

写的真实文本，但在生成时每个位置的输入则是模型之前生成的文本。由于人类文本并非总是在文本序列的每个位置上都取最高概率的词，所以生成时如果仍然以最大概率为解码目标，就会导致训练和解码时进行概率预测的前缀输入在分布上存在差异，可能造成不断生成重复片段的现象。

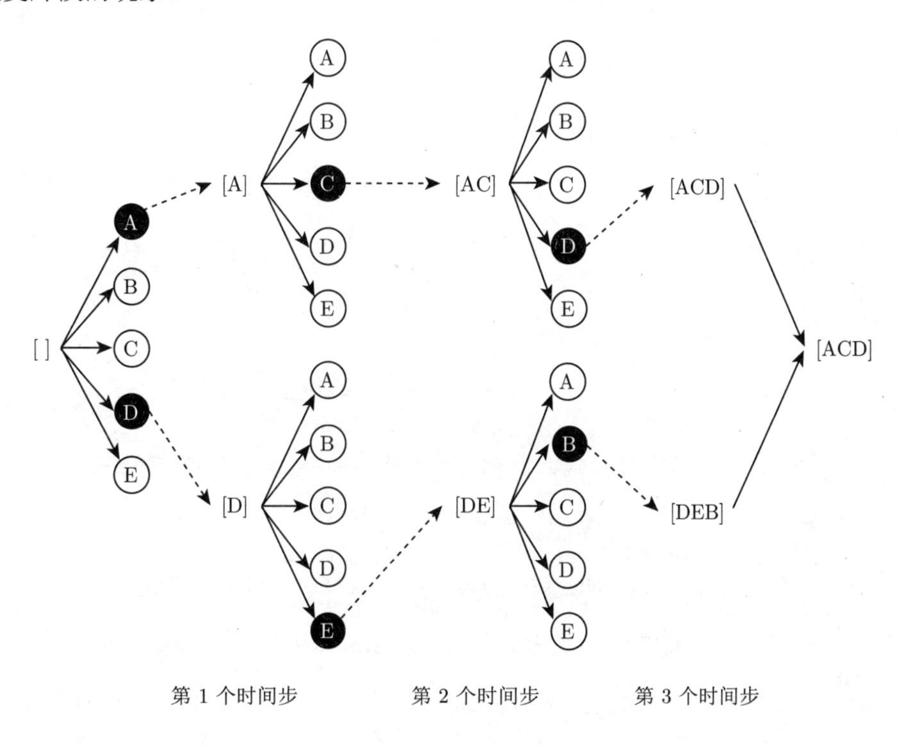

图 3.7　集束搜索示例

3.7.2　基于采样的解码方法

1. 随机采样

除以最大化生成概率为解码目标外，按概率采样的解码方法也被广泛应用，即在生成时的每一步都从当前概率分布 $P(y|Y_{<t},X)$ 中按照概率随机采样一个词，即

$$\hat{y}_t \sim P(y|\hat{Y}_{<t},X) \tag{3.57}$$

其中，$\sim$ 表示按照相应的概率分布随机采样。相比于基于搜索的解码方法，通过采样生成的文本通常具有更高的多样性，同时也在一定程度上缓解了生成通用和重复文本的问题。

2. 带温度的随机采样

尽管随机采样在一定程度上能避免生成重复的文本，但如表 3.1 所示，随机采样得到的文本上下文常常不连贯。其原因在于从整个词表中采样可能会采到与上下文无关的词。尽管这样的情况在单次采样时出现的概率非常低，但在整个生成过程中都不出现这种情况的概率[①]是随着文本长度指数增加而递减的。只要在序列中通过采样得到了一次概率较低的词，就极有可能使最终生成的文本不合理。因此，在采样中需要使模型尽可能避免采到低概率的词。一个有效的办法是设置一个名为“温度”(Temperature) 的参数来控制概率分布的弥散程度，该参数用 τ 表示，τ 是一个大于 0 的实数。形式化地说，以公式 (3.41) 中计算概率分布的方式为例，生成过程中需要将该计算方式进行如下修改：

$$P(y|\hat{Y}_{<t}, X) = \text{softmax}(\text{MLP}(\hat{\boldsymbol{s}}_t)/\tau)|_y \tag{3.58}$$

其中，$\hat{\boldsymbol{s}}_t$ 是使用模型生成的前缀 $\hat{Y}_{<t}$，而非真实文本的前缀得到的解码器隐状态，进而模型需要从新的概率分布 $P(y|\hat{Y}_{<t}, X)$ 随机采一个词作为 $\hat{y}_t$。

举一个更直观的例子，假如词表 $\mathcal{V}$ =[“you”, “I”, “he”, “she”] 中仅有 4 个词，该词表上的某个概率分布在不同温度下的变化如图 3.8 所示。当 $\tau = 1$ 时，即为原始的概率分布；当 $\tau < 1$ 时，得到的概率分布将更加尖锐，弥散程度更小，采样的随机性降低；当 $\tau \to 0$ 时，使用随机采样解码的效果近似于贪婪搜索；当 $\tau > 1$ 时，得到的概率分布弥散程度更小，采样的随机性升高；当 $\tau \to \infty$ 时，使用随机采样解码的效果则近似于从均匀分布中随机采样。因此，合理设置 $\tau \in (0, 1)$ 可以避免随机采到概率较小的词。

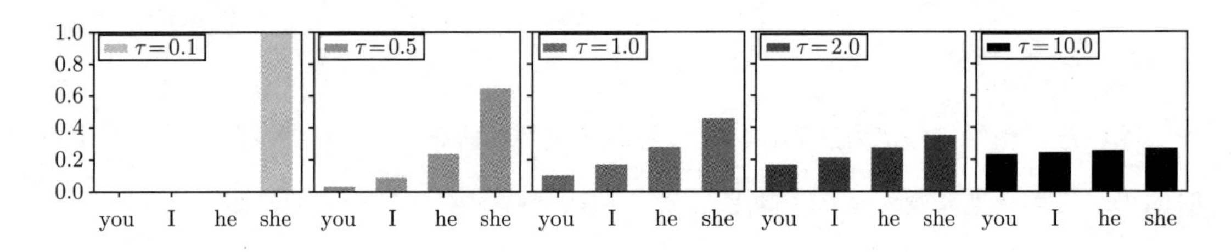

图 3.8　不同温度下概率分布的变化

① $1 - \prod_{i=1}^{L}(1 - \varepsilon_i)$，其中 ε_i 是在第 i 个时间步采到的 Top-k 个候选词中尾部概率极小的词的概率，L 是生成的文本长度。

3. Top-k 采样

除了通过设置温度来调整概率分布的弥散程度，Top-k 采样近来也被广泛使用。具体来说，在每个时间步，解码器首先选择概率最高的 k 个词作为候选词，然后根据 k 个词的相对概率大小从中采出一个词作为要生成的词。

形式化地，设在 t 时刻模型预测的在词表 $\mathcal{V}$ 上的概率分布为 $P(y|\hat{Y}_{<t},X)$，则它的 Top-k 词表为 $\mathcal{V}^{(k)}=\operatorname{argmax}_{\mathcal{V}'^{(k)}}\sum\limits_{y\in\mathcal{V}'^{(k)}}P(y|\hat{Y}_{<t},X)$，其中 $\mathcal{V}'^{(k)}\subset\mathcal{V}$。则最初的概率分布被重新调整为一个新的分布：

$$\tilde{P}(y_t|\hat{Y}_{<t},X)=\begin{cases}\dfrac{P(y_t|\hat{Y}_{<t},X)}{\sum\limits_{y\in\mathcal{V}^{(k)}}P(y|\hat{Y}_{<t},X)}, & y_t\in\mathcal{V}^{(k)}\\ 0, & \text{其他}\end{cases} \tag{3.59}$$

接着，从 $\tilde{P}(y_t|\hat{Y}_{<t},X)$ 中按概率进行随机采样，得到要生成的词 $\hat{y}_t$，进而输入模型中继续进行下一步的生成。

4. Top-p 采样

尽管 Top-k 采样已经能够显著提高文本生成的质量，但是对于不同的模型，常数 k 难以进行一致的设定。如图 3.9(a) 所示，在概率分布比较平坦的情况下，词表中有几百个词概率都相差不大，意味着此时当前词的可能选择非常多，可能存在超过 k 个合理的词。这时如果限制仅仅从 Top-k 个候选词中采样，可能会增加生成重复文本的风险。同理，如图 3.9(b) 所示，此时概率分布非常集中，意味着此时可选择的词数目非常少，如可选的词会少于 k 个，则从 Top-k 个候选词中采样可能会采到与上下文无关的词。

因此，研究者提出 Top-p 采样方法来解决这类问题。相比于 Top-k 方法从概率最高的 k 个候选词中采样，Top-p 方法将其采样范围修改为 $\mathcal{V}^{(p)}$，$\mathcal{V}^{(p)}$ 是满足 $\sum\limits_{y\in\mathcal{V}'^{(p)}}P(y|\hat{Y}_{<t},X)\geqslant p$ 的所有 $\mathcal{V}'^{(p)}$ 中最小的集合，其中 $p\in(0,1)$ 是预先设定的超参数。Top-p 采样根据生成概率从高到低在词表上选择累积概率恰好超过 p 的候选词作为采样集合，再从这些候选词中采样出最终的结果。如表 3.1 所示，Top-k 采样生成的结果与上文相关性较弱，而 Top-p 采样能生成与话题一致的文本。

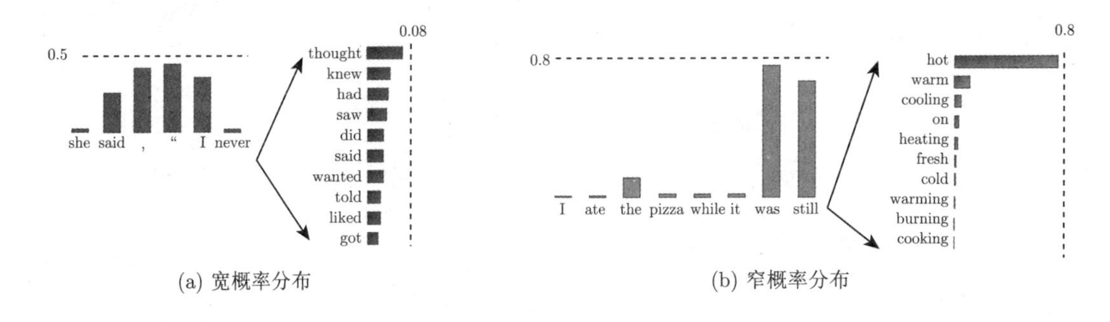

(a) 宽概率分布　　(b) 窄概率分布

图 3.9　语言生成中宽概率分布和窄概率分布示例[22]

3.8　序列到序列模型存在的问题

序列到序列模型是一种普适的端到端生成框架，在机器翻译、文本摘要生成、对话生成、数据到文本生成等语言生成任务中得到了广泛的应用。尽管如此，序列到序列模型还存在如下问题。

- 序列到序列模型一般基于 RNN 结构，在编码和解码序列时都必须以自回归的方式从左至右依次进行，难以并行，在处理较长序列时具有较高的时间复杂度。将卷积神经网络或者 Transformer 模型 (将在第 4 章介绍) 作为编码器能够有效地解决编码时的并行问题，而将非自回归的语言生成模型 (将在第 7 章介绍) 作为解码器能够解决解码时的并行问题。
- RNN 是按照时间轴方向逐次递归的，位置较远的单词之间的隐状态关联衰减严重，因此难以建模长距离的上下文依赖。采用 Transformer 架构及在大规模语料集上进行预训练能够较好地建模更长距离的依赖关系，这些模型通过全连接的自注意力机制，可以直接建模序列中任意两个单词之间的依赖关系。
- 使用最大似然估计训练的自回归语言模型进行生成时都面临着暴露偏差 (Exposure Bias) 的问题。具体来说，在训练时模型采用教师强制的训练模式，即在解码每个位置的单词时，输入 $Y_{<t}$ 是训练数据中的真实前缀；但在生成时，模型输入是之前解码出来的前缀。由于训练时和生成时的不一致，生成时的输入和训练时的

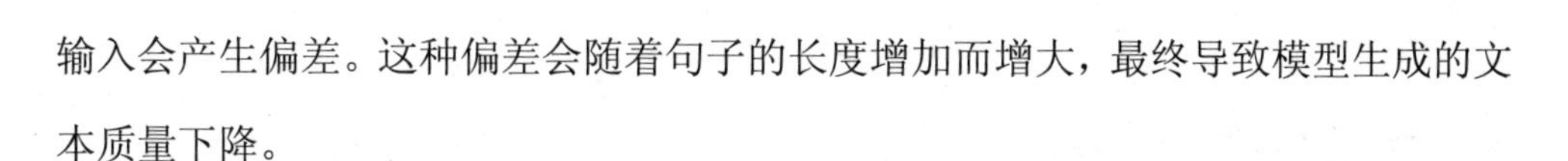

输入会产生偏差。这种偏差会随着句子的长度增加而增大，最终导致模型生成的文本质量下降。

3.9　本章小结

本章介绍了基于 RNN 的语言生成模型，包括 RNN 的基本原理、训练算法、结构变种、架构设计、基于 RNN 的语言模型、序列到序列模型、注意力机制、解码方法等。其中，序列到序列模型在语言生成中有着广泛应用，使用编码器对输入进行编码，使用解码器逐个预测每个时间步上生成的词。该方法为文本生成任务提供了一种普适的生成框架，且具有较好的可扩展性和可解释性。

RNN 在基于神经网络的语言生成模型中占有重要的地位，针对基于 RNN 的语言生成模型研究提供了序列到序列、注意力机制、解码策略等相关模型和方法，对许多其他语言生成模型的研究具有重要的启发和借鉴意义。同时，由于 RNN 建模序列数据的普适性，这种模型也适合非生成类的任务或建模非语言类的序列数据，具有十分广泛的应用范围。

第 4 章　基于Transformer的语言生成模型

Transformer 模型由 Google 于 2017 年在 *Attention is All You Need*[7] 一文中提出。近年来，注意力机制在序列建模中被广泛地使用，用于解决 RNN 在建模长序列时对于较早编码的部分依赖不足的问题。与 RNN 模型相比，Transformer 模型摒弃了使用循环递归结构来编码序列的基本范式，而将注意力机制的思想发挥到了极致，完全基于全局的注意力机制来计算序列的隐状态。这种全局的注意力机制使序列每个位置的隐状态都直接与序列中的所有位置 (包括自身) 相关联，因此比 RNN 能够更好地建模长序列中的依赖关系。从运行效率上看，RNN 模型需要按照序列既定的顺序依次计算每个位置的隐状态，而 Transformer 模型所使用的注意力机制在训练阶段能够并行地计算整个序列的隐状态，具有更高的并行度①。

本章首先详细介绍 Transformer 模型的基本原理，包括多头注意力机制、Transformer 基本单元及基于 Transformer 的编码器—解码器结构，然后分析 Transformer 模型和 RNN 模型的差异及其对于语言生成的影响，最后介绍对 Transformer 模型的改进和基于 Transformer 的预训练语言生成模型。

4.1　Transformer 模型的基本原理

4.1.1　多头注意力机制

注意力机制最早由 Bahdanau 等人提出并应用于机器翻译任务[20]。其基本思想是在解码阶段每个时刻都计算该时刻解码器的隐状态和输入序列的各个位置隐状态的相关度分数，这个相关度分数反映了该时刻解码器对输入序列各位置的“注意力”的大小。因此在不

① 自回归方式的 Transformer 解码器在测试阶段仍需要递归地计算每个时刻的隐状态，此时不能并行。

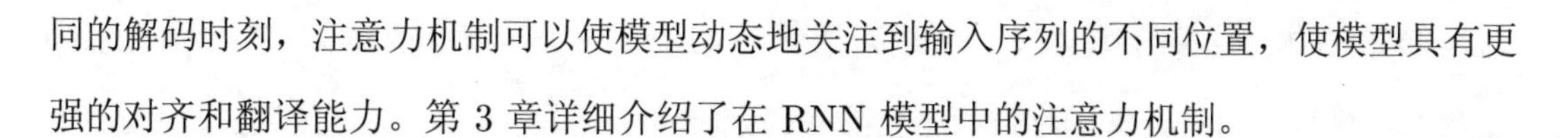

同的解码时刻，注意力机制可以使模型动态地关注到输入序列的不同位置，使模型具有更强的对齐和翻译能力。第 3 章详细介绍了在 RNN 模型中的注意力机制。

Transformer 模型对注意力机制做了形式更通用的定义，使注意力机制的使用范围不止局限于解码端到编码端。注意力机制的计算一般涉及以下两个对象。

- 查询序列：在注意力机制中用于检索上下文信息。查询序列隐向量组成的查询矩阵记为 $\boldsymbol{Q}$。$\boldsymbol{Q}=[\boldsymbol{q}_1;\boldsymbol{q}_2;\cdots;\boldsymbol{q}_N]\in\mathbb{R}^{d\times N}$ 是由 N 个维度为 d 的列向量组成的矩阵，其中 $\boldsymbol{q}_i$ 代表第 i 个列向量，表示该序列第 i 个位置的隐状态。
- 键值序列：键值序列是注意力机制被检索的序列，是查询序列关注的对象，实际上包含两个序列，构成一组键值对 $(\boldsymbol{K},\boldsymbol{V})$。键矩阵 $\boldsymbol{K}=[\boldsymbol{k}_1;\boldsymbol{k}_2;\cdots;\boldsymbol{k}_M]\in\mathbb{R}^{d\times M}$ 和值矩阵 $\boldsymbol{V}=[\boldsymbol{v}_1;\boldsymbol{v}_2;\cdots;\boldsymbol{v}_M]\in\mathbb{R}^{d\times M}$ 分别由 M 个维度为 d 的列向量组成，其中 $\boldsymbol{k}_i$ 与 $\boldsymbol{v}_i$ 分别表示键序列和值序列中第 i 个位置的隐向量，且两者具有对应关系[①]。

下面详细介绍注意力机制的计算过程。首先定义注意力分数的计算方式。例如，查询序列第 i 个位置的向量 $\boldsymbol{q}_i$ 对键序列的第 j 个位置的向量 $\boldsymbol{k}_j$ 计算注意力分数。一种简单的方法是直接将两向量点乘的结果作为注意力分数，即点乘注意力 (Dot-Product Attention)：

$$\beta_{i,j}=\boldsymbol{q}_i\cdot\boldsymbol{k}_j \tag{4.1}$$

其中，$\beta_{i,j}$ 为查询向量 $\boldsymbol{q}_i$ 对键向量 $\boldsymbol{k}_j$ 的注意力分数。为了得到查询向量 $\boldsymbol{q}_i$ 对键矩阵所有列向量的注意力分布，需要对 $j=1,2,\cdots,M$ 所有位置上的注意力分数进行归一化：

$$\alpha_{i,j}=\frac{\exp(\boldsymbol{q}_i\cdot\boldsymbol{k}_j)}{\displaystyle\sum_{j'=1}^{M}\exp(\boldsymbol{q}_i\cdot\boldsymbol{k}_{j'})} \tag{4.2}$$

其中，$\alpha_{i,j}$ 为查询向量 $\boldsymbol{q}_i$ 对键向量 $\boldsymbol{k}_j$ 的归一化注意力分数。该注意力分数代表查询向量 $\boldsymbol{q}_i$ 对不同键向量 $\boldsymbol{k}_j$ 的关注度差异，用于对值向量 $\boldsymbol{v}_j$ 加权。因此，经过注意力机制后，第 i 个位置的上下文向量 (Context Vector) 为

$$\text{Dot\_Attention}(\boldsymbol{q}_i,\boldsymbol{K},\boldsymbol{V})=\sum_{j=1}^{M}\alpha_{i,j}\boldsymbol{v}_j \tag{4.3}$$

① 可类比于信息检索，键一般为查询的索引，值一般为查询返回的内容。

这里 Dot_Attention($\boldsymbol{q}_i, \boldsymbol{K}, \boldsymbol{V}$) 表示以查询向量 $\boldsymbol{q}_i$ 为输入，在键值矩阵 $\boldsymbol{K}, \boldsymbol{V}$ 上通过点乘注意力计算得到的新向量。对查询序列的每一个位置 $i = 1, \cdots, N$，都可以进行相同的上述操作，因此可以将计算过程写成矩阵的形式：

$$\text{Attention}(\boldsymbol{Q}, \boldsymbol{K}, \boldsymbol{V}) = \boldsymbol{V}\text{softmax}(\boldsymbol{K}^\top \boldsymbol{Q}) \tag{4.4}$$

其中，softmax(·) 表示对矩阵的每一列做形如公式 (4.2) 的归一化，得到的矩阵维度为 $M \times N$，第 i 列对应查询向量 $\boldsymbol{q}_i$ 在 M 个 $\boldsymbol{k}_j (1 \leqslant j \leqslant M)$ 上的注意力权重分布。Attention($\boldsymbol{Q}, \boldsymbol{K}, \boldsymbol{V}$) 运算最终得到的矩阵维度为 $d \times N$。

在具体实现时，随着隐向量维度 d 增大，点乘 $\boldsymbol{q}_i \cdot \boldsymbol{k}_j$ 的方差也逐渐增大①。这导致经过归一化后的注意力分布变得十分尖锐，在计算 softmax 梯度时会出现梯度消失的情况。为了保证点乘结果的方差不随隐藏层维度 d 变化，需要对点乘的结果除以归一化因子 $\sqrt{d}$。因此公式 (4.4) 可改写为

$$\text{Attention}(\boldsymbol{Q}, \boldsymbol{K}, \boldsymbol{V}) = \boldsymbol{V}\text{softmax}\left(\frac{\boldsymbol{K}^\top \boldsymbol{Q}}{\sqrt{d}}\right) \tag{4.5}$$

上式也被称为 Scaled Dot-Product Attention。为促使注意力机制关注到序列的不同位置，Transformer 模型将上述的点乘注意力改进为多头注意力 (Multi-Head Attention)。多头注意力将查询矩阵 $\boldsymbol{Q}$ 与键值矩阵 $\boldsymbol{K}, \boldsymbol{V}$ 映射到多个不同的子空间中，在不同的子空间中并行地进行点乘注意力操作。图 4.1(a) 所示为多头注意力机制的计算过程。具体地，假设多头注意力操作在 h 个子空间中进行，首先通过 h 组映射矩阵 $\boldsymbol{W}_i^q, \boldsymbol{W}_i^k, \boldsymbol{W}_i^v \in \mathbb{R}^{d/h \times d}$ $(i = 1, 2, \cdots, h)$ 将 $\boldsymbol{Q}, \boldsymbol{K}, \boldsymbol{V}$ 映射到对应的子空间中得到 $\boldsymbol{W}_i^q \boldsymbol{Q}, \boldsymbol{W}_i^k \boldsymbol{K}, \boldsymbol{W}_i^v \boldsymbol{V}$，每个子空间的维度为 d/h。在第 i 个子空间中，使用公式 (4.4) 进行注意力计算得到第 i 个注意力头的结果：

$$\boldsymbol{H}_i = \text{Attention}(\boldsymbol{W}_i^q \boldsymbol{Q}, \boldsymbol{W}_i^k \boldsymbol{K}, \boldsymbol{W}_i^v \boldsymbol{V}) \tag{4.6}$$

其中，$\boldsymbol{W}_i^q, \boldsymbol{W}_i^k, \boldsymbol{W}_i^v \in \mathbb{R}^{d/h \times d}$，$\boldsymbol{H}_i \in \mathbb{R}^{d/h \times N}$ 为第 i 个注意力头的输出。最后将 h 个注意力头的结果沿子空间维度拼接在一起，得到维度为 $\mathbb{R}^{d \times N}$ 的矩阵，并使用输出映射矩阵

① 假设 $\boldsymbol{x}, \boldsymbol{y}$ 为 n 维独立随机向量，且 $\text{Var}(\boldsymbol{x}) = \text{Var}(\boldsymbol{y}) = \mathbf{1}$，$E(\boldsymbol{x}) = E(\boldsymbol{y}) = 0$，则向量点乘结果的方差 $\text{Var}(\boldsymbol{x} \cdot \boldsymbol{y}) = E[(\boldsymbol{x} \cdot \boldsymbol{y})^2] = n$。

$\boldsymbol{W}^O \in \mathbb{R}^{d\times d}$ 将拼接结果映射回原始空间：

$$\text{MHA}(\boldsymbol{Q},\boldsymbol{K},\boldsymbol{V}) = \boldsymbol{W}^O(\boldsymbol{H}_1 \oplus \boldsymbol{H}_2 \oplus \cdots \oplus \boldsymbol{H}_h) \tag{4.7}$$

其中，$\oplus$ 表示沿隐藏层维度拼接矩阵，h 个矩阵拼接后的矩阵的形状为 $d\times N$，MHA 表示 Multi-Head Attention。

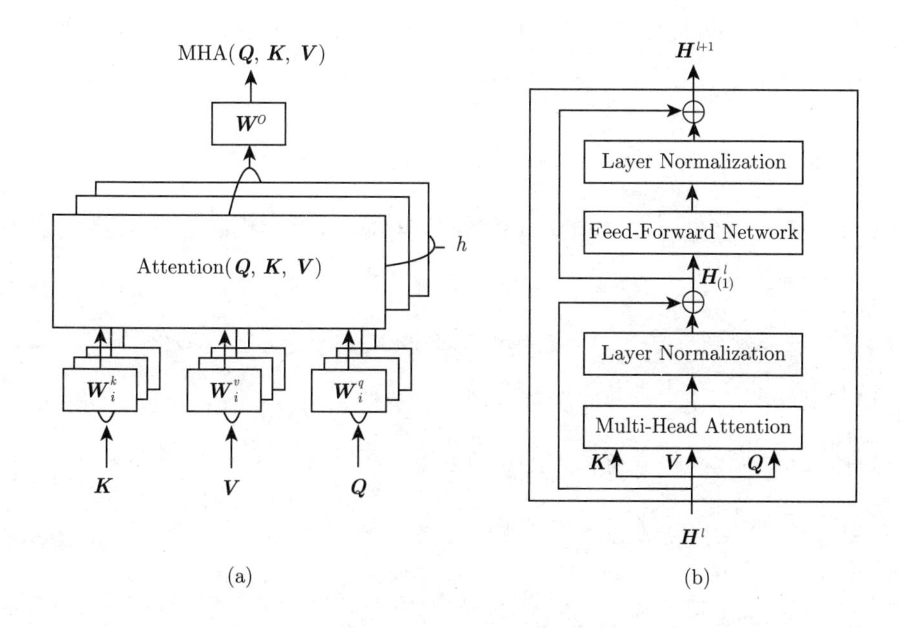

图 4.1　多头注意力机制的计算过程与 Transformer 基本单元

4.1.2　Transformer 基本单元

在介绍了 Transformer 最核心的多头注意力机制之后，下面介绍 Transformer 基本单元，包括多头自注意力 (Multi-Head Self Attention) 机制、残差连接 (Residual Connection)、层归一化 (Layer Normalization) 和全连接网络 (Feed-Forward Network)。

图 4.1(b) 所示为 Transformer 基本单元，主要由两部分构成。第一部分由多头注意力机制、残差连接与层归一化操作组成。输入序列 $\boldsymbol{H}$ 作为多头注意力机制的输入 (这里 $\boldsymbol{K},\boldsymbol{V},\boldsymbol{Q}$ 均等于 $\boldsymbol{H}$)，经过第一部分模块后获得维度为 $d\times N$ 的隐状态矩阵。第二部分由前馈全连接网络、残差连接与层归一化操作组成。第一部分的输出将被输入全连接网络进行特征变换，再经过残差链接和归一化操作，最后输出的维度仍是 $d\times N$。形式化如下所

示：

$$\boldsymbol{H}^l_{(1)} = \text{LayerNorm}\big(\text{MHA}(\boldsymbol{H}^l, \boldsymbol{H}^l, \boldsymbol{H}^l) + \boldsymbol{H}^l\big) \tag{4.8}$$

$$\boldsymbol{H}^{l+1} = \text{LayerNorm}\big(\text{FeedForward}(\boldsymbol{H}^l_{(1)}) + \boldsymbol{H}^l_{(1)}\big) \tag{4.9}$$

其中，$\boldsymbol{H}^l \in \mathbb{R}^{d\times N}$ 为第 l+1 层 Transformer 编码单元输入序列的隐状态矩阵，$\boldsymbol{H}^{l+1} \in \mathbb{R}^{d\times N}$ 为经过该层后输出的序列隐状态矩阵，LayerNorm(·) 为层归一化操作，MHA($\boldsymbol{Q}, \boldsymbol{K}, \boldsymbol{V}$) 为多头注意力机制，FeedForward(·) 为前馈网络。下面分别详细介绍各个模块。

1. 多头自注意力机制

Transformer 单元对序列建模的核心机制是多头自注意力机制，它是多头注意力的一种特殊形式，即多头注意力的输入 $\boldsymbol{K}$、$\boldsymbol{V}$ 和 $\boldsymbol{Q}$ 均为同一输入序列的隐状态矩阵 $\boldsymbol{H} \in \mathbb{R}^{d\times N}$，其中 d 为隐状态的维度，N 为序列长度。在多层 Transformer 模型中，该隐状态矩阵 $\boldsymbol{H}$ 来源于上一个模块的输出。自注意力机制通过计算序列对其自身各个位置的注意力分布来建模序列的依赖关系，从而获得输入序列的上下文语境表示。

2. 残差连接

如图 4.1(b) 所示，残差连接一般附加在另一模块之上，其作用是将该模块的输入 $\boldsymbol{x}$ 和该模块的输出 $f(\boldsymbol{x})$ 相加作为最终的输出结果 $\boldsymbol{x} + f(\boldsymbol{x})$。当输入为向量或矩阵时，该相加操作为向量或矩阵对应位置的逐元素的相加。在模型的层数比较多的情况下，这种连接方式能够将模型底层的信息在衰减较少的情况下传递到模型的高层。例如，Transformer 模型输入端通过位置编码来建模序列的位置信息，残差连接使位置信息不会随着多次编码而逐渐丢失。同时，在深层网络的反向传播中，误差信号可以经过残差连接构建的恒等映射直接从模块的输出端传播到模块的输入端，因此在一定程度上可以缓解梯度消失的问题。

3. 层归一化

层归一化 (Layer Normalization) 可以对输入的向量进行归一化操作[23]。假设输入向量 $\boldsymbol{x} = [x_1, x_2, \cdots, x_d]$ 的维度为 d，通过下式可以计算出其每一维的均值 μ 和方差 σ^2：

$$\mu = \frac{1}{d}\sum_{i=1}^{d} x_i \tag{4.10}$$

$$\sigma = \sqrt{\frac{1}{d}\sum_{i=1}^{d}(x_i - \mu)^2} \tag{4.11}$$

通过如下归一化操作可将输入向量的均值和方差分别归一化到常数：

$$\text{LayerNorm}(\boldsymbol{x}) = \frac{\boldsymbol{g}}{\sigma} \otimes (\boldsymbol{x} - \mu) + \boldsymbol{b} \tag{4.12}$$

其中，$\boldsymbol{g}$ 和 $\boldsymbol{b}$ 为可学习的 d 维权重向量，$\otimes$ 代表向量对应向量的逐元素相乘。当输入为矩阵 $\boldsymbol{H} \in \mathbb{R}^{d\times N}$ 时，可将 $\boldsymbol{H}$ 看成由 N 个列向量组成，层归一化依次对每一个列向量进行上述归一化操作。

层归一化方法能够使特征的方差在不同深度的模块中保持一定的范围，因此在训练 Transformer 等深层模型时，可以使梯度更加稳定。

4. 前馈全连接模块

如图 4.1(b) 所示，输入序列在经过多头注意力机制模块后，会经过一个两层的前馈全连接模块。它对序列中每一个位置的向量表示 $\boldsymbol{x}$ 进行相同的操作：

$$\text{FeedForward}(\boldsymbol{x}) = \boldsymbol{W}_2\text{ReLU}(\boldsymbol{W}_1\boldsymbol{x} + \boldsymbol{b}_1) + \boldsymbol{b}_2 \tag{4.13}$$

其中，$\boldsymbol{W}_1, \boldsymbol{W}_2$ 为可学习的权重矩阵, $\boldsymbol{b}_1, \boldsymbol{b}_2$ 为可学习的权重向量，ReLU(·) 为非线性激活函数。但在后续基于 Transformer 的模型如 BERT、GPT 中，ReLU 函数被替换为更有效的 GeLU 函数。

4.2 基于 Transformer 的编码器—解码器结构

4.2.1 基本原理

与基于 RNN 的序列到序列模型类似，基于 Transformer 的序列到序列模型在编码器和解码器中均使用多层 Transformer 单元。序列到序列生成任务可以形式化为：给定输入文本序列 $X = (x_1, x_2, \cdots, x_N)$，模型的目标是生成 $Y = (y_1, y_2, \cdots, y_M)$。基于 Transformer 的序列到序列模型通过编码器 (见图 4.2(a)) 对输入文本 X 进行编码和解码 (见图

4.2(b)) 来建模生成文本 Y 的条件概率 $P(Y|X)$。与基于 RNN 的序列到序列模型类似，基于 Transformer 的序列到序列模型也采用自回归的方式对 $P(Y|X)$ 进行分解：

$$P(Y|X) = \prod_{t=1}^{M} P(y_t|Y_{<t}, X) \tag{4.14}$$

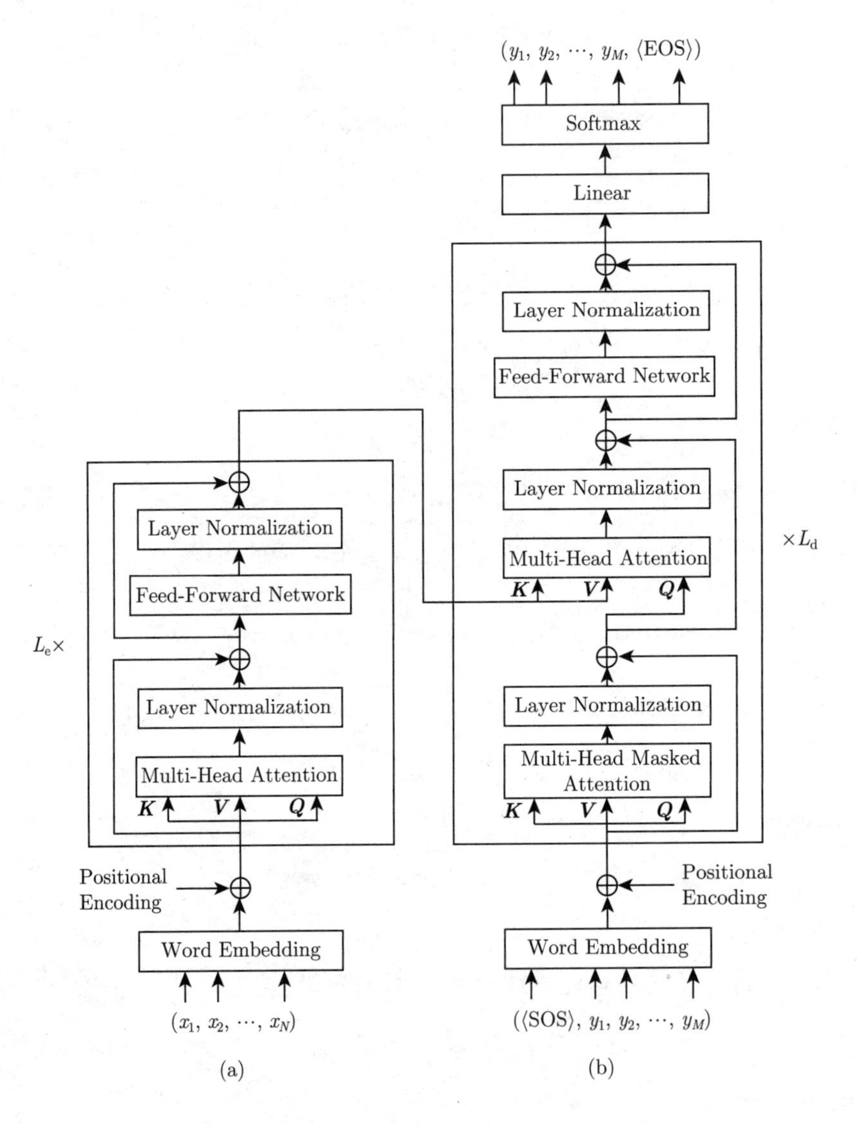

图 4.2 Transformer 编码器与 Transformer 解码器结构

基于 Transformer 的序列到序列模型在训练阶段使用教师强制 (Teacher-forcing) 模式进行训练，即直接以输入序列 X 和输出序列 Y 分别作为编码器和解码器的输入。在解码器中使用带掩码的自注意力使得输出序列每一位置上的输出隐状态只依赖于在输出序列上该位置左侧的隐状态和输入序列的隐状态，从而保证公式 (4.14) 的自回归分解形式。在实现中，Transformer 解码器的输入为输出序列前拼上生成起始符，即 $\left(<\text{SOS}>, y_1, y_2, \cdots, y_M\right)$，而其预测目标为输入序列整体向左偏移一个位置后拼上生成终止符，即 $\left(y_1, y_2, \cdots, y_M, <\text{EOS}>\right)$，其中 $<\text{SOS}>$ 为生成序列的起始符，$<\text{EOS}>$ 为生成序列的终止符。由于训练时解码器可以一次性读入输出序列且解码器每一层可以同时计算出每一位置的隐状态，所以在训练时比 RNN 有更高的并行度。

在测试时，基于 Transformer 的序列到序列模型使用自由运行 (Free-run) 模式进行生成，即利用 $P(\hat{y}_t|\hat{Y}_{<t}, X)$ 根据已经生成的输出序列前缀 $\hat{Y}_{<t}$ 和输入序列 X 预测下一个目标字符 $\hat{y}_t$，进一步将 $\hat{y}_t$ 拼接在前缀 $\hat{Y}_{<t}$ 后用于预测下一个字符。重复上述操作直到模型生成终止符 $<\text{EOS}>$ 才停止生成。

下面将依次对基于 Transformer 的序列到序列模型中的模块进行介绍，包括位置编码模块 (Positional Encoding)、Transformer 编码器和 Transformer 解码器。

4.2.2　位置编码模块

由于 Transformer 模型对序列建模时并没有按照一定的顺序编码序列，所以需要显式地引入序列的顺序信息，Transformer 模型的位置编码就是用于标明序列不同位置的信息。在序列输入模型之前，首先输入位置编码模块得到位置编码矩阵 $\boldsymbol{P} \in \mathbb{R}^{d \times N}$，然后位置编码矩阵和词嵌入矩阵相加作为下一个模块的输入。下面介绍两类常用的位置编码方式，分别是基于正余弦的位置编码和可学习的位置编码。

基于正余弦的位置编码使用正弦和余弦函数来定义位置编码向量的每一维度,形式化如下:

$$P_{i,2j} = \sin(i/10000^{2j/d}) \tag{4.15}$$

$$P_{i,2j+1} = \cos(i/10000^{2j/d}) \tag{4.16}$$

其中，$i = 0, 1, \cdots, N$ 为文本序列位置的索引，$j = 0, 1, \cdots, d/2$ 为位置编码向量维度的索引。这种位置编码方式一方面可以对序列不同位置加以区别，另一方面也约束了不同位置的编码表示之间的关系。例如，对于固定的 k，序列中某一位置 $i+k$ 的位置编码 $\boldsymbol{P}_{i+k}$ 可以表示为 $\boldsymbol{P}_i$ 的线性函数[7]。

除使用固定的正余弦位置编码外，另一种比较常用的位置编码方式是使用可学习的位置编码。在使用可学习的位置编码向量时，使用类似词向量的方式通过位置编号 i 来检索位置编码矩阵 $\boldsymbol{P} \in \mathbb{R}^{d \times N}$。可学习的位置编码可以与模型深层表示更好地融合，但需要预先规定模型最大可建模的序列长度。

4.2.3 Transformer 编码器

Transformer 编码器的结构如图 4.2(a) 所示，模块的输入为序列 $X = (x_1, x_2, \cdots, x_N)$，输出该序列对应的隐状态矩阵为 $\boldsymbol{H}^{L_\mathrm{e}} \in \mathbb{R}^{d \times N}$，其中 L_e 为编码器网络的层数。Transformer 编码器由底层至上层分别为位置编码模块和多层 Transformer 基本单元，编码过程的形式化如下所示：

$$\boldsymbol{H}^0 = \boldsymbol{E}(X) + \mathrm{Pos\_Encoding}(X) \tag{4.17}$$

$$\boldsymbol{H}^l = \mathrm{Trm\_Encoder}(\boldsymbol{H}^{l-1}),\ 1 \leqslant l \leqslant L_\mathrm{e} \tag{4.18}$$

其中，$\boldsymbol{E}(X)$ 为文本序列 X 的词嵌入矩阵，$\mathrm{Pos\_Encoding}(\cdot)$ 为位置编码模块，$\mathrm{Trm\_Encoder}(\cdot)$ 为 Transformer 编码单元，$\boldsymbol{H}^l$ 为编码器第 l 层输出的序列 X 的隐状态矩阵。Transformer 编码器的每一层都为标准的 Transformer 基本单元。

4.2.4 Transformer 解码器

Transformer 解码器由位置编码模块和多层 Transformer 解码单元组成，其结构如图 4.2(b) 所示。Transformer 解码单元与 4.1.2节介绍的 Transformer 基本单元有所不同，主要由三部分组成。第一部分为多头掩码注意力 (Multi-Head Masked Attention) 机制配合残差连接与归一化操作。在训练时，多头掩码注意力机制用于自回归地建模输出序列 Y 自身的依赖关系，在计算解码器每一位置隐状态时只利用该位置及其之前的信息。第二部分为编码器—解码器注意力 (Encoder-Decoder Attention) 机制配合残差连接与归一化操作，编码器—解码器注意力机制的查询矩阵为解码器当前层多头掩码注意力机制的输出，键值矩阵均为 Transformer 编码器的输出，用于建模输出序列对输入序列的依赖关系。第三部分为全连接网络配合残差连接与归一化操作，与 Transformer 基本单元中的第二部分完全相同。

如前所述，在训练过程中，输入解码器的序列为 $(< \text{SOS} >, y_1, y_2, \cdots, y_M)$，而解码器的输出序列为 $(y_1, y_2, \cdots, y_M, < \text{EOS} >)$，解码器对应位置上输入和输出有一个词的偏移量，解码器输入和输出的长度均为 $M+1$。解码器内部可形式化为

$$\boldsymbol{S}^l_{(1)} = \text{LayerNorm}\big(\text{MHMA}(\boldsymbol{S}^l, \boldsymbol{S}^l, \boldsymbol{S}^l) + \boldsymbol{S}^l\big) \tag{4.19}$$

$$\boldsymbol{S}^l_{(2)} = \text{LayerNorm}\big(\text{MHA}(\boldsymbol{S}^l_{(1)}, \boldsymbol{H}^{L_\text{e}}, \boldsymbol{H}^{L_\text{e}}) + \boldsymbol{S}^l_{(1)}\big) \tag{4.20}$$

$$\boldsymbol{S}^{l+1} = \text{LayerNorm}\big(\text{FeedForward}(\boldsymbol{S}^l_{(2)}) + \boldsymbol{S}^l_{(2)}\big) \tag{4.21}$$

其中，$\boldsymbol{S}^l \in \mathbb{R}^{d\times(M+1)}$ 为输入第 $l+1$ 层 Transformer 解码单元的隐状态矩阵①，$\boldsymbol{S}^{l+1} \in \mathbb{R}^{d\times(M+1)}$ 为第 $l+1$ 层 Transformer 解码单元输出的隐状态矩阵。$\text{MHMA}(\boldsymbol{Q}, \boldsymbol{K}, \boldsymbol{V})$ 为多头掩码注意力机制，MHMA 表示 Multi-Head Masked Attention。多头掩码注意力机制的三个输入 $\boldsymbol{Q}$、$\boldsymbol{K}$ 和 $\boldsymbol{V}$ 均等于输入第 $l+1$ 层隐状态矩阵 $\boldsymbol{S}^l$。$\text{MHA}(\boldsymbol{Q}, \boldsymbol{K}, \boldsymbol{V})$ 为多头注意力机制，其中查询矩阵 $\boldsymbol{Q}$ 为多头掩码注意力机制的输出 $\boldsymbol{S}^l_{(1)}$，键矩阵 $\boldsymbol{K}$ 和值矩阵 $\boldsymbol{V}$ 均为编码器计算出的序列 X 的表示矩阵 $\boldsymbol{H}^{L_\text{e}}$。$\text{FeedForward}(\cdot)$ 和 $\text{LayerNorm}(\cdot)$ 分别为前馈网络和层归一化操作。

在训练阶段，模块底层的输入为序列 $\tilde{Y} = (< \text{SOS} >, y_1, y_2, \cdots, y_M)$，其中 $\tilde{y}_1 = < \text{SOS} >$ 为起始符，且在 Transformer 解码器的每一层需要额外来自编码器的输出 $\boldsymbol{H}^{L_\text{e}}$ 作为注意力机制的 $\boldsymbol{K}$ 和 $\boldsymbol{V}$。Transformer 解码器的输出为序列 Y 对应的隐状态矩阵 $\boldsymbol{S}^{L_\text{d}} \in \mathbb{R}^{d\times(M+1)}$，其中 L_d 为解码器的网络层数，最后经过线性映射和归一化得到每一个位置在词表 $\mathcal{V}$ 上的分布 $P(\tilde{y}_t|\tilde{Y}_{<t}, X)$。下面给出训练时 Transformer 解码器的输入、输出和损失函数：

$$\boldsymbol{S}^0 = \boldsymbol{E}(\tilde{Y}) + \text{Pos\_Encoding}(\tilde{Y}) \tag{4.22}$$

$$\boldsymbol{S}^l = \text{Trm\_Decoder}(\boldsymbol{S}^{l-1}, \boldsymbol{H}^{L_\text{e}}),\ 1 \leqslant l \leqslant L_\text{d} \tag{4.23}$$

$$P(\tilde{y}_t = \tilde{y}'_t|\tilde{Y}_{<t}, X) = -\log\big(\text{softmax}(\boldsymbol{W}_\mathcal{V}\boldsymbol{S}^{L_\text{d}}_t)|_{\tilde{y}'_t}\big) \tag{4.24}$$

$$\mathcal{L} = -\sum_{t=1}^{M+1} \log P(\tilde{y}_t = \tilde{y}'_t|\tilde{Y}_{<t}, X) \tag{4.25}$$

---

① 此处以训练阶段为例进行介绍（参考公式(4.23)），在测试阶段 $\boldsymbol{S}^l$ 也可替换为前缀序列的隐状态矩阵 $\hat{\boldsymbol{S}}^l$（参考公式(4.27)）。

其中，$\tilde{Y}'=\big(y_1,y_2,\cdots,y_M,<\mathrm{EOS}>\big)$ 为解码器的预测目标，$\tilde{y}'_{M+1}=<\mathrm{EOS}>$ 为生成终止符，$\boldsymbol{S}^l\in\mathbb{R}^{d\times(M+1)}$ 为解码器第 l 层输出的序列 Y 的隐状态矩阵，$\mathrm{Trm\_Decoder}(\cdot)$ 为 Transformer 解码单元，$\boldsymbol{W}_{\mathcal{V}}\in\mathbb{R}^{|\mathcal{V}|\times d}$ 为词表映射矩阵。训练时的优化目标为最小化损失函数 $\mathcal{L}$。

在测试时，Transformer 解码器进行多步解码，第 t 步时输入已经生成的前缀序列 $\hat{Y}_{<t}=\big(<\mathrm{SOS}>,\hat{y}_1,\hat{y}_2,\cdots,\hat{y}_{t-1}\big)$，输出解码器隐状态矩阵 $\hat{\boldsymbol{S}}^{L_\mathrm{d}}\in\mathbb{R}^{d\times t}$。隐状态矩阵的第 t 列，即最后一个位置的隐状态 $\hat{\boldsymbol{S}}_t^{L_\mathrm{d}}$ 经过线性映射和归一化得到第 t 步在词表上预测的分布 $P(\hat{y}_t|\hat{Y}_{<t},X)$，直到出现模型预测终止符 $<\mathrm{EOS}>$ 时终止解码。

$$\hat{\boldsymbol{S}}^0=\boldsymbol{E}(\hat{Y}_{<t})+\mathrm{Pos\_Encoding}(\hat{Y}_{<t}) \tag{4.26}$$

$$\hat{\boldsymbol{S}}^l=\mathrm{Trm\_Decoder}(\hat{\boldsymbol{S}}^{l-1},\boldsymbol{H}^{L_\mathrm{e}}),\ 1\leqslant l\leqslant L_\mathrm{d} \tag{4.27}$$

$$P(\hat{y}_t|\hat{Y}_{<t},X)=\mathrm{softmax}(\boldsymbol{W}_V\hat{\boldsymbol{S}}_t^{L_\mathrm{d}})|_{\hat{y}_t} \tag{4.28}$$

在实现中，每一步都将前缀序列输入解码器重新计算序列隐状态的计算复杂度比较高。一种高效的方法是将前缀序列在网络每一层中的键矩阵 $\boldsymbol{K}$ 和值矩阵 $\boldsymbol{V}$ 存储起来，并在每一步前馈时直接对存储的前缀序列隐状态进行注意力机制的计算。虽然在训练时输出序列整体作为 Transformer 解码器的输入，而测试时需要多次输入解码序列的前缀，但 Transformer 解码器中的多头掩码注意力机制使在训练时计算当前位置的隐状态不会利用到该位置后方的“未来”的信息，因此保证了训练和测试阶段的一致性。

1. 多头掩码注意力机制

由于 Transformer 解码器在文本生成时从左至右依次生成序列中的词，生成第 i 个位置的词时只能关注到已经生成的前 j $(j\leqslant i)$ 个位置的信息。多头掩码注意力机制可以看成多头注意力机制的一个变体，通过对注意力分数的结果使用掩码，在训练时保证了 $P(Y|X)$ 的自回归分解形式。在 Transformer 解码器中，多头掩码注意力机制的三个输入同为解码器自身的隐状态矩阵，因此也是一种自注意力。具体地，在公式 (4.5) 中，计算查询向量 $\boldsymbol{q}_i$ 和键向量 $\boldsymbol{k}_j$ 的点乘 $\boldsymbol{q}_i\cdot\boldsymbol{k}_j$ 时，多头掩码注意力机制对点乘得到的注意力分数会额外加上

一个掩码 M_{ij} 作为最终的注意力分数：

$$M_{ij} = \begin{cases} 0, & i > j \\ -\infty, & i \leqslant j \end{cases} \tag{4.29}$$

多头掩码注意力机制写成矩阵形式如下：

$$\text{MHMA}(\boldsymbol{Q}, \boldsymbol{K}, \boldsymbol{V}) = \boldsymbol{V}\text{softmax}\left(\frac{\boldsymbol{K}^\top \boldsymbol{Q} + \boldsymbol{M}}{\sqrt{d}}\right) \tag{4.30}$$

图 4.3(a) 所示为多头掩码注意力机制的掩码示意图，其中黑色方块表示该位置掩码为 0 (即直接连接)，白色方块表示掩码为 $-\infty$ (即断开连接)。图 4.3(b) 所示为多头掩码注意力机制的连接示意图，其中 $\boldsymbol{q}_i$ 只对所有的 $\boldsymbol{k}_j$ $(j \leqslant i)$ 计算注意力分数。

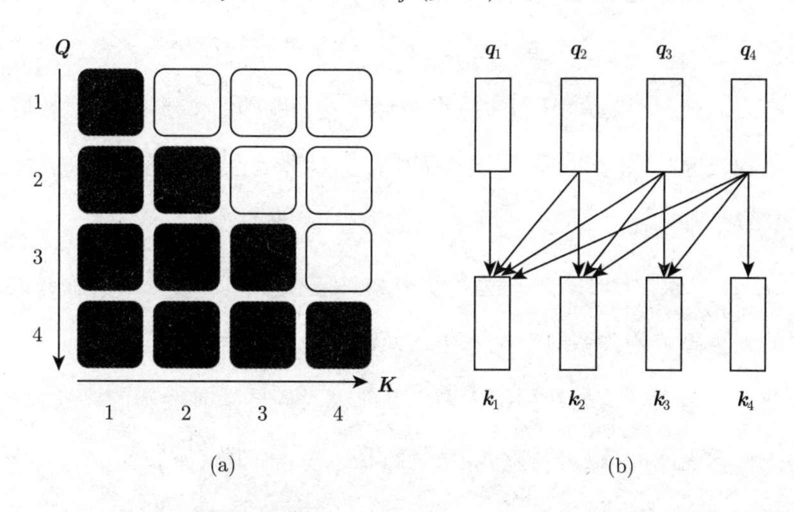

图 4.3　多头掩码注意力机制的掩码示意图与连接示意图

2. 编码器—解码器注意力机制

与基于 RNN 的序列到序列模型类似，Transformer 解码器对编码器的隐状态计算注意力，从而加强模型捕捉输入序列不同位置特征的能力。具体来说，编码器—解码器注意力机制的输入中的查询矩阵 $\boldsymbol{Q}$ 为同一层多头掩码注意力机制的输出，而值矩阵 $\boldsymbol{V}$ 和键矩阵 $\boldsymbol{K}$ 则为 Transformer 编码器最后一层的输出 (参考公式(4.20))。编码器—解码器注意力机制通过计算输出序列对输入序列的注意力来更新解码器的隐状态矩阵。

4.3 Transformer 模型与 RNN 模型的比较

第 3 章介绍了 RNN 及基于 RNN 的序列到序列文本生成模型。本节将对比 Transformer 模型和 RNN 模型以帮助读者更好地理解两者的特点。

- 在训练时，Transformer 模型可以通过自注意力机制直接对整个输入序列计算输出隐向量，因此在计算序列每一个位置的输出隐向量时可以并行操作。而 RNN 模型在计算某一位置的隐状态时必须要已知前一位置的隐状态。
- 在输入序列长度适中 (不大于隐状态维度) 时，自注意力机制的计算复杂度比 RNN 模型更低。假设模型隐向量的维度为 d，文本序列长度为 n。自注意力机制的计算复杂度为 $O(n^2 \times d)$，而 RNN 模型的计算复杂度则为 $O(n \times d^2)$，在隐向量维度远大于序列长度时 $(d \gg n)$，自注意力机制的计算复杂度显著低于 RNN 模型循环单元的计算复杂度。
- Transformer 模型比 RNN 模型能更有效地建模序列中的长距离依赖关系。捕获序列中的长距离依赖关系对于文本生成及诸多自然语言理解任务都十分关键，其中一个重要影响因素是信号在网络中前向计算及反向传播时经历的路径长度。如果序列中两个位置之间的信息传播所经历的路径越短，模型就越容易学习到这两个位置之间的依赖关系。在 Transformer 模型中，任意两个位置通过自注意力机制可以直接计算相关性，因此输入序列的任意两个位置之间的路径长度为 $O(1)$。而在 RNN 模型中首尾之间的路径长度为 $O(n)$，即与序列长度的正比。
- RNN 模型本质上是序列模型 (Sequence Model)，而 Transformer 模型本质上是全连接图模型 (Graph Model)，两者存在本质差别。后者在序列依赖的建模上更灵活，模型的表达能力也更强。在用于编码的 Transformer 结构中，每个位置与其他所有位置 (包括自身) 都有注意力连接边；在用于解码的结构中，当前位置可以看到所有前面的位置。因此，这是一种全连接的图模型。而 RNN 模型则是典型的序列模型，当前位置只能看到序列规定方向的前缀信息。

- Transformer 模型的训练稳定性低于 RNN 模型。RNN 模型在训练时采用各种基于梯度下降的优化器即可优化，收敛速度快且训练稳定。而 Transformer 模型在优化时需要使用一些训练技巧以提升训练稳定性①，如 Warmup 技巧。Warmup 技巧使学习率在训练过程中先从较小的初始值开始，之后在训练过程中逐渐线性上升至最大值，再逐渐降低学习率。在随机初始化时，Transformer 的梯度会随着层数变深而快速增大，这可能导致了 Transformer 训练初期的不稳定。进一步的理论解释仍然在研究中。

4.4 Transformer 模型问题与解决方案

4.4.1 长距离依赖问题

虽然基于自注意力机制的 Transformer 模型比 RNN 模型能够更有效地建模序列中的长距离依赖关系，但其最大能建模的序列长度受到了空间复杂度的限制。具体来说，模型所使用的空间与文本长度的平方成正比，因此输入的文本长度不能超过一个上限值。这意味着当建模超过该长度上限的文本时，文本会被截断，长距离的依赖信息也会因此丢失。Transformer-XL[24] 提出了基于状态复用的文本片段循环 (Segment-level Recurrence with State Reuse) 和相对位置编码 (Relative Positional Encodings) 来缓解模型在定长输入下的长距离依赖截断的问题。

在基于状态复用的文本片段循环中，Transformer-XL 在计算当前文本片段的隐状态时会利用已算出的上一个连续片段的隐状态。对一段长度大于模型最大建模长度的文本序列，需要先将其切分为若干长度为 N 的文本片段，例如，$S_i = (s_1^i, \cdots, s_N^i)$，其中 i 为该文本片段的索引。算法将按片段顺序进行逐段的计算。假设当前文本片段的索引为 i、模型第 l 层的隐状态为 $\boldsymbol{H}_i^l \in \mathbb{R}^{d\times N}$，在通过注意力机制计算当前文本片段每一位置的隐状态时，当前片段的查询向量会对上一片段的键向量和值向量计算注意力分数，但是不会更新梯度。当前第 i 段文本片段第 l 层网络的输入查询、键矩阵、值矩阵和自注意力机制的计算如下：

① 实验显示，Transformer 模型在直接使用传统梯度下降方法时性能会受到较为严重的影响。

$$\boldsymbol{Q}_i^l = \boldsymbol{W}^q \boldsymbol{H}_i^{l-1} \tag{4.31}$$

$$\boldsymbol{K}_i^l = \boldsymbol{W}^k \tilde{\boldsymbol{H}}_i^{l-1} \tag{4.32}$$

$$\boldsymbol{V}_i^l = \boldsymbol{W}^v \tilde{\boldsymbol{H}}_i^{l-1} \tag{4.33}$$

$$\tilde{\boldsymbol{H}}_i^{l-1} = [\text{StopGrad}(\boldsymbol{H}_{i-1}^{l-1}); \boldsymbol{H}_i^{l-1}] \tag{4.34}$$

$$\boldsymbol{H}_i^l = \boldsymbol{V}_i^l \text{softmax}\left(\frac{{\boldsymbol{K}_i^l}^\top \boldsymbol{Q}_i^l}{\sqrt{d}}\right) \tag{4.35}$$

其中，$\tilde{\boldsymbol{H}}_i^{l-1}$ 为上一片段第 $l-1$ 层梯度截断后的隐状态 StopGrad$(\boldsymbol{H}_{i-1}^{l-1})$ 和当前片段第 $l-1$ 层隐状态 $\boldsymbol{H}_i^{l-1}$ 在序列长度维度的拼接，$\boldsymbol{W}^q$、$\boldsymbol{W}^k$ 和 $\boldsymbol{W}^v$ 分别为查询矩阵、键矩阵、值矩阵的变换权重矩阵。如图 4.4 所示，虽然在每一层中当前序列的每一个位置的感受野 (Receptive Field)①至多为其左侧长度 N 的子序列，但在经过多层网络之后 Transformer-XL 的有效上下文建模长度最大能放大至 $O(N \times L)$，其中 N 为每一段文本片段的长度，L 为网络总层数。

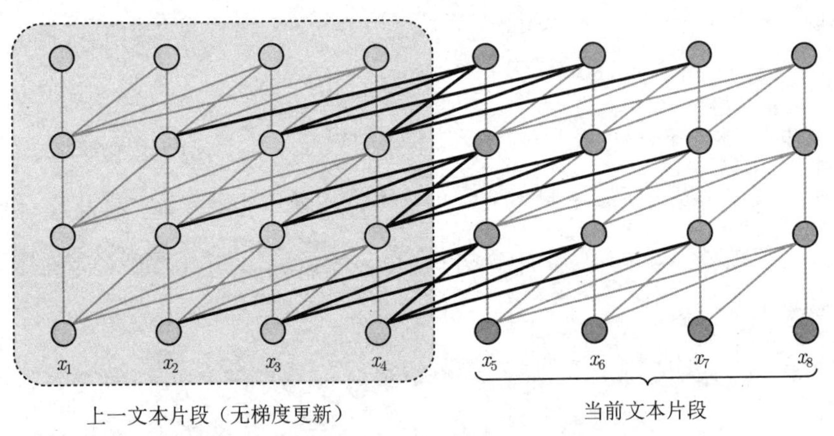

图 4.4　Transformer-XL 的文本片段循环机制示意图[24]

训练过程中，Transformer-XL 在计算完每一段文本片段的隐状态后，需要将其参数额外存储起来 (不保留梯度) 并作为后续片段额外的键向量和值向量，即公式 (4.34) 中的

① 之前层的神经元隐状态 (或模型输入) 可能会影响当前神经元的状态，感受野指所有能够影响当前神经元的位置集合，即神经元能够“感受”到的范围。

$\boldsymbol{H}_{i-1}^{l-1}$。此外，虽然每一个位置的注意力范围为其左侧长度 N 的片段，但梯度反向传播的范围仅限于当前片段，因此在注意力机制计算时不会增加额外的开销。而在测试阶段，重用已经算出的片段隐状态相比每次重新输入前缀序列能够大幅度提升模型推断时的速度。

Transformer-XL 的另一项改进是相对位置编码，它主要是为了解决原始 Transformer 模型直接使用文本片段循环引起的位置编码冲突的问题。具体形式化如下所述。

假设模型的输入为 $X = (x_1, x_2, \cdots, x_N)$，在多头注意力机制中将使用查询矩阵 $\boldsymbol{Q} \in \mathbb{R}^{d\times N}$ 和键矩阵 $\boldsymbol{K} \in \mathbb{R}^{d\times N}$ 计算得到的注意力分数矩阵记为 $\boldsymbol{A} \in \mathbb{R}^{N\times N}$，形式化如下 (参考公式(4.6))。

$$\boldsymbol{A} = \left(\boldsymbol{W}^q\boldsymbol{Q}\right)^\top \left(\boldsymbol{W}^k\boldsymbol{K}\right) \tag{4.36}$$

原始 Transformer 使用绝对位置编码 $\boldsymbol{P}$ 作为输入，第一层 Transformer 模型多头注意力机制的输入为 $\boldsymbol{Q} = \boldsymbol{K} = \boldsymbol{E}(X) + \boldsymbol{P}$，代入公式 (4.36) 展开，得到在序列 X 中任意位置 i 和 j 之间的注意力分数 $A_{i,j}^{\text{abs}}$：

$$\begin{aligned} A_{i,j}^{\text{abs}} &= \boldsymbol{E}(x_i)^\top \boldsymbol{W}^{q\top}\boldsymbol{W}^k\boldsymbol{E}(x_j) + \boldsymbol{E}(x_i)^\top \boldsymbol{W}^{q\top}\boldsymbol{W}^k\boldsymbol{P}_j \\ &\quad + \boldsymbol{P}_i^\top \boldsymbol{W}^{q\top}\boldsymbol{W}^k\boldsymbol{E}(x_j) + \boldsymbol{P}_i^\top \boldsymbol{W}^{q\top}\boldsymbol{W}^k\boldsymbol{P}_j \end{aligned} \tag{4.37}$$

其中，abs 表示使用绝对位置编码。Transformer-XL 将相对位置编码 $\boldsymbol{R}$ 引入上式，并将上式变形为如下形式：

$$\begin{aligned} A_{i,j}^{\text{rel}} &= \boldsymbol{E}(x_i)^\top \boldsymbol{W}^{q\top}\boldsymbol{W}_E^k\boldsymbol{E}(x_j) + \boldsymbol{E}(x_i)^\top \boldsymbol{W}^{q\top}\boldsymbol{W}_R^k\boldsymbol{R}_{i-j} \\ &\quad + \boldsymbol{u}^\top \boldsymbol{W}_E^k\boldsymbol{E}(x_j) + \boldsymbol{v}^\top \boldsymbol{W}_R^k\boldsymbol{R}_{i-j} \end{aligned} \tag{4.38}$$

其中，$\boldsymbol{u}, \boldsymbol{v} \in \mathbb{R}^d$ 为可学习的权重向量，$\boldsymbol{W}_E^k$ 和 $\boldsymbol{W}_R^k$ 为键向量的两套权重矩阵，分别用于对词向量和位置编码计算注意力分数。当计算查询向量 $\boldsymbol{q}_i$ 和键向量 $\boldsymbol{k}_j$ 的注意力分数时使用相对位置编码 $\boldsymbol{R}_{i-j}$，计算结果将仅包含 $\boldsymbol{q}_i$ 和 $\boldsymbol{k}_j$ 在完整文本中的相对位置 $i-j$ 信息，因此，能够避免在不同文本片段中因片段内绝对位置冲突而带来的问题。

Transformer-XL 相对位置编码的形式采用原始 Transformer 中使用的正余弦形式[7]，实验表明该形式对长序列的泛化能力比可学习的位置编码更好。

4.4.2 运算复杂度问题

由于 Transformer 模型采用全连接的自注意力机制，其空间复杂度和时间复杂度均与输入文本长度的平方成正比，所以在长文本的建模中有较高的计算开销。为解决计算开销大的问题，本节介绍两种 Transformer 的改进模型：Sparse Transformer[25] 和 Star Transformer[26]。这两个模型的改进思路类似，研究者通过对数据特点和全连接自注意力的信息传递机制进行分析后，根据先验知识设计特定的注意力模式 (Attention Pattern) 来替代全连接的自注意力机制，在降低计算开销的同时保持了较好的模型性能。

1. Sparse Transformer

Sparse Transformer[25] 缩小了原始 Transformer 中每个位置能够关注到的位置范围，从而降低了计算开销。对输入序列 $X = (x_1, x_2, \cdots, x_n)$，根据公式 (4.6)，原始 Transformer 中第 i 个位置的点乘注意力可表示为 (这里只考虑单层单个注意力头的情况)

$$\boldsymbol{h}_i = \boldsymbol{V}_{S_i}\text{softmax}\left(\frac{\boldsymbol{K}_{S_i}^{\top}(\boldsymbol{W}^q\boldsymbol{q}_i)}{\sqrt{d}}\right) \tag{4.39}$$

其中，$\boldsymbol{h}_i$ 表示第 i 个位置输出的隐向量，S_i 代表第 i 个位置能够关注到的位置集合，以 4.2节介绍的 Transformer 解码器为例，$S_i = \{j : j \leqslant i\}$，即第 i 个位置能够关注到之前的所有位置。$\boldsymbol{K}_{S_i}, \boldsymbol{V}_{S_i}$ 分别为键矩阵和值矩阵，其中的每个键值向量 $(\boldsymbol{K}_{S_i})_j, (\boldsymbol{V}_{S_i})_j$ 计算如下：

$$(\boldsymbol{K}_{S_i})_j = \begin{cases} \boldsymbol{W}^k\boldsymbol{k}_j, & j \in S_i \\ 0, & \text{其他} \end{cases}, \quad (\boldsymbol{V}_{S_i})_j = \begin{cases} \boldsymbol{W}^v\boldsymbol{v}_j, & j \in S_i \\ 0, & \text{其他} \end{cases} \tag{4.40}$$

其中，$\boldsymbol{q}_i, \boldsymbol{k}_j, \boldsymbol{v}_j$ 分别为第 i 个位置的查询向量、第 j 个位置的键向量和值向量，$\boldsymbol{W}^q, \boldsymbol{W}^k, \boldsymbol{W}^v$ 为投影矩阵，符号物理意义的详细解释参见 4.1.1节。Sparse Transformer 在原始 Transformer 解码器的基础上定义了两种稀疏注意力模式，包括含步长的注意力 (Strided Attention) 和固定注意力 (Fixed Attention)，其设计思路和使用的 S_i 如下所述。

- 含步长的注意力：主要用于建模具有明显周期性的数据，如图像、音频等。每个输出位置 i 能够关注到的位置主要由两部分组成，即局部相邻的位置和周期间隔的位置，可分别形式化为如下的两个集合：

$$S_i^{(1)} = \{j|t+1 \leqslant j \leqslant i \wedge t = \max(0, i-l)\} \tag{4.41}$$

$$S_i^{(2)} = \{j|(i-j) \mod l = 0 \wedge j \leqslant i\} \tag{4.42}$$

$$S_i = S_i^{(1)} \cup S_i^{(2)} \tag{4.43}$$

其中，l 是注意力的步长 (Stride)。含步长的注意力矩阵如图 4.5(a) 所示，图中标注数字的每个格子 $A_{i,j}$ 表示 Transformer 的第 i 个输出位置是否可以看到第 j 个输入位置的注意力情况，1、2 和 3 分别表示 $S_i^{(1)}, S_i^{(2)}$ 及两个集合都包含的注意力连接情况，超参数设置为 $l=3$。从图中可以直观看出，$S_i^{(1)}$ 用于建模每个位置附近的局部稠密注意力连接，而 $S_i^{(2)}$ 则表示与每个位置具有周期性步长间隔的全局稀疏注意力连接。

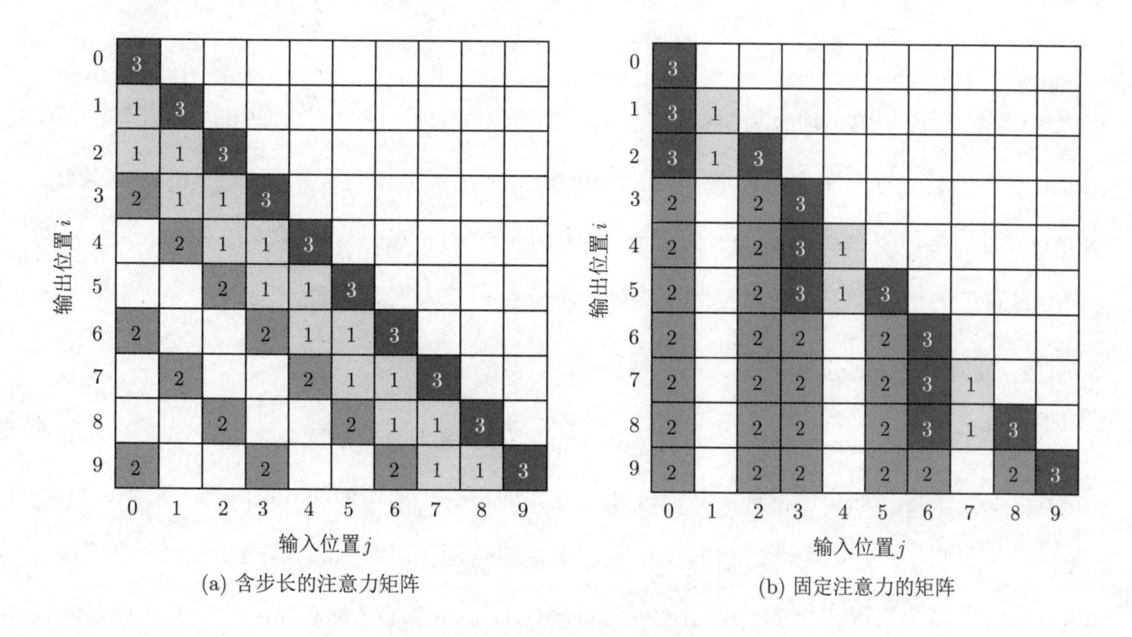

(a) 含步长的注意力矩阵　　(b) 固定注意力的矩阵

图 4.5　Sparse Transformer 的注意力矩阵示意图

- 固定注意力：主要用于建模周期性较弱的数据，如文本。与含步长的注意力相比，固定注意力同样考虑了局部相邻的位置和周期间隔的位置，但由于数据的周期性较弱，所以设计的 S_i 略有不同：

$$S_i^{(1)} = \{j | \lfloor j/l \rfloor = \lfloor i/l \rfloor \wedge j \leqslant i\} \tag{4.44}$$

$$S_i^{(2)} = \{j | j \equiv t \pmod l \wedge l - c \leqslant t \leqslant l \wedge j \leqslant i\} \tag{4.45}$$

$$S_i = S_i^{(1)} \cup S_i^{(2)} \tag{4.46}$$

其中，c 为可设置的超参数。固定注意力的矩阵如图 4.5(b) 所示，超参数设置为 $l = 3, c = 1$。从图中可以看出，固定注意力使用的 $S_i^{(1)}$ 是含步长的注意力机制的简化版本，即仅在某些特定位置 (如图中的输出位置 2、5、8) 具有完整的局部稠密注意力连接，这些位置可以关注到与其距离在 l 以内的所有位置。固定注意力使用的 $S_i^{(2)}$ 则没有严格遵照周期步长间隔进行设计，而是周期性地使某些特定位置 (如图中的输入位置 0、2、3、5、6、8 等) 可以被其之后的所有输出位置关注到，即在含步长的注意力基础上进一步增强了全局注意力连接，以更好地建模周期性较弱的文本数据。

上述介绍的是单个注意力头的情况，具体实现时，两种注意力模式均可被应用至 Transformer 每一层的每个注意力头，以降低 Transformer 结构整体的运算复杂度。Sparse Transformer 可将运算复杂度由 $O(n^2 \times d)$ 降至 $O(n\sqrt{n} \times d)$，其中 n 为输入序列的长度，d 为模型隐向量的维度，关于运算复杂度的进一步分析可参考文献 [25]。

2. Star Transformer

Star Transformer[26] 则对原始 Transformer 做了更大幅度的简化，通过引入公共的全局节点以记录序列的全局特征，并通过此节点完成信息传递，如图 4.6 所示。其中，$\boldsymbol{h}_i$ 是各位置的隐状态，$\boldsymbol{s}$ 是中继节点的隐状态。该模型将原始 Transformer 编码器的全连接自注意力机制简化为根连接 (Radical Connection) 和环连接 (Ring Connection) 两种基本连接，保持对长距离依赖关系建模能力的前提下大幅降低计算开销，在一些下游任务上取得了较好的性能。图 4.6(b) 中，浅色细线表示根连接，黑色粗线表示环连接。

Star Transformer 的隐状态计算可分为两步：第一步计算各位置的隐状态；第二步计算中继节点的隐状态。对长度为 n 的文本序列，假设第 l 层 Transformer 的输入为第 $l-1$ 层

的输出 $\{\boldsymbol{h}_i^{l-1}\}_{i=1}^n$，则各位置隐状态的更新过程如下：

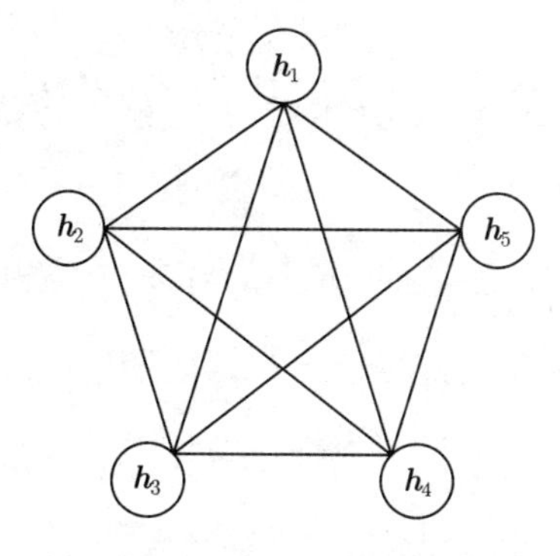

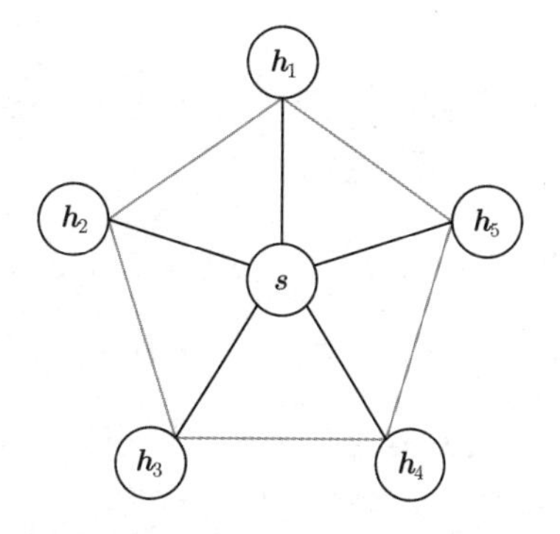

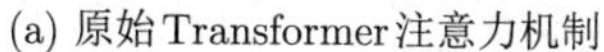

(a) 原始Transformer注意力机制　　(b) Star Transformer注意力机制

图 4.6　原始 Transformer 和 Star Transformer 的注意力机制对比图

$$\boldsymbol{C}_i^l = [\boldsymbol{h}_{i-1}^{l-1}; \boldsymbol{h}_i^{l-1}; \boldsymbol{h}_{i+1}^{l-1}; \boldsymbol{e}_i; \boldsymbol{s}^{l-1}] \tag{4.47}$$

$$\boldsymbol{o}_i^l = \mathrm{MHA}(\boldsymbol{h}_i^{l-1}, \boldsymbol{C}_i^l, \boldsymbol{C}_i^l) \tag{4.48}$$

$$\boldsymbol{h}_i^l = \mathrm{LayerNorm}(\mathrm{ReLU}(\boldsymbol{o}_i^l)) \tag{4.49}$$

其中，$\boldsymbol{e}_i$ 表示文本序列中第 i 个词的词向量，$\boldsymbol{s}^{l-1}$ 是第 $l-1$ 层计算得到的中继节点隐表示，$\boldsymbol{C}_i^l$ 是计算第 i 个位置的自注意力机制时的键值向量，$\mathrm{MHA}(\cdot,\cdot,\cdot)$ 为多头注意力机制，具体参考公式 (4.7)；$\mathrm{LayerNorm}(\cdot)$ 为层归一化，具体参考公式 (4.12)。从 $\boldsymbol{h}_i^l$ 的更新过程可以看出，计算每个位置的隐状态时仅考虑前一层临近位置 $\{i-1, i, i+1\}$ 隐状态、当前位置输入词向量及中继节点的隐状态，因此计算多头注意力时可以减少空间和时间的开销。在完成各位置隐状态更新后，中继节点隐状态可按如下方式更新：

$$\boldsymbol{s}_{\text{inter}}^l = \mathrm{MHA}(\boldsymbol{s}^{l-1}, [\boldsymbol{s}^{l-1}; \boldsymbol{H}^l], [\boldsymbol{s}^{l-1}; \boldsymbol{H}^l]) \tag{4.50}$$

$$\boldsymbol{s}^l = \mathrm{LayerNorm}(\mathrm{ReLU}(\boldsymbol{s}_{\text{inter}}^l)) \tag{4.51}$$

其中，$\boldsymbol{H}^l = [\boldsymbol{h}_1^l; \cdots; \boldsymbol{h}_n^l]$ 为第 l 层各位置的隐状态，此处的 $\mathrm{MHA}(\cdot,\cdot,\cdot)$ 为多头注意力机制，具体参考公式 (4.7)；$\mathrm{LayerNorm}(\cdot)$ 为层归一化，具体参考公式 (4.12)。Star Transformer 将运算复杂度由 $O(n^2 \times d)$ 降至 $O(n \times d)$，其中 n 为输入序列的长度，d 为模型隐状态向量的维度，因为每个位置的隐状态仅需要参与相邻两个位置及中继节点的隐状态更新。关于运算复杂度的进一步分析可参考文献 [26]。

4.5 基于 Transformer 的预训练语言生成模型

Transformer 模型的提出促进了大规模预训练语言生成模型的发展。Transformer 模型中的自注意力机制使多层 Transformer 模型对文本的建模能力更强，残差连接和层归一化使训练深层模型更稳定。传统基于 RNN 单元的文本生成模型一般使用的网络层数不会超过 3 层 (在序列垂直方向上)，而 Transformer 模型可以使用 12 层甚至 96 层的网络，其结构中的残差连接和层归一化机制使 Transformer 模型在深层梯度回传时更加稳定，因此能够在层数很深时仍然获得性能的增长。同时，更深的层数意味着更大的模型容量，这为大规模文档的上下文语境学习提供了支撑。另外，在训练时，Transformer 模型对每一个隐状态的计算均可以通过矩阵形式并行计算，这比基于 RNN 单元的语言生成模型具有更高的并行度，因而使大规模的数据训练成为可能。

4.5.1 GPT 模型

OpenAI 提出了基于 Transformer 解码器的生成式预训练模型 Generative Pre-Training (GPT)[9] Model。GPT 模型在大规模文本语料上进行预训练，采用与单向语言模型相同的训练目标进行参数优化：

$$\mathcal{L} = \sum_{k=1}^{n} -\log P(x_k|x_1, x_2, \cdots, x_{k-1}) \tag{4.52}$$

其中，n 为输入序列长度，$P(x_k|x_1, x_2, \cdots, x_{k-1})$ 由多层 Transformer 单元建模。与 4.2节中介绍的编码器—解码器结构不同，GPT 模型采用的是编码与解码一体的 Transformer 模型结构。GPT 模型由单一的多层 Transformer 单元堆叠而成，每一层使用多头掩码注意力使模型能够进行自回归式的文本生成。计算过程抽象如下：

$$\boldsymbol{H}^0 = \boldsymbol{E} + \boldsymbol{P} \tag{4.53}$$

$$\boldsymbol{H}^l = \text{transformer\_block}(\boldsymbol{H}^{l-1}),\ 1 \leqslant l \leqslant L \tag{4.54}$$

$$P(x_k|x_1, x_2, \cdots, x_{k-1}) = \text{softmax}(\boldsymbol{W}_{\mathcal{V}} \boldsymbol{H}_k^L)|_{x_k} \tag{4.55}$$

其中，$\boldsymbol{E} = [\boldsymbol{e}_1; \boldsymbol{e}_2; \cdots; \boldsymbol{e}_N]$ 是序列的词向量矩阵，$\boldsymbol{P} = [\boldsymbol{p}_1; \boldsymbol{p}_2; \cdots; \boldsymbol{p}_N]$ 为输入序列对应的可训练的位置编码矩阵，$\boldsymbol{W}_{\mathcal{V}} \in \mathbb{R}^{|\mathcal{V}| \times d}$ 为输出层的权重矩阵，其中 $|\mathcal{V}|$ 为词表大小，d 为隐藏层维度。transformer_block(·) 为 Transformer 单元，使用多头掩码注意力来建模文本序列。图 4.7 所示为 GPT 模型输入/输出示意图，GPT 模型使用 $<$ EOS $>$ 同时作为生成的起始符和终止符，模型端 $\boldsymbol{e}_i$ 和 $\boldsymbol{p}_i$ 分别为词向量和位置编码向量。模型内部的灰色连线为多头掩码注意力机制的依赖连接，使 GPT 模型“从左到右”单向地建模文本序列。GPT 模型在预训练时采用了语言模型的概率分解形式，图 4.7 展示了模型预测序列中词的概率的例子。

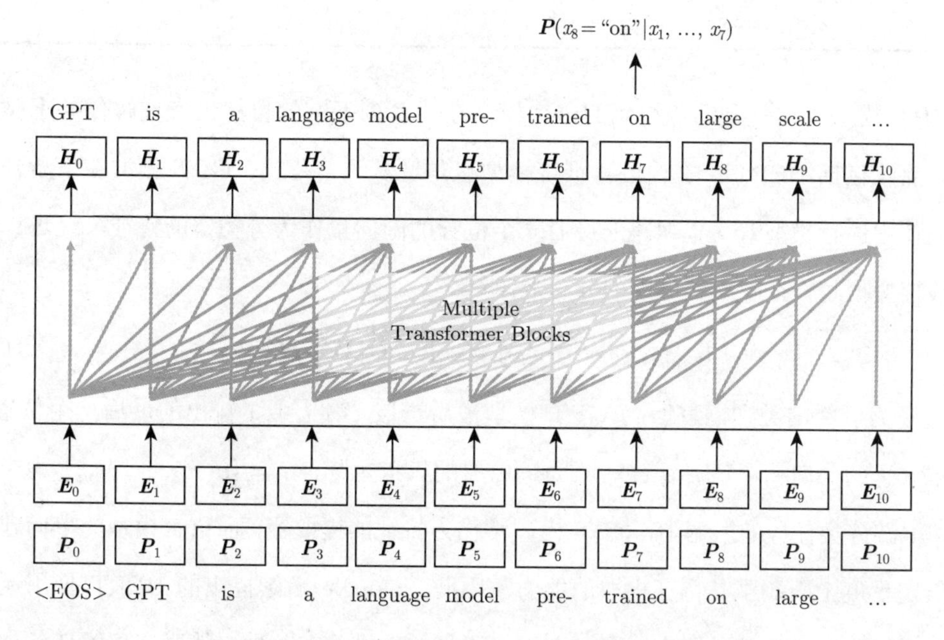

图 4.7　GPT 模型输入/输出示意图

在分词上，GPT 模型没有采用传统的以单词作为最小单位的分词方法，而是通过 BPE (Byte Pair Encoding) 算法[27] 对每个单词进行分词，从而得到子词 (Subword) 作为基本的语义单元。BPE 算法通过统计语料中单词的词频，将一些高频子词保留在词表中，而一些低频单词则用多个高频子词来表示。表 4.1 对比了基于 BPE 分词方式得到的词表和其他词表，其中单词词表以完整单词作为基本单位；字母词表以单个字母作为基本单位；BPE 词表基于词频统计，在词表中保留高频子词。使用 BPE 算法进行分词的好处有：对于生僻或者稀有词，可以通过子词的组合来得到，减少了扩展词表的额外开销；子词的语义信息及灵活度介于字符与单词之间，在进行语言生成时能够进行更灵活的组合和表达，出现词表外 (OOV, Out-of-Vocabulary) 词的情况显著减少。

GPT 模型使用 BooksCorpus 数据集作为预训练的文本语料，其包含 7000 本书的内容。BooksCorpus 数据集包含数量较多的长文本片段，使生成模型能够学习到上下文中的长距离依赖关系。

表 4.1　单词词表、字母词表和 BPE 词表对比

单词词表	low, lower, newest, widest, wider
字母词表	l, o, w, e, r, n, w, s, t, i, d
BPE 词表	est, low, er, wid, n, e, w

GPT 模型提出将预训练得到的语言模型在一系列下游的自然语言理解任务上微调的范式，后续包括 BERT[8] 在内的预训练模型也是遵从这一范式。GPT 模型在下游任务上的微调使用语言模型对文本编码的最后一个位置的隐向量作为分类器的特征，经过一个简单的线性变换将特征映射到类别的分布上：

$$P(c_i|x_1, x_2, \cdots, x_N) = \text{softmax}(\boldsymbol{W}_C \boldsymbol{H}_N^L)|c_i \tag{4.56}$$

其中，c_i 为分类的类别，$\boldsymbol{H}_N^L$ 为 GPT 模型最后一层 (第 L 层) 输出的最后一个位置 (第 N 个位置) 的隐向量，$\boldsymbol{W}_C \in \mathbb{R}^{|\mathcal{C}|\times d}$ 为输出层的权重矩阵，$\mathcal{C} = \{c_1, c_2, \cdots, c_m\}$ 为类别集合。在下游分类任务的微调中，GPT 模型常作为特征的提取器，而语言模型的单向建模方式在一定程度上限制了其特征提取的能力。因此，Google 后续提出的 BERT 使用无掩码的双向 Transformer 编码器来增强对上下文语义的建模，在各种自然语言理解任务上取得了性能的极大提升。

OpenAI 在后续发布的 GPT-2 和 GPT-3 中使用了更大的模型参数量和预训练的文本语料，并验证了预训练的语言模型零样本 (Zero-shot) 和少样本 (Few-shot) 学习的场景下能够达到与监督学习比肩的性能。

4.5.2　GPT-2 和 GPT-3

GPT-2[28] 使用与 GPT 相似的模型结构，但模型的层数更深，隐向量的维度也更大。GPT 使用的 Transformer 解码器的层数为 12，隐藏层维度为 768；而 GPT-2 发布的最大参数量的模型使用了 48 层网络，隐藏层维度达到了 1600。此外 GPT-2 使用的预训练语料为 WebText，该语料由从社交论坛抓取的网页文本组成，包含 800 万个文档，共 40GB 的文本量。GPT-2 主要关注的下游任务是语言模型和一系列文本生成任务，如机器翻译、阅读理解、摘要生成和自动问答。通过对不同任务构建提示词 (Prompt)，GPT-2 可以进行零样本的文本生成。例如，在法语到英语的机器翻译任务中，预训练的 GPT-2 不需要在成对的英法文本上微调，只需在样本前拼接提示词，如 "translate to english: 'salute d'amour' "，即可让模型生成对应的翻译。这一特性主要源于预训练的语料中存在两种语言互译的平行语料，而通过设置提示词可以诱导模型在对应的场景中生成目标文本。

GPT-3[29] 沿用了前两代的模型结构和优化目标，并且在模型参数量和预训练的文本语料上取得了进一步突破。GPT-3 最大的模型使用 96 层网络，隐藏层维度为 12288，模型总参数量为 1750 亿。由于模型参数量过大，GPT-3 在 Transformer 的各层使用了局部带状稀疏的注意力模式来提升运算的效率。GPT-3 所使用的预训练语料涵盖了几种目前的大型文本语料，包括 Common Crawl、WebText2、Wikipedia 等。GPT-3 的提出主要希望解决当前预训练模型在微调阶段对于领域数据的过拟合，因此 GPT-3 不在下游任务上做微调，而完全通过领域相关的提示词来诱导模型生成目标文本。研究者在包括语言模型、问答、翻译、常识推理及算术运算等任务上进行了零样本和少样本设定的实验。以机器翻译任务为例，零样本的设定和 GPT-2 中的示例类似，而少样本的设定则在提示词中加入平行的翻译示例，如单样本 "translate french to english, 'loutre de mer' => 'sea otter', 'salute d'amour' =>"。在少样本学习的设定下，GPT-3 在一些问答任务和生成任务上的性能甚至超过了当前监督学习的最佳模型。表 4.2 所示为三代 GPT 模型在参数量和预训练数据上的比较。

表 4.2　三代 GPT 模型的对比

模　型	注意力头数目	模型层数	隐藏层维度	参数规模	预训练数据
GPT	12	12	768	117M	BookCorpus
GPT-2	48	48	1600	1542M	WebText
GPT-3	96	96	12288	175B	Common Crawl, WebText2, Wikipedia, Book1, Book2

4.5.3 GPT 模型的扩展

上一节介绍的 GPT 系列模型使用单一的 Transformer 解码器和语言模型建模任务作为预训练目标；Transformer 解码器的结构由于缺少编码模块和对输入的注意力连接，在一些需要考虑输入/输出对应关系的语言生成任务 (如机器翻译、对话生成等) 上并不是最优的结构；同时，语言模型建模的预训练目标对于模型捕获自然语言的生成模式并不一定是最有效的，其他一些在文本上的自监督预训练目标，如基于文本扰动的降噪自编码器[8] 和排列语言模型[15] 等也证明对自然语言处理任务有帮助。

本节将介绍几个典型的改进 GPT 系列模型的工作。它们主要从模型结构和预训练任务两方面进行改进，以进一步提升预训练模型的文本生成能力。表 4.3 对比了 GPT-2 和本节将要介绍的预训练文本生成模型 (如 UniLM[30]、MASS[31]、BART[32] 和 T5[33]) 在模型结构和预训练任务上的异同，如下所述。

表 4.3　主流生成式预训练模型总结

模型名称	模型结构	预训练任务	预训练语料
GPT-2	Transformer 解码器	从左至右语言模型建模	WebText
UniLM	掩码 Transformer	多任务语言模型建模	Wikipedia, BookCorpus
MASS	序列到序列	序列到序列掩码文本恢复	WMT News Crawl 单语数据
BART	序列到序列	字词和篇章级别的降噪自编码器	BookCorpus, CC-NEWS, OpenWebText, Stories
T5	序列到序列	BERT 式降噪自编码器	Colossal Clean Crawled Corpus

1. 模型结构

与 GPT-2 直接使用 Transformer 解码器不同，BART、MASS 和 T5 均使用了基于 Transformer 的序列到序列结构，而 UniLM 则通过对一个多层 Transformer 模型使用不同的掩码来分别完成序列到序列的文本生成任务、单向语言模型建模任务和类似 BERT 的双向语言模型建模任务。

① GPT-2 和 GPT-3 都有不同模型参数量的版本，此处列举的均对应模型参数量最大的版本。

2. 预训练任务

GPT-2 使用的预训练任务是从左至右的单向语言模型建模，后续改进工作设计了更为精细的预训练目标使模型在下游自然语言生成任务中更好地捕获输入文本和输出文本之间的关系。

图 4.8 所示为 UniLM、MASS、BART、T5 的模型结构和预训练任务示意图。

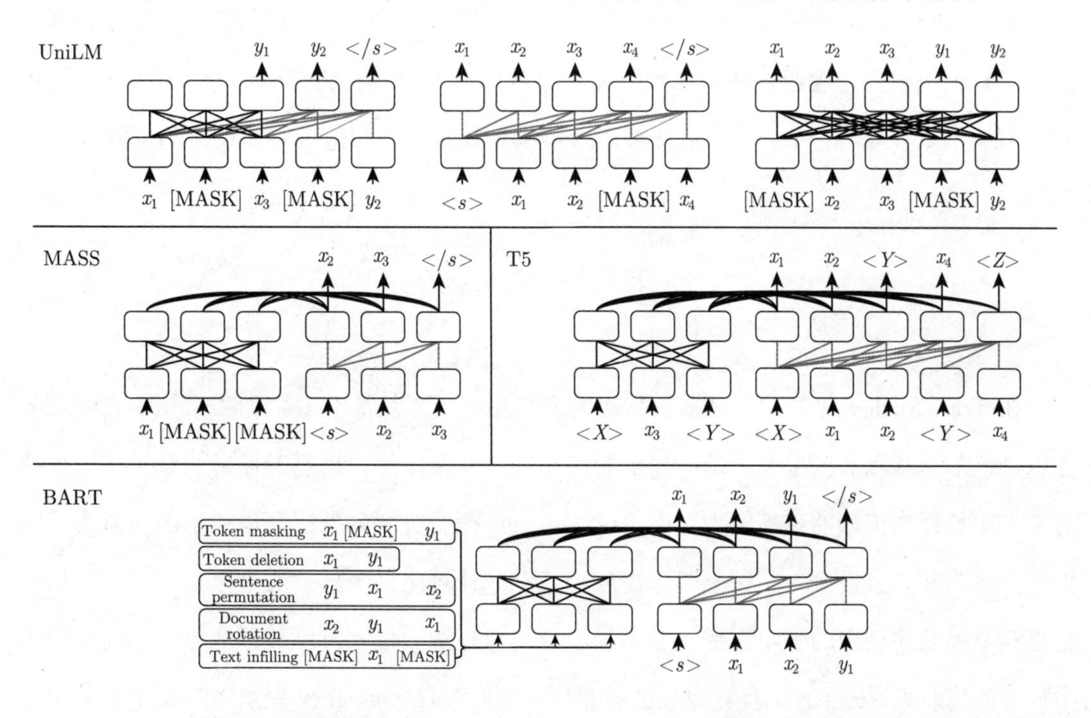

图 4.8　UniLM、MASS、BART、T5 的模型结构和预训练任务示意图

UniLM 提出了多任务语言模型建模的方法，在预训练阶段以均等概率对模型使用三类注意力掩码分别进行双向、单向和序列到序列的语言模型建模任务。UniLM 通过多任务语言模型建模使模型获得较优的联合初始表示，从而使其在下游的自然语言理解任务、语言模型任务和文本生成任务上取得更好的性能。

MASS 使用序列到序列的预训练模型结构，并提出了序列到序列的掩码文本恢复任务。对一段文本 X，编码器端输入该文本被掩盖从 u 到 v 的连续片段后的文本 $X_{u:v}$，解码器端用自回归的方式预测输入端被掩盖的文本片段 $X_{u:v}$。

BART 沿用了序列到序列的模型结构，提出了基于降噪自编码器的预训练目标，即在编码端输入扰动后的文本序列，在解码端的任务是恢复扰动前的文本序列。该目标采用了 5 类对文本的扰动，包括字词级别的扰动如字词删除 (Token Deletion)、字词掩码 (Token Masking)、文本填空 (Text Infilling)，以及篇章级别的扰动如句子置换 (Sentence Permutation)、文档旋转 (Document Rotation)。

T5 也使用了序列到序列的模型结构，且实验证明该结构优于 GPT-2 使用的单向语言模型和 UniLM 使用的前缀语言模型。另外，T5 使用的预训练任务目标是和 BERT 类似的降噪自编码器，在编码器的输入端将文本中的连续片段替换为特定的掩盖标识符 (如图 4.8 中的 $<X>$ 和 $<Y>$)，然后在解码端根据标识符自回归地恢复被掩盖的文本片段。

4.6 本章小结

在 Transformer 模型提出之前，常用的文本生成模型是基于 RNN 的序列到序列模型。在以 RNN 为基础的模型中，带门控机制的循环单元及注意力机制的提出增强了生成模型对文本中长距离依赖的建模能力。而 Transformer 模型将序列到序列模型中的注意力机制推广为多头注意力机制，并完全基于注意力机制来计算序列中任意两个位置的关联，从而也更容易捕获序列中的长距离依赖关系。另外，自注意力机制可以并行地更新序列中每一个位置的隐状态，比 RNN 具有更高的并行度。因此，Transformer 模型被广泛用于各类文本生成任务，如机器翻译、摘要生成、对话生成等。

对 Transformer 模型结构上的改进也是热点的研究方向之一。本章介绍了两类改进方向：提升 Transformer 长距离依赖的建模能力，Transformer 的运算效率问题。此外，Transformer 模型也被广泛用作预训练文本生成模型的基础框架。本章还介绍了生成式预训练模型 GPT 及使用其他结构和预训练任务的预训练文本生成模型，并从一个统一的视角对它们进行了比较。对于 Transformer 模型结构的优化和面向文本生成的预训练任务的探究至今依然是学术界活跃的方向。

第 5 章　基于变分自编码器的语言生成模型

变分自编码器 (Variational Auto-Encoder, VAE)[34] 是一种重要的生成模型，在图像生成和语言生成领域均有广泛应用。和传统的自编码器 (Auto-Encoder, AE) 相比，变分自编码器将文本编码为隐空间中的概率分布而非确定的向量，可以更好地建模文本的多样性及实现生成的类别可控性。

本章将介绍变分自编码器的基本原理、变种模型、应用实例、存在的问题及解决方案。基本原理从生成模型的优化目标入手，推导变分自编码器的优化目标。变种模型主要介绍条件变分自编码器 (Conditional Variational Auto-Encoder, CVAE)。应用实例则包括含类别约束的条件变分自编码器模型和引入隐变量序列的条件变分自编码器模型，这些模型常应用于各种自然语言生成任务中，如对话生成和机器翻译等。本章还将梳理变分自编码器在语言生成任务中存在的问题及已有的解决方案。

5.1　自编码器

在介绍变分自编码器的原理前，下面先对自编码器进行简要叙述。自编码器是表示学习中用于学习数据表示的常见框架，含有编码器和解码器两部分。假设 X 为观测变量，在本章中 X 为由词组成的序列，即 $X = (x_1, x_2, \cdots, x_n)$。首先，自编码器会通过编码器将文本编码为隐空间的向量 $\boldsymbol{z}$：

$$\boldsymbol{z} = \text{Encoder}(X) \tag{5.1}$$

其中，Encoder 代表编码器，本章中的编码器和解码器可使用 RNN、Transformer 等结构，这里以 RNN 为例进行说明。然后，自编码器会以向量 $\boldsymbol{z}$ 为解码器输入来重构原文本：

$$\boldsymbol{s}_0 = \boldsymbol{z} \tag{5.2}$$

$$\boldsymbol{s}_t = \text{RNN}(\boldsymbol{s}_{t-1}, \boldsymbol{e}(x_t)) \tag{5.3}$$

$$P(x_t|X_{<t}, \boldsymbol{z}) = \text{softmax}(\boldsymbol{W}\boldsymbol{s}_t)|_{x_t} \tag{5.4}$$

$$\mathcal{L} = -\sum_{t=1}^{n} \log P(x_t|X_{<t}, \boldsymbol{z}) \tag{5.5}$$

其中，$\boldsymbol{s}_t$ 表示解码器在 t 时刻的隐状态向量，$\mathcal{L}$ 为重构损失函数。自编码器的模型框架示意图如图 5.1 所示。隐向量作为文本的降维表示，可用于文本分类和可控文本生成等下游任务。特别值得注意的是，这里的隐表示向量 $\boldsymbol{z}$ 是确定性的。

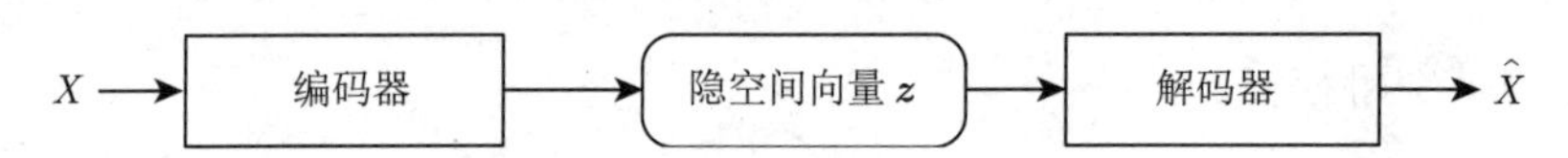

图 5.1　自编码器的模型框架示意图

5.2　变分自编码器

和自编码器不同，变分自编码器将文本编码为隐空间的概率分布而非确定的向量，便于建模文本的多样性和实现文本生成的类别可控性。本节将推导变分自编码器的优化目标，并介绍其训练和测试的详细流程。

同样假设 X 为观测变量，而 $\boldsymbol{z}$ 被看成隐变量 (Latent Variable)，变分自编码器将生成 X 的过程分解为如下两步：

① 从隐变量的先验分布[①]$p(\boldsymbol{z})$ 中采样隐变量 $\boldsymbol{z}$；

② 根据条件分布 $P(X|\boldsymbol{z})$ 生成观测变量 X。

根据该过程，观测变量的概率分布 $P(X)$ 可分解为

$$P(X) = \int_{\boldsymbol{z}} p(\boldsymbol{z})P(X|\boldsymbol{z})\mathrm{d}\boldsymbol{z} \tag{5.6}$$

其中含有对隐变量的积分，故难以直接计算及优化。注意，$\boldsymbol{z}$ 为连续随机变量，这里小写 $p(\boldsymbol{z})$ 代表概率密度，X 为离散随机变量，大写 $P(X)$ 代表随机变量的观测概率。根据贝叶

① 先验分布 (Prior Probability Distribution)，代表了模型对隐变量分布的假设。

斯公式，隐变量的后验分布[①] $p(\boldsymbol{z}|X)$ 可表示为

$$p(\boldsymbol{z}|X) = \frac{P(X|\boldsymbol{z})p(\boldsymbol{z})}{P(X)} \tag{5.7}$$

由于 $P(X)$ 无法直接获取，所以隐变量的后验分布 $p(\boldsymbol{z}|X)$ 也难以直接计算。

为解决该问题，变分自编码器引入含参的变分概率分布 $q_{\boldsymbol{\phi}}(\boldsymbol{z}|X)$ 来近似隐变量的真实后验分布 $p(\boldsymbol{z}|X)$，并对观测变量的对数似然函数 $\log P(X)$ 进行等价变换：

$$\begin{aligned}
&\log P(X) = \mathbb{E}_{q_{\boldsymbol{\phi}}(\boldsymbol{z}|X)}\left[\log P(X)\right] = \mathbb{E}_{q_{\boldsymbol{\phi}}(\boldsymbol{z}|X)}\left[\log \frac{P_{\boldsymbol{\theta}}(X|\boldsymbol{z})p(\boldsymbol{z})}{p(\boldsymbol{z}|X)}\right] \\
&= \mathbb{E}_{q_{\boldsymbol{\phi}}(\boldsymbol{z}|X)}\left[\log P_{\boldsymbol{\theta}}(X|\boldsymbol{z}) + \log p(\boldsymbol{z}) - \log p(\boldsymbol{z}|X)\right] \\
&= \mathbb{E}_{q_{\boldsymbol{\phi}}(\boldsymbol{z}|X)}\left[\log P_{\boldsymbol{\theta}}(X|\boldsymbol{z}) + \log p(\boldsymbol{z}) - \log q_{\boldsymbol{\phi}}(\boldsymbol{z}|X) + \log q_{\boldsymbol{\phi}}(\boldsymbol{z}|X) - \log p(\boldsymbol{z}|X)\right] \\
&= \mathbb{E}_{q_{\boldsymbol{\phi}}(\boldsymbol{z}|X)}\left[\log P_{\boldsymbol{\theta}}(X|\boldsymbol{z}) + \log p(\boldsymbol{z}) - \log q_{\boldsymbol{\phi}}(\boldsymbol{z}|X)\right] + \mathrm{KL}(q_{\boldsymbol{\phi}}(\boldsymbol{z}|X)||p(\boldsymbol{z}|X))
\end{aligned} \tag{5.8}$$

其中，$p(\boldsymbol{z})$ 和 $p(\boldsymbol{z}|X)$ 如前所述，分别表示隐变量的先验和后验分布；$P_\theta(X|\boldsymbol{z})$ 代表从隐变量 $\boldsymbol{z}$ 生成观测变量 X 的过程；KL 表示两个概率分布之间的 KL 散度，其定义如下：

$$\mathrm{KL}(p||q) = \int_x p(x)\log\frac{p(x)}{q(x)}\mathrm{d}x \tag{5.9}$$

根据 KL 散度的非负性，$\mathrm{KL}(q_{\boldsymbol{\phi}}(\boldsymbol{z}|X)||p(\boldsymbol{z}|X)) \geqslant 0$，则

$$\begin{aligned}
\log P(X) &\geqslant \mathbb{E}_{q_{\boldsymbol{\phi}}(\boldsymbol{z}|X)}\left[\log P_{\boldsymbol{\theta}}(X|\boldsymbol{z}) + \log p(\boldsymbol{z}) - \log q_{\boldsymbol{\phi}}(\boldsymbol{z}|X)\right] \\
&= \mathbb{E}_{q_{\boldsymbol{\phi}}(\boldsymbol{z}|X)}\left[\log P_{\boldsymbol{\theta}}(X|\boldsymbol{z})\right] - \mathrm{KL}(q_{\boldsymbol{\phi}}(\boldsymbol{z}|X)||p(\boldsymbol{z})) \triangleq \mathrm{ELBO}(X;\boldsymbol{\theta},\boldsymbol{\phi})
\end{aligned} \tag{5.10}$$

$\mathrm{ELBO}(X;\boldsymbol{\theta},\boldsymbol{\phi})$ 是观测变量的对数似然函数 $\log P(X)$ 的下界，也是变分自编码器的目标函数，该优化目标称为证据下界 (Evidence Lower Bound, ELBO)。变分自编码器的优化目标是最大化证据下界，因此其损失函数为证据下界的相反数：

$$\mathcal{L}(X;\boldsymbol{\theta},\boldsymbol{\phi}) = -\mathrm{ELBO}(X;\boldsymbol{\theta},\boldsymbol{\phi}) \tag{5.11}$$

由公式 (5.8) 和公式 (5.10) 可知，观测变量的对数似然函数 $\log P(X)$ 和证据下界之间相差变分后验分布与真实后验分布的 KL 散度，即 $\mathrm{KL}(q_{\boldsymbol{\phi}}(\boldsymbol{z}|X)||p(\boldsymbol{z}|X))$。最大化证据下界即

① 后验分布 (Posterior Probability Distribution)，指在已知可观测变量后，隐变量的条件分布。

最大化 $\log P(X)-\mathrm{KL}(q_{\boldsymbol{\phi}}(\boldsymbol{z}|X)||p(\boldsymbol{z}|X))$。实际上，$\mathrm{KL}(q_{\boldsymbol{\phi}}(\boldsymbol{z}|X)||p(\boldsymbol{z}|X))$ 可能很难收敛到 0，但并不阻碍 $\log P(X)$ 能够优化到一个较好的结果，对此的相关讨论可参考文献 [35]。

变分自编码器的模型框架如图 5.2 所示。

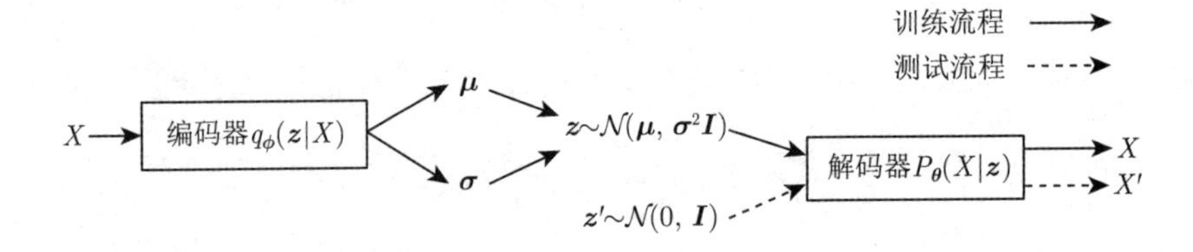

图 5.2　变分自编码器的模型框架

隐变量的先验分布可以使用各种概率分布假设，这里以正态分布为例。假设隐变量的先验分布满足标准正态分布，即 $p(\boldsymbol{z})=\mathcal{N}(\mathbf{0},\boldsymbol{I})$。在优化过程中，变分自编码器引入了含参的变分概率分布 $q_{\boldsymbol{\phi}}(\boldsymbol{z}|X)$。该分布应该尽可能地接近真实后验分布 $p(\boldsymbol{z}|X)$，但由于对任意分布的建模较为困难，所以假设该变分概率分布近似满足以 $(\boldsymbol{\mu},\boldsymbol{\sigma}^2)$ 为参数的正态分布①，即 $q_{\boldsymbol{\phi}}(\boldsymbol{z}|X)=\mathcal{N}(\boldsymbol{\mu},\boldsymbol{\sigma}^2\boldsymbol{I})$。该变分概率分布 $q_{\boldsymbol{\phi}}(\boldsymbol{z}|X)$ 使用编码器进行建模，模型首先将输入文本 X 编码，变换得到正态分布的参数 $(\boldsymbol{\mu},\boldsymbol{\sigma}^2)$：

$$[\boldsymbol{\mu},\boldsymbol{\sigma}^2]=\mathrm{MLP}(\mathrm{Encoder}(X)) \tag{5.12}$$

其中，MLP 表示多层感知机，Encoder 代表编码器。接着，模型可以从 $\mathcal{N}(\boldsymbol{\mu},\boldsymbol{\sigma}^2\boldsymbol{I})$ 中采样得到隐变量 $\boldsymbol{z}$。因此，模型从 $q_{\boldsymbol{\phi}}(\boldsymbol{z}|X)$ 中采样的过程包括两个步骤：使用编码器编码得到参数 $(\boldsymbol{\mu},\boldsymbol{\sigma}^2)$ 和从 $\mathcal{N}(\boldsymbol{\mu},\boldsymbol{\sigma}^2\boldsymbol{I})$ 中采样。

训练阶段的优化目标是公式 (5.10) 得到的证据下界 $\mathrm{ELBO}(X;\boldsymbol{\theta},\boldsymbol{\phi})$，第一项 $\mathbb{E}_{q_{\boldsymbol{\phi}}(\boldsymbol{z}|X)}[\log P_{\boldsymbol{\theta}}(X|\boldsymbol{z})]$ 是重构过程的损失函数，可将从 $q_{\boldsymbol{\phi}}(\boldsymbol{z}|X)$ 中采样的 $\boldsymbol{z}$ 送入解码器，由解码器输出计算得到：

$$\mathbb{E}_{q_{\boldsymbol{\phi}}(\boldsymbol{z}|X)}\left[\log P_{\boldsymbol{\theta}}(X|\boldsymbol{z})\right]=\sum_{t=1}^{n}\mathbb{E}_{q_{\boldsymbol{\phi}}(\boldsymbol{z}|X)}\left[\log P_{\boldsymbol{\theta}}(x_t|X_{<t},\boldsymbol{z})\right] \tag{5.13}$$

第二项 $-\mathrm{KL}(q_{\boldsymbol{\phi}}(\boldsymbol{z}|X)||p(\boldsymbol{z}))$ 可利用正态分布的性质推导出解析表达式：

① 这种近似并非唯一方法，但因其简单有效，在实践中被广泛使用。其他方法如标准化流 [36] 本书不再介绍。

$$
\begin{aligned}
-\mathrm{KL}(q_{\boldsymbol{\phi}}(\boldsymbol{z}|X)||p(\boldsymbol{z})) &= \int_{\boldsymbol{z}} q_{\boldsymbol{\phi}}(\boldsymbol{z}|X)\left[\log p(\boldsymbol{z}) - \log q_{\boldsymbol{\phi}}(\boldsymbol{z}|X)\right]\mathrm{d}\boldsymbol{z} \\
&= \int_{\boldsymbol{z}} q_{\boldsymbol{\phi}}(\boldsymbol{z}|X)\log p(\boldsymbol{z})\mathrm{d}\boldsymbol{z} - \int_{\boldsymbol{z}} q_{\boldsymbol{\phi}}(\boldsymbol{z}|X)\log q_{\boldsymbol{\phi}}(\boldsymbol{z}|X)\mathrm{d}\boldsymbol{z}
\end{aligned} \tag{5.14}
$$

上式中的两项可分别代入正态分布进行计算：

$$
\begin{aligned}
\int_{\boldsymbol{z}} q_{\boldsymbol{\phi}}(\boldsymbol{z}|X)\log p(\boldsymbol{z})\mathrm{d}\boldsymbol{z} &= \int_{\boldsymbol{z}} \mathcal{N}(\boldsymbol{z};\boldsymbol{\mu},\boldsymbol{\sigma}^2\boldsymbol{I})\log\mathcal{N}(\boldsymbol{z};\mathbf{0},\boldsymbol{I})\mathrm{d}\boldsymbol{z} \\
&= -\frac{d_{\boldsymbol{z}}}{2}\log(2\pi) - \frac{1}{2}\sum_{j=1}^{d_{\boldsymbol{z}}}(\mu_j^2+\sigma_j^2)
\end{aligned} \tag{5.15}
$$

$$
\begin{aligned}
\int_{\boldsymbol{z}} q_{\boldsymbol{\phi}}(\boldsymbol{z}|X)\log q_{\boldsymbol{\phi}}(\boldsymbol{z}|X)\mathrm{d}\boldsymbol{z} &= \int_{\boldsymbol{z}} \mathcal{N}(\boldsymbol{z};\boldsymbol{\mu},\boldsymbol{\sigma}^2\boldsymbol{I})\log\mathcal{N}(\boldsymbol{z};\boldsymbol{\mu},\boldsymbol{\sigma}^2\boldsymbol{I})d\boldsymbol{z} \\
&= -\frac{d_{\boldsymbol{z}}}{2}\log(2\pi) - \frac{1}{2}\sum_{j=1}^{d_{\boldsymbol{z}}}(1+\log\sigma_j^2)
\end{aligned} \tag{5.16}
$$

其中，$d_{\boldsymbol{z}}$ 表示隐变量的维数，μ_j 和 σ_j 分别代表向量 $\boldsymbol{\mu}$ 和 $\boldsymbol{\sigma}$ 第 j 维的值。综合上面两式可得 $-\mathrm{KL}(q_{\boldsymbol{\phi}}(\boldsymbol{z}|X)||p(\boldsymbol{z}))$ 的解析表达式：

$$
-\mathrm{KL}(q_{\boldsymbol{\phi}}(\boldsymbol{z}|X)||p(\boldsymbol{z})) = \frac{1}{2}\sum_{j=1}^{d_{\boldsymbol{z}}}\left[1+\log(\sigma_j^2)-\mu_j^2-\sigma_j^2\right] \tag{5.17}
$$

由于重构过程涉及采样，梯度无法直接回传至编码器，所以优化时需使用重参数化方法 (Reparametrization Trick)。该方法将采样过程 $\boldsymbol{z}\sim\mathcal{N}(\boldsymbol{\mu},\boldsymbol{\sigma}^2\boldsymbol{I})$ 分解为如下两个步骤。

- 从标准正态分布中采样：

$$
\boldsymbol{\epsilon}\sim\mathcal{N}(\mathbf{0},\boldsymbol{I}) \tag{5.18}
$$

- 对采样得到的 $\boldsymbol{\epsilon}$ 进行线性变换：

$$
\boldsymbol{z} = \boldsymbol{\mu} + \boldsymbol{\sigma}\otimes\boldsymbol{\epsilon} \tag{5.19}
$$

以这种方法采样得到的隐变量 $\boldsymbol{z}$ 符合正态分布 $\mathcal{N}(\boldsymbol{\mu},\boldsymbol{\sigma}^2\boldsymbol{I})$，且梯度可通过隐变量回传至编码器。变分自编码器的训练框架如算法 5.1 所示。

算法 5.1 变分自编码器的训练框架

Input:

随机初始化编码器 $q_{\boldsymbol{\phi}}(\boldsymbol{z}|X)$，解码器 $P_{\boldsymbol{\theta}}(X|\boldsymbol{z})$

Output:

1: **repeat**
2: 从数据集中采样真实样本 X
3: 使用公式 (5.12) 计算 $q_{\boldsymbol{\phi}}(\boldsymbol{z}|X)$ 中的正态分布参数 $(\boldsymbol{\mu},\boldsymbol{\sigma}^2)$
4: 使用公式 (5.18) 和公式 (5.19) 从 $q_{\boldsymbol{\phi}}(\boldsymbol{z}|X)$ 中采样隐变量 $\boldsymbol{z}$
5: 使用公式 (5.17) 计算 $\mathrm{KL}(q_{\boldsymbol{\phi}}(\boldsymbol{z}|X)||p(\boldsymbol{z}))$
6: 使用公式 (5.10) 计算证据下界 $\mathrm{ELBO}(X;\boldsymbol{\theta},\boldsymbol{\phi})$
7: 使用梯度下降法优化参数 $(\boldsymbol{\phi},\boldsymbol{\theta})$
8: **until** 参数 $(\boldsymbol{\phi},\boldsymbol{\theta})$ 收敛

在测试阶段，变分自编码器模型从先验分布中直接采样得到隐变量 $\boldsymbol{z}' \sim \mathcal{N}(\mathbf{0},\boldsymbol{I})$，然后通过解码器 $P_{\boldsymbol{\theta}}(X|\boldsymbol{z})$ 即可生成其对应的文本 X'。

5.3 条件变分自编码器

在实际的语言生成任务中，数据往往是成对出现的，此时模型需要拟合的数据分布为条件概率分布 $P(X|C)$，其中 C 和 X 分别代表输入条件和输出序列。这里输入条件 C 可能是一些输入控制变量，如待生成内容的情感极性、句式表达、时态等；也可能是一个输入序列，如对话中的用户话语、翻译中的源语言文本。因此，条件变分自编码器 (Conditional Variational Auto-Encoder, CVAE) 模型[37] 用于拟合条件概率分布 $P(X|C)$。与变分自编码器类似，条件变分自编码器引入隐变量 $\boldsymbol{z}$ 并将 $P(X|C)$ 分解如下：

$$P(X|C) = \int_{\boldsymbol{z}} p(\boldsymbol{z}|C)P(X|\boldsymbol{z},C)\mathrm{d}\boldsymbol{z} \tag{5.20}$$

经过和变分自编码器类似的推导，不难得到条件变分自编码器的证据下界和损失函数如下：

$$\mathrm{ELBO}(X,C;\boldsymbol{\theta},\boldsymbol{\phi},\boldsymbol{\varphi}) = \mathbb{E}_{q_{\boldsymbol{\phi}}(\boldsymbol{z}|X,C)}\left[\log P_{\boldsymbol{\theta}}(X|\boldsymbol{z},C)\right] - \mathrm{KL}(q_{\boldsymbol{\phi}}(\boldsymbol{z}|X,C)||p_{\boldsymbol{\varphi}}(\boldsymbol{z}|C))$$

$$\mathcal{L}(X, C; \boldsymbol{\theta}, \boldsymbol{\phi}, \boldsymbol{\varphi}) = -\text{ELBO}(X, C; \boldsymbol{\theta}, \boldsymbol{\phi}, \boldsymbol{\varphi}) \tag{5.21}$$

条件变分自编码器的模型框架如图 5.3 所示。

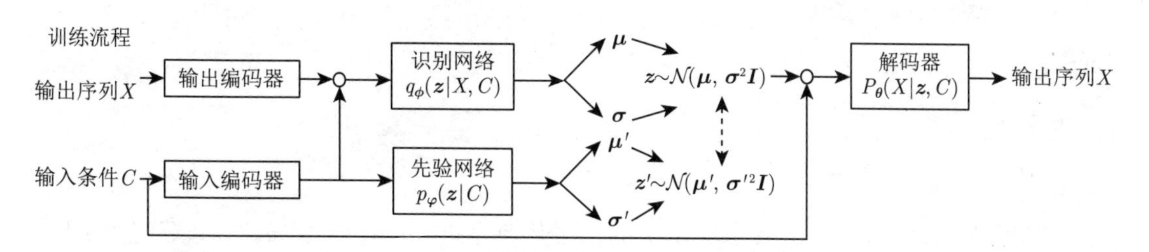

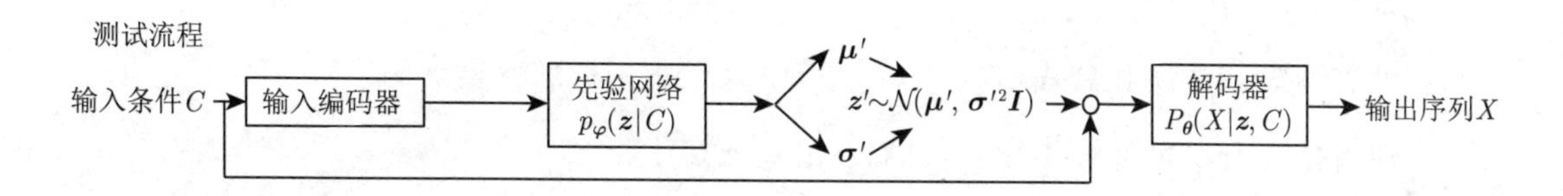

图 5.3　条件变分自编码器的模型框架

在训练阶段，条件变分自编码器通过输入编码器和输出编码器分别编码输入条件 C 和输出序列 X，并构建先验网络 (Prior Network) 和识别网络 (Recognition Network) 来分别计算隐变量的先验分布参数 $(\boldsymbol{\mu}', \boldsymbol{\sigma}'^2)$ 和近似后验分布参数 $(\boldsymbol{\mu}, \boldsymbol{\sigma}^2)$：

$$\begin{aligned} [\boldsymbol{\mu}', \boldsymbol{\sigma}'^2] &= \text{MLP}_{\text{prior}}(\text{Encoder}_{\text{in}}(C)) \\ [\boldsymbol{\mu}, \boldsymbol{\sigma}^2] &= \text{MLP}_{\text{recog}}(\text{Encoder}_{\text{out}}(X) \oplus \text{Encoder}_{\text{in}}(C)) \end{aligned} \tag{5.22}$$

其中，$\text{MLP}_{\text{prior}}$ 和 $\text{MLP}_{\text{recog}}$ 分别表示先验网络和识别网络，$\text{Encoder}_{\text{in}}$ 和 $\text{Encoder}_{\text{out}}$ 分别表示输入编码器和输出编码器。模型从近似后验分布中采样隐变量 $\boldsymbol{z} \sim \mathcal{N}(\boldsymbol{\mu}, \boldsymbol{\sigma}^2\boldsymbol{I})$，并和输入条件 C 一起作为解码器的输入，以重构输出序列 X。训练阶段的目标函数即为公式 (5.21) 得到的证据下界。由于在条件变分自编码器中，隐变量的先验和近似后验分布均为含参分布，所以证据下界中的 KL 项的计算过程略有不同，其计算公式为

$$-\text{KL}(q_{\boldsymbol{\phi}}(\boldsymbol{z}|X, C)||p_{\boldsymbol{\varphi}}(\boldsymbol{z}|C)) = \frac{1}{2}\sum_{j=1}^{d_{\boldsymbol{z}}}\left[1 + \log(\sigma_j^2) - \log(\sigma_j'^2) - \frac{\sigma_j^2 + (\mu_j - \mu_j')^2}{\sigma_j'^2}\right] \tag{5.23}$$

其中，$d_{\boldsymbol{z}}$ 表示隐变量的维数。条件变分自编码器的训练框架如算法 5.2 所示。

算法 5.2 条件变分自编码器的训练框架

Input:

随机初始化编码器 $\text{Encoder}_{\text{in}}$ 和 $\text{Encoder}_{\text{out}}$、解码器 $P_{\boldsymbol{\theta}}(X|\boldsymbol{z},C)$、先验网络 $p_{\boldsymbol{\varphi}}(\boldsymbol{z}|C)$、识别网络 $q_{\boldsymbol{\phi}}(\boldsymbol{z}|X,C)$

Output:

1: **repeat**

2: 从数据集中采样真实样本 (C,X)

3: 使用公式 (5.22) 计算 $p_{\boldsymbol{\varphi}}(\boldsymbol{z}|C)$ 中的正态分布参数 $(\boldsymbol{\mu}',\boldsymbol{\sigma}'^2)$ 和 $q_{\boldsymbol{\phi}}(\boldsymbol{z}|X,C)$ 中的正态分布参数 $(\boldsymbol{\mu},\boldsymbol{\sigma}^2)$

4: 使用公式 (5.18) 和公式 (5.19) 从 $q_{\boldsymbol{\phi}}(\boldsymbol{z}|X,C)$ 中采样隐变量 $\boldsymbol{z}$

5: 使用公式 (5.23) 计算 $\text{KL}(q_{\boldsymbol{\phi}}(\boldsymbol{z}|X,C)||p_{\boldsymbol{\varphi}}(\boldsymbol{z}|C))$

6: 使用公式 (5.21) 计算证据下界 $\text{ELBO}(X,C;\boldsymbol{\theta},\boldsymbol{\phi},\boldsymbol{\varphi})$

7: 使用梯度下降法优化所有可训练参数

8: **until** 参数收敛

测试过程中，条件变分自编码器通过输入编码器编码输入条件 C，然后得到隐变量的先验分布 $\boldsymbol{z}'\sim\mathcal{N}(\boldsymbol{\mu}',\boldsymbol{\sigma}'^2\boldsymbol{I})$，并从中采样得到隐变量 $\boldsymbol{z}'$，最终和输入条件 C 一起作为解码器的输入，以得到输出序列 X。

条件变分自编码器和变分自编码器在实现上的主要不同点在于隐变量先验和近似后验分布的计算。由于引入了输入条件 C，所以计算隐变量先验和近似后验分布时输入信息均需要包含 C，先验分布也由固定参数的标准正态分布变成由先验网络得到的含参正态分布。

5.4 解码器设计

在语言模型或序列到序列解码器基础上，变分自编码器模型的解码器需要添加隐变量 $\boldsymbol{z}$ 作为输入。图 5.4 以 RNN 解码器为例展示三种引入隐变量的方法，其中 $x_i(1\leqslant i\leqslant n)$，$\boldsymbol{s}_i(1\leqslant i\leqslant n+1)$ 分别代表生成文本序列中的第 i 个词和解码器中第 i 个位置的隐状态。

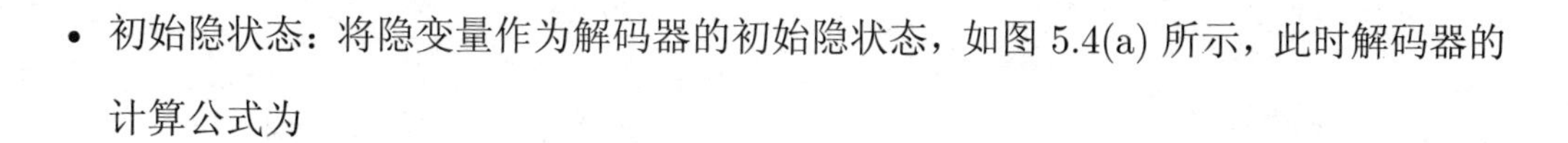

- 初始隐状态：将隐变量作为解码器的初始隐状态，如图 5.4(a) 所示，此时解码器的计算公式为

$$\boldsymbol{s}_0 = \boldsymbol{z} \tag{5.24}$$

$$\boldsymbol{s}_t = \text{RNN}(\boldsymbol{s}_{t-1}, \boldsymbol{e}(x_{t-1})) \tag{5.25}$$

$$x_t \sim P(x|x_{t-1}, \boldsymbol{z}) = \text{softmax}(\boldsymbol{W} \cdot \boldsymbol{s}_t) \tag{5.26}$$

- 每一步解码的输入：将隐变量拼接在每一步解码的输入向量中。如图 5.4(b) 所示，此时解码器的计算公式如下：

$$\boldsymbol{s}_t = \text{RNN}(\boldsymbol{s}_{t-1}, \boldsymbol{e}(x_{t-1}) \oplus \boldsymbol{z}) \tag{5.27}$$

$$x_t \sim P(x|x_{t-1}, \boldsymbol{z}) = \text{softmax}(\boldsymbol{W} \cdot \boldsymbol{s}_t) \tag{5.28}$$

- 输出层：将隐变量和解码器每个位置的隐状态拼接后送至输出层。如图 5.4(c) 所示，此时解码器的计算公式如下：

$$\boldsymbol{s}_t = \text{RNN}(\boldsymbol{s}_{t-1}, \boldsymbol{e}(x_{t-1})) \tag{5.29}$$

$$x_t \sim P(x|x_{t-1}, \boldsymbol{z}) = \text{softmax}(\boldsymbol{W} \cdot (\boldsymbol{s}_t \oplus \boldsymbol{z})) \tag{5.30}$$

上述三种引入隐变量的方式从实验结果来看并无明显优劣之分，故实际使用时，读者可分别尝试这三种方式并选择效果最好的那一种来使用。

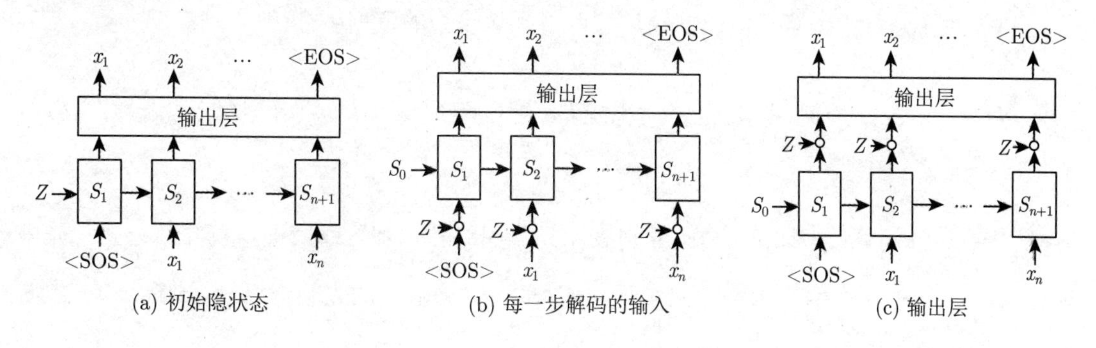

(a) 初始隐状态　(b) 每一步解码的输入　(c) 输出层

图 5.4　变分自编码器中常见的解码器设计

5.5 变分自编码器在语言生成任务上的应用实例

变分自编码器在语言生成任务上有很多应用，通常用于提升生成文本的类别可控性和多样性。这些应用按是否含有输入条件 C 可分为两类：第 1 类不含输入条件 C，该类任务使用变分自编码器，主要包含语言模型；第 2 类含输入条件 C，该类任务使用条件变分自编码器，主要包括对话生成、机器翻译、摘要生成等。本节主要围绕第 2 类应用，分别针对文本生成的类别可控性和多样性介绍变分自编码器的两个典型应用实例：含类别约束的条件变分自编码器模型和含隐变量序列的条件变分自编码器模型。

5.5.1 含类别约束的条件变分自编码器模型

文本生成的可控性是语言生成领域的重要挑战之一，其通常要求生成的文本满足某种类别约束，如情感极性、句式表达、时态等。下面介绍如何将类别约束引入条件变分自编码器。类别可控的自然语言生成任务定义如下：给定输入条件 C 和输出序列应满足的离散类别 y，输出是符合类别约束且能与输入条件相对应的输出序列 X。该模型的优化目标为条件分布 $P(X|C,y)$，引入隐变量 $\boldsymbol{z}$ 后同样可以将其进行如下分解：

$$P(X|C,y) = \int_{\boldsymbol{z}} p(\boldsymbol{z}|C,y)P(X|\boldsymbol{z},C,y)\mathrm{d}\boldsymbol{z} \tag{5.31}$$

经过和条件变分自编码器类似的推导，可以得到该模型的证据下界：

$$\mathrm{ELBO}(X,C,y;\boldsymbol{\theta},\boldsymbol{\phi},\boldsymbol{\lambda}) = \mathbb{E}_{q_{\boldsymbol{\phi}}(\boldsymbol{z}|X,C,y)}\left[\log P_{\boldsymbol{\theta}}(X|\boldsymbol{z},C,y)\right] - \mathrm{KL}(q_{\boldsymbol{\phi}}(\boldsymbol{z}|X,C,y)||p_{\boldsymbol{\lambda}}(\boldsymbol{z}|C,y)) \tag{5.32}$$

其中，$p_{\boldsymbol{\lambda}}(\boldsymbol{z}|C,y)$ 和 $q_{\boldsymbol{\phi}}(\boldsymbol{z}|X,C,y)$ 分别表示先验网络和识别网络。根据贝叶斯公式，先验网络 $p_{\boldsymbol{\lambda}}(\boldsymbol{z}|C,y)$ 可由两个网络共同实现，即仅以 C 为输入的先验网络 $p_{\boldsymbol{\varphi}}(\boldsymbol{z}|C)$ 和分类器网络 $P_{\boldsymbol{\psi}}(y|\boldsymbol{z},C)$：

$$p_{\boldsymbol{\lambda}}(\boldsymbol{z}|C,y) = \frac{P_{\boldsymbol{\psi}}(y|\boldsymbol{z},C)\cdot p_{\boldsymbol{\varphi}}(\boldsymbol{z}|C)}{P(y)} \tag{5.33}$$

其中，$\boldsymbol{\lambda}=\{\boldsymbol{\psi},\boldsymbol{\varphi}\}$。将上式代入证据下界，并忽略其中不含参数的项 (不含参数的项对优化过程无影响)，经整理即可得到该模型的证据下界：

$$\begin{aligned}\text{ELBO}(X,C,y;\boldsymbol{\theta},\boldsymbol{\phi},\boldsymbol{\varphi},\boldsymbol{\psi}) =&\mathbb{E}_{q_{\boldsymbol{\phi}}(\boldsymbol{z}|C,X,y)}\left[\log P_{\boldsymbol{\theta}}(X|\boldsymbol{z},C,y)\right]-\text{KL}\left(q_{\boldsymbol{\phi}}(\boldsymbol{z}|X,C,y)||p_{\boldsymbol{\varphi}}(\boldsymbol{z}|C)\right)\\&+\mathbb{E}_{q_{\boldsymbol{\phi}}(\boldsymbol{z}|C,X,y)}\left[\log P_{\boldsymbol{\psi}}(y|\boldsymbol{z},C)\right]\end{aligned} \tag{5.34}$$

和传统的条件变分自编码器相比，该模型的证据下界除重构损失项 $\mathbb{E}_{q_{\boldsymbol{\phi}}(\boldsymbol{z}|C,X,y)}$ $[\log P_{\boldsymbol{\theta}}(X|\boldsymbol{z},C,y)]$ 和 $\text{KL}\left(q_{\boldsymbol{\phi}}(\boldsymbol{z}|X,C,y)||p_{\boldsymbol{\varphi}}(\boldsymbol{z}|C)\right)$ 外，还有分类的交叉熵 $\mathbb{E}_{q_{\boldsymbol{\phi}}(\boldsymbol{z}|C,X,y)}$ $[\log P_{\boldsymbol{\psi}}(y|\boldsymbol{z},C)]$。因此，该模型除了在条件变分自编码器的结构上引入类别约束 y 的信息，还需要增加一个以隐变量 $\boldsymbol{z}$ 和输入条件 C 为输入的分类器。

含类别约束的条件变分自编码器模型框架如图 5.5 所示。

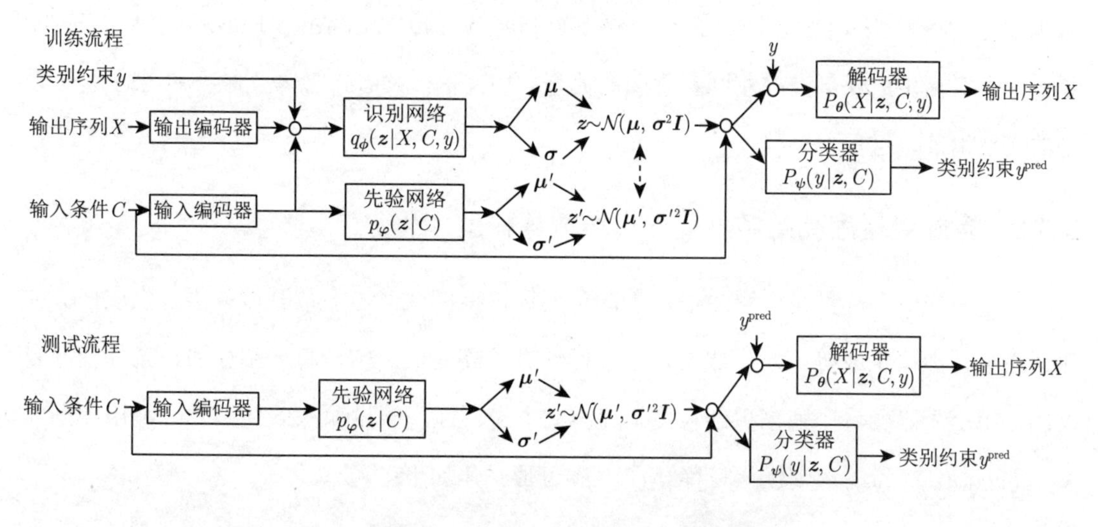

图 5.5　含类别约束的条件变分自编码器模型框架

在训练阶段，模型除编码输入条件 C 和输出序列 X 外，还需加入类别约束 y 的信息，并通过先验网络和识别网络获得隐变量的先验分布参数 $(\boldsymbol{\mu}',\boldsymbol{\sigma}'^2)$ 和近似后验分布参数 $(\boldsymbol{\mu},\boldsymbol{\sigma}^2)$：

$$\begin{aligned}[\boldsymbol{\mu}',\boldsymbol{\sigma}'^2]&=\text{MLP}_{\text{prior}}(\text{Encoder}_{\text{in}}(C))\\[\boldsymbol{\mu},\boldsymbol{\sigma}^2]&=\text{MLP}_{\text{recog}}(\text{Encoder}_{\text{out}}(X)\oplus\text{Encoder}_{\text{in}}(C)\oplus\boldsymbol{e}(y))\end{aligned} \tag{5.35}$$

其中，$\text{MLP}_{\text{prior}}$、$\text{MLP}_{\text{recog}}$、$\text{Encoder}_{\text{in}}$ 和 $\text{Encoder}_{\text{out}}$ 与前述含义相同，$\boldsymbol{e}(y)$ 表示类别约

束的嵌入向量，是可学习的参数。然后从后验分布中采样得到隐变量 $\boldsymbol{z} \sim \mathcal{N}(\boldsymbol{\mu}, \boldsymbol{\sigma}^2\boldsymbol{I})$，并和输入条件 C 一起被送至分类器以预测类别 y，分类器的结构可采用 MLP，即

$$y^{\text{pred}} = \text{MLP}_{\text{cls}}(\boldsymbol{z} \oplus \text{Encoder}_{\text{in}}(C)) \tag{5.36}$$

同时，隐变量 $\boldsymbol{z}$ 和输入条件 C、类别约束 y 一起被送至解码器以生成输出序列 X。

在测试阶段，输入编码器直接编码输入条件 C，通过先验网络得到先验分布的参数 $(\boldsymbol{\mu}', \boldsymbol{\sigma}'^2)$，并从中采样得到隐变量 $\boldsymbol{z}'$。首先将 $\boldsymbol{z}'$ 和输入条件 C 送至分类器，得到预测的类别 y^{pred}，然后将 $\boldsymbol{z}'$、C 和 y^{pred} 送至解码器生成相应的输出序列 X'。

此模型框架在对话生成任务中有广泛的应用，因为对话系统中对机器生成的回复通常会有情感极性、句式表达、意图等类别约束的要求，如要求机器生成正向情感的回复等。其中，知识引导的条件变分自编码器 (Knowledge-guided Variational Auto-Encoder，KgCVAE) 是一个在对话生成任务上控制回复意图的典型应用案例，读者可参考文献 [38] 来了解该模型的实现细节，这里不再赘述。

5.5.2 含隐变量序列的条件变分自编码器模型

文本生成的多样性是语言生成质量的重要评价指标之一，多数开放端语言生成任务如对话生成、故事生成等都对生成文本的多样性有较高要求。本节将介绍如何在条件变分自编码器中引入隐变量序列来更细粒度地建模文本多样性。假设输入条件为 C，输出序列为 $X = (x_1, x_2, \cdots, x_n)$，则优化目标 $P(X|C)$ 可形式化如下：

$$P(X|C) = \prod_{i=1}^{n} P(x_i|X_{<i}, C) \tag{5.37}$$

传统的变分自编码器引入单个隐变量对优化目标 $P(X|C)$ 进行分解，仅能捕捉到句子级的多样性。为了使模型能够捕捉到更细粒度的词级别多样性，该模型引入隐变量序列 $\boldsymbol{Z} = (\boldsymbol{z}_0, \boldsymbol{z}_1, \cdots, \boldsymbol{z}_n)$，对 $P(X|C)$ 进行如下分解：

$$P(X|C) = \int_{\boldsymbol{Z}} \prod_{i=1}^{n} p_{\boldsymbol{\varphi}}(\boldsymbol{z}_i|\boldsymbol{Z}_{<i}, X_{<i}, C) P_{\boldsymbol{\theta}}(x_i|\boldsymbol{Z}_{\leqslant i}, X_{<i}, C)\text{d}\boldsymbol{Z} \tag{5.38}$$

其中，$\boldsymbol{Z}_{<i} = (\boldsymbol{z}_0, \boldsymbol{z}_1, \cdots, \boldsymbol{z}_{i-1})$，$\boldsymbol{Z}_{\leqslant i} = (\boldsymbol{z}_0, \boldsymbol{z}_1, \cdots, \boldsymbol{z}_i)$，$X_{<i}$ 同理。由于隐变量序列 $\boldsymbol{Z}$ 的真实后验分布 $p(\boldsymbol{Z}|X, C)$ 难以获取，所以含隐变量序列的变分自编码器模型引入变分分布

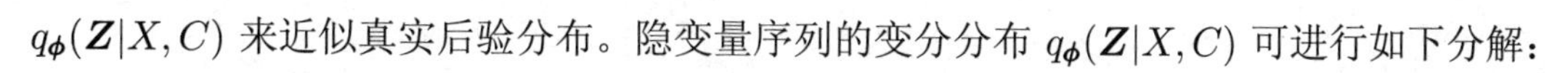

$q_{\boldsymbol{\phi}}(\boldsymbol{Z}|X,C)$ 来近似真实后验分布。隐变量序列的变分分布 $q_{\boldsymbol{\phi}}(\boldsymbol{Z}|X,C)$ 可进行如下分解：

$$q_{\boldsymbol{\phi}}(\boldsymbol{Z}|X,C)=q_{\boldsymbol{\phi}}(\boldsymbol{z}_0|X,C)\prod_{i=1}^{n}q_{\boldsymbol{\phi}}(\boldsymbol{z}_i|\boldsymbol{Z}_{<i},X,C) \tag{5.39}$$

此时，含隐变量序列的条件变分自编码器模型的证据下界可以写为嵌套的形式：

$$\mathrm{ELBO}(X,C;\boldsymbol{\theta},\boldsymbol{\phi},\boldsymbol{\varphi})=\sum_{i=1}^{n}\mathbb{E}_{q_{\boldsymbol{\phi}}(\boldsymbol{Z}_{<i}|X,C)}[\mathrm{ELBO}_i] \tag{5.40}$$

其中，证据下界中每一项 ELBO_i 可由下式计算得到：

$$\begin{aligned}\mathrm{ELBO}_i=&\ \mathbb{E}_{q_{\boldsymbol{\phi}}(\boldsymbol{z}_i|\boldsymbol{Z}_{<i},X,C)}\left[\log P_{\boldsymbol{\theta}}(X_i|X_{<i},\boldsymbol{Z}_{\leqslant i},C)\right]\\&-\mathrm{KL}(q_{\boldsymbol{\phi}}(\boldsymbol{z}_i|\boldsymbol{Z}_{<i},X,C)||p_{\boldsymbol{\varphi}}(\boldsymbol{z}_i|X_{<i},\boldsymbol{Z}_{<i},C))\end{aligned} \tag{5.41}$$

含隐变量序列的条件变分自编码器模型框架如图 5.6 所示。该模型和传统的条件变分自编码器相比有两点不同：一是由于引入了隐变量序列，所以在每个生成时刻都需要通过先验网络或识别网络计算当前时刻隐变量的先验分布或后验分布；二是隐变量的近似后验分布 $q_{\boldsymbol{\phi}}(\boldsymbol{z}_i|\boldsymbol{Z}_{<i},X,C)$ 的条件中含有 X，即每个生成时刻的近似后验分布均需要以整个输出序列 X 的信息作为输入，因此该模型增加了反向的输出解码器来保证每个隐变量的近似后验分布均包含整个输出序列的信息。

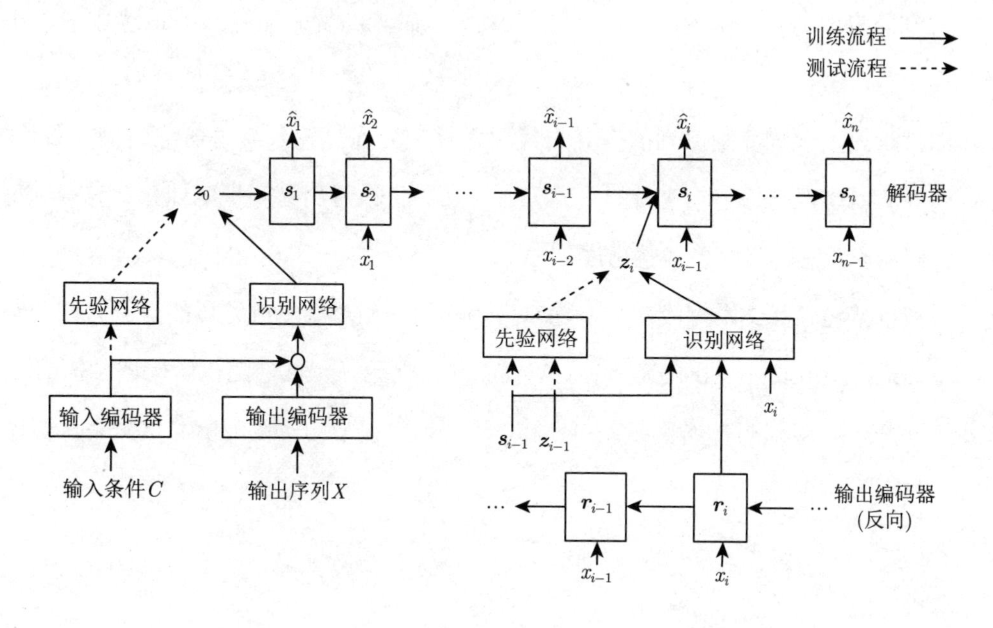

图 5.6　含隐变量序列的条件变分自编码器模型框架

训练过程中，模型先通过输入编码器和输出编码器分别编码输入条件 C 和输出序列 X，并通过先验网络和识别网络来获取隐变量序列中的初始隐变量 $\boldsymbol{z}_0$ 的先验分布参数 $(\boldsymbol{\mu}_0', \boldsymbol{\sigma}_0'^2)$ 和近似后验分布参数 $(\boldsymbol{\mu}_0, \boldsymbol{\sigma}_0^2)$：

$$[\boldsymbol{\mu}_0', \boldsymbol{\sigma}_0'^2] = \text{MLP}_{\text{prior}}(\text{Encoder}_{\text{in}}(C)) \tag{5.42}$$

$$[\boldsymbol{\mu}_0, \boldsymbol{\sigma}_0^2] = \text{MLP}_{\text{recog}}(\text{Encoder}_{\text{in}}(C) \oplus \text{Encoder}_{\text{out}}(X)) \tag{5.43}$$

其中，$\text{MLP}_{\text{prior}}$ 和 $\text{MLP}_{\text{recog}}$ 分别表示以 MLP 为网络结构的先验网络和识别网络。然后模型从近似后验分布中采样得到隐变量 $\boldsymbol{z}_0 \sim \mathcal{N}(\boldsymbol{\mu}_0, \boldsymbol{\sigma}_0^2 \boldsymbol{I})$。假设解码器在第 $i(1 \leqslant i \leqslant n)$ 个时刻的隐状态为 $\boldsymbol{s}_i$，则可以利用先验网络和识别网络得到隐变量 $\boldsymbol{z}_i$ 的先验分布参数 $(\boldsymbol{\mu}_i', \boldsymbol{\sigma}_i'^2)$ 和近似后验分布参数 $(\boldsymbol{\mu}_i, \boldsymbol{\sigma}_i^2)$：

$$[\boldsymbol{\mu}_i', \boldsymbol{\sigma}_i'^2] = \text{MLP}_{\text{prior}}(\boldsymbol{s}_{i-1} \oplus \boldsymbol{z}_{i-1}) \tag{5.44}$$

$$[\boldsymbol{\mu}_i, \boldsymbol{\sigma}_i^2] = \text{MLP}_{\text{recog}}(\boldsymbol{s}_{i-1} \oplus \boldsymbol{z}_{i-1} \oplus \boldsymbol{r}_i \oplus \boldsymbol{e}(x_i)) \tag{5.45}$$

其中，$\boldsymbol{r}_i$ 是由输出序列的反向 RNN 编码器在第 i 个时刻得到的隐状态，这里引入 $\boldsymbol{r}_i$ 是为了在后验分布 $q_{\boldsymbol{\phi}}(\boldsymbol{Z}|X, C)$ 中编码整个序列的信息。因此，模型可以从近似后验分布中采样得到隐变量 $\boldsymbol{z}_i \sim \mathcal{N}(\boldsymbol{\mu}_i, \boldsymbol{\sigma}_i^2 \boldsymbol{I})$，并作为下一时刻的解码器输入，最终生成输出序列 X。

在测试阶段，含隐变量序列的变分自编码器模型先通过输入编码器编码输入条件 C，然后利用先验网络得到每个隐变量的先验分布，从中采样得到隐变量序列并计算得到每个时刻的解码器隐状态，最终生成输出序列 X。

此模型框架在各类文本生成任务中均有应用实例，如对话生成领域的变分自回归解码器 (Variational Autoregressive Decoder, VAD) 和机器翻译领域的随机解码器 (Stochastic Decoder, SDEC)。读者可参考文献 [39]、[40] 了解这些模型的实现细节，这里不再赘述。

5.6 主要问题及解决方案

5.6.1 隐变量消失

尽管变分自编码器已广泛应用于各类语言生成任务，但其训练过程仍存在明显的隐变量消失问题。根据前文的推导，变分自编码器的训练目标是最大化证据下界，即

$$\mathrm{ELBO}(X;\boldsymbol{\theta},\boldsymbol{\phi}) = \mathbb{E}_{q_{\boldsymbol{\phi}}(\boldsymbol{z}|X)}\left[\log P_{\boldsymbol{\theta}}(X|\boldsymbol{z})\right] - \mathrm{KL}(q_{\boldsymbol{\phi}}(\boldsymbol{z}|X)||p(\boldsymbol{z})) \tag{5.46}$$

在训练过程中，模型倾向于忽略隐变量对生成结果的影响，此时，

$$\mathrm{KL}(q_{\boldsymbol{\phi}}(\boldsymbol{z}|X)||p(\boldsymbol{z})) \approx 0 \tag{5.47}$$

变分自编码器会退化至普通的语言模型，隐变量与生成文本无关，失去了对生成文本的控制作用。研究者尝试从以下 4 个方面探讨解决该问题的方案。

1. 修正 KL 项的系数

为避免训练过程中 KL 项迅速降为 0，可将 KL 项的系数从 0 开始逐渐增加至 1，即

$$\begin{gathered}\mathrm{ELBO}'(X;\boldsymbol{\theta},\boldsymbol{\phi}) = \mathbb{E}_{q_{\boldsymbol{\phi}}(\boldsymbol{z}|X)}\left[\log P_{\boldsymbol{\theta}}(X|\boldsymbol{z})\right] - \alpha\mathrm{KL}(q_{\boldsymbol{\phi}}(\boldsymbol{z}|X)||p(\boldsymbol{z})) \\ \alpha : 0 \to 1\end{gathered} \tag{5.48}$$

这种方法称为 KL 退火 (KL Annealing)。该方法通过调整 KL 项的系数，延缓了 KL 项减小的速度，从而缓解了隐变量消失的问题。

2. 修改损失函数

为增强隐变量对生成结果的控制作用，使其编码更多关于文本的信息，可在证据下界后添加额外的损失函数以约束隐变量和生成结果的关系。一种比较直接的方式是添加词袋损失函数 (Bag-of-word Loss)[38]，即

$$\mathcal{L}'(X;\boldsymbol{\theta},\boldsymbol{\phi},\boldsymbol{\lambda}) = -\mathrm{ELBO}(X;\boldsymbol{\theta},\boldsymbol{\phi}) - \mathbb{E}_{q_{\boldsymbol{\phi}}(\boldsymbol{z}|X)}\left[\log p_{\boldsymbol{\lambda}}(X_{\mathrm{bow}}|\boldsymbol{z})\right] \tag{5.49}$$

其中，X_{bow} 是文本的词袋表示，由隐变量预测文本词袋表示的预测网络 $p_{\boldsymbol{\lambda}}(X_{\text{bow}}|\boldsymbol{z})$ 可选择 MLP，计算方式如下：

$$\boldsymbol{f} = \text{MLP}_{\boldsymbol{\lambda}}(\boldsymbol{z}) \in \mathbb{R}^{|\mathcal{V}|} \tag{5.50}$$

$$p_{\boldsymbol{\lambda}}(X_{\text{bow}}|\boldsymbol{z}) = \prod_{t=1}^{|X|} \frac{\exp(f_{x_t})}{\sum_{j=1}^{|\mathcal{V}|} \exp(f_j)} \tag{5.51}$$

其中，$\boldsymbol{f}$ 是 MLP 的输出向量，维数和词表大小 $|\mathcal{V}|$ 相同；f_j 表示向量 $\boldsymbol{f}$ 中词 j 对应的一维数值。这个额外的损失函数项会迫使隐变量编码输入文本的信息，从而避免出现隐变量消失的问题。

3. 更换隐变量分布

由于正态分布对真实文本数据的刻画能力有限，所以符合正态分布假设的隐变量难以编码文本中的信息，从而使训练过程中解码器容易忽略隐变量的控制作用。为解决此问题，可以将隐变量的先验/近似后验分布换成更复杂的概率分布，如 von Mises-Fisher(vMF) 分布[41]：

$$\boldsymbol{z} \sim \text{vMF}(\boldsymbol{\mu}, \kappa) \tag{5.52}$$

vMF 分布是仅在球面 $||\boldsymbol{x}|| = 1$ 上的分布，其概率密度函数如下：

$$f(\boldsymbol{x}; \boldsymbol{\mu}, \kappa) = \frac{\kappa^{d/2-1}}{(2\pi)^{d/2} I_{d/2-1}(\kappa)} \exp(\kappa \boldsymbol{\mu}^{\text{T}} \boldsymbol{x}) \tag{5.53}$$

其中，$\boldsymbol{\mu} \in \mathbb{R}^d$ 和 $\kappa \in [0, +\infty)$ 是 vMF 分布的参数，d 为随机变量维数。

图 5.7 所示为 vMF 分布在二维平面 $(d = 2)$ 的示意图，可以认为 vMF 分布是正态分布在圆上的拓展，其参数 $\boldsymbol{\mu}$ 表示正态分布的均值方向，κ 决定了正态分布的方差。

假设隐变量的先验分布是固定参数 $\kappa = 0$ 的 vMF 分布 $\boldsymbol{z} \sim \text{vMF}(\cdot, 0)$，先验分布的参数 $\boldsymbol{\mu}$ 可以任意取值 (用点表示)，近似后验分布则符合含参的 vMF 分布 $\boldsymbol{z} \sim \text{vMF}(\boldsymbol{\mu}, \kappa)$，则证据下界中的 KL 项可由下式计算：

$$\text{KL}(\text{vMF}(\boldsymbol{\mu}, \kappa)||\text{vMF}(\cdot, 0)) = \kappa \frac{I_{d/2}(\kappa)}{I_{d/2-1}(\kappa)} + \left(\frac{d}{2} - 1\right) \log \kappa - \frac{d}{2} \log(2\pi)$$

$$-\log I_{d/2-1}(\kappa)+\frac{d}{2}\log\pi+\log 2-\log\Gamma\left(\frac{d}{2}\right) \tag{5.54}$$

其中，I_k 是 k 阶第一类 Bessel 函数，Γ 是 Gamma 函数。从 KL 项的解析式中可以看出，隐变量分布为 vMF 分布时，KL 项只和分布中的参数 κ 有关。在实际使用中，κ 一般预先设定好，在训练过程中保持不变，因此 KL 项也为定值，从而避免了隐变量消失的问题。

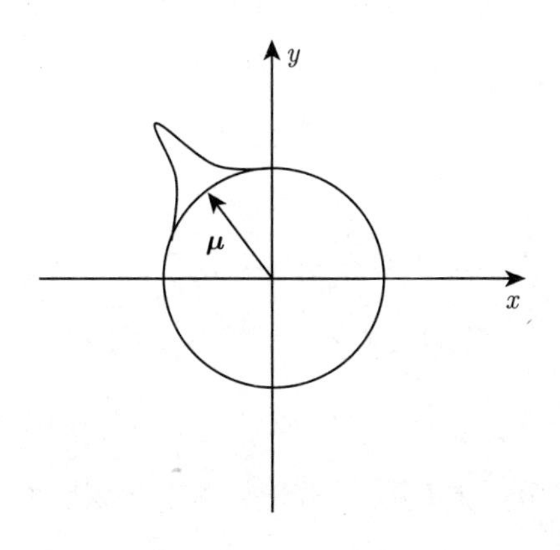

图 5.7　vMF 分布在二维平面的示意图

4. 优化模型结构

隐变量消失还和语言生成模型中解码器的拟合能力有关。和图像中常见的解码器 (如 CNN) 相比，语言生成中常用的解码器 (如 RNN、Transformer) 的拟合能力较强，因此生成过程中容易忽略隐变量的影响，使得隐变量无法编码到文本的信息。为适当削弱解码器的拟合能力以解决隐变量消失的问题，可以使用除 RNN、Transformer 外的其他网络结构作为解码器，如 CNN[42]。

5.6.2　可解释性增强

现有的变分自编码器模型多采用连续隐变量，可解释性较差。考虑到文本本身具有分类属性 (如对话中的回复属于不同的对话意图类别)，研究者提出将隐变量的分布由连续分布修改为离散分布，从而增强模型的可解释性。假设隐变量 $\boldsymbol{z}$ 服从参数为 K 的类别分布 (Categorical Distribution)，即 $\boldsymbol{z}\sim\mathrm{Cat}(P_1,P_2,\cdots,P_K)$，采样得到的 $\boldsymbol{z}$ 是一个 K 维的独

热 (onehot) 向量，其中只有一个维度的值为 1，其余均为 0，且满足：

$$\sum_{i=1}^{K} P_i = 1,\ \forall P_i \geqslant 0 \tag{5.55}$$

$$P(\boldsymbol{z}_i = 1) = P_i,\ 1 \leqslant i \leqslant K \tag{5.56}$$

在优化过程中，由于隐变量的概率分布由连续的正态分布变为离散的类别分布，所以训练算法中 KL 项的计算和重参数化过程会发生如下变化。

1. KL 项计算

由于隐变量的分布由正态分布变为类别分布，使用公式 (5.10) 或公式 (5.21) 计算证据下界时，KL 项计算的公式也需要重新推导。这里以条件变分自编码器的 KL 项计算为例，假设隐变量的先验分布 $P_{\boldsymbol{\varphi}}(\boldsymbol{z}|C) = \mathrm{Cat}(P'_1, \cdots, P'_K)$，近似后验分布 $Q_{\boldsymbol{\phi}}(\boldsymbol{z}|X, C) = \mathrm{Cat}(P_1, \cdots, P_K)$，其中类别分布的参数可由先验网络和识别网络计算：

$$[P'_1, \cdots, P'_K] = \mathrm{softmax}(\mathrm{MLP}_{\mathrm{prior}}(\mathrm{Encoder}_{\mathrm{in}}(C))) \tag{5.57}$$

$$[P_1, \cdots, P_K] = \mathrm{softmax}(\mathrm{MLP}_{\mathrm{recog}}(\mathrm{Encoder}_{\mathrm{out}}(X) \oplus \mathrm{Encoder}_{\mathrm{in}}(C))) \tag{5.58}$$

上述计算过程中使用的 softmax 函数是为了使类别分布的参数满足归一化条件。根据离散分布 KL 散度的定义式可得：

$$\mathrm{KL}(Q_{\boldsymbol{\phi}}(\boldsymbol{z}|X, C)||P_{\boldsymbol{\varphi}}(\boldsymbol{z}|C)) = \sum_{i=1}^{K} P_i \log \frac{P_i}{P'_i} \tag{5.59}$$

该结果可替代公式 (5.23) 中关于正态分布之间 KL 散度的推导结果，代入条件变分自编码器的证据下界公式以计算损失函数。

2. 重参数化方法

重参数化方法用于解决采样带来的梯度回传问题。和 5.2节介绍的正态分布的重参数化方法不同，从类别分布中采样隐变量 $\boldsymbol{z} \sim \mathrm{Cat}(P_1, \cdots, P_K)$ 可使用 Gumbel-softmax 进行重参数化。Gumbel-softmax 方法首先定义 $\mathbb{R}$ 上的 Gumbel 分布 $p(g)$，其概率密度函数为

$$p(g) = \exp(-g - \exp(-g)) \tag{5.60}$$

然后引入 Gumbel 分布将采样过程 $\boldsymbol{z} \sim \text{Cat}(P_1, \cdots, P_K)$ 改写为如下表达式：

$$\boldsymbol{z} = \text{onehot}(\underset{1 \leqslant i \leqslant K}{\text{argmax}}(\log P_i + g_i)) \tag{5.61}$$

其中，g_i 是从 Gumbel 分布 $p(g)$ 中采样得到的样本①，$\text{onehot}(i)$ 表示将整数 i 转化为 K 维的独热向量，且第 i 维的值是 1，其余维的值均为 0。文献[43] 已证明，按上式得到的 $\boldsymbol{z}$ 的分布恰好等于原类别分布 $\text{Cat}(P_1, \cdots, P_K)$。由于 argmax 操作仍然无法回传梯度，所以 Gumbel-softmax 方法使用 softmax 函数来近似 argmax 操作，将上式的计算过程转化为利用 softmax 函数分别求 $\boldsymbol{z}$ 中每一维的值：

$$z_i = \text{softmax}((\log \boldsymbol{P} + \boldsymbol{g})/\tau)|_i = \frac{\exp((\log(P_i) + g_i)/\tau)}{\sum\limits_{j=1}^{K} \exp((\log(P_j) + g_j)/\tau)} \tag{5.62}$$

其中，$\boldsymbol{P} = [P_1, P_2, \cdots, P_K]$, $\boldsymbol{g} = [g_1, g_2, \cdots, g_K]$, τ 为采样温度。当 $\tau \to 0$ 时，

$$\text{softmax}((\log \boldsymbol{P} + \boldsymbol{g})/\tau) \to \text{onehot}(\underset{1 \leqslant i \leqslant K}{\text{argmax}}(\log P_i + g_i)) \tag{5.63}$$

公式 (5.62) 得到的采样结果 $\boldsymbol{z}$ 并不是严格的表示其所属类别的独热向量，这是因为计算过程中采用了 softmax 作为 argmax 的近似。整个重参数化过程引入了 Gumbel 分布和 softmax 近似，最终使用了连续的向量 $\boldsymbol{z}$ 近似代替原有独热向量，使得梯度能够正常回传。

和连续隐变量相比，离散隐变量能够直观地反映出文本所属的类别，因此有效提升了模型的可解释性。目前已有一些工作利用含离散隐变量的变分自编码器来解决文本生成任务，如对话生成[44]，读者可参考相关文献以了解模型的实现细节。

5.7　本章小结

本章首先介绍了自编码器和变分自编码器的差别，然后从变分自编码器入手，推导了该类模型的基本原理，详细介绍了模型的组成部分 (包括编码器和解码器) 及其训练和测试

① 采样过程分为两步：(1) 在区间 [0,1] 上按均匀分布采样 $u_i \sim \text{Uniform}(0, 1)$；(2) 计算 $g_i = -\log(-\log(u_i))$。可以证明采样得到的 g_i 符合 Gumbel 分布。

的实现细节。以变分自编码器为基础，本章还介绍了常见的变种模型之一——条件变分自编码器。条件变分自编码器由于引入了输入条件，所以先验网络、识别网络等模块的实现都和传统的变分自编码器不同。针对变分自编码器将隐变量引入解码过程的方式，本章总结了含隐变量的解码器的常见设计方案。

在完成基础内容的梳理后，本章介绍了变分自编码器在语言生成任务中的两个典型应用实例，即含类别约束的条件变分自编码器模型和含隐变量序列的条件变分自编码器模型。第一个应用将类别约束引入条件变分自编码器的框架中，并设计了含分类器的模型框架来求解问题；第二个应用则引入隐变量序列来更细粒度地解决文本生成的多样性问题。本章最后分析了目前变分自编码器在文本生成任务上面临的主要问题，包括隐变量消失和可解释性增强问题，并给出了现有的解决方法。

总体来说，变分自编码器模型可以提升生成文本的多样性和类别可控性，已经在各类语言生成任务 (如对话生成、机器翻译、诗歌生成等) 上取得了较好的效果。

第 6 章　基于生成式对抗网络的语言生成模型

在前几章介绍的方法中，语言生成模型通常显式地建模生成句子的概率似然，并且尝试通过最大化似然函数的方法 (即最大似然准则) 对模型进行优化。生成式对抗网络 (Generative Adversarial Networks，GAN)[45] 采用一种截然不同的训练方式：模型分为判别网络和生成网络两个目标相反的网络，训练过程视为两个网络之间的博弈过程，训练的目标是希望达到纳什均衡的状态。判别网络尝试区分生成的样本和数据集中的真实样本，生成网络尽量生成逼真的样本去欺骗判别网络。通过两者的对抗行为，判别网络不断地提高辨别水平，而生成网络能够生成更加真实的句子。

本章将介绍生成式对抗网络的语言生成方法。首先，引入生成式对抗网络的背景；然后，介绍生成式对抗网络的基本原理和算法框架，并论述对抗生成方法的优点和优化中的问题；接着，本书将介绍几种不同的生成式对抗模型，并说明各自的优势和不足；最后，进行总结并预测生成式对抗网络未来的发展趋势。

6.1　生成式对抗网络的背景

生成式对抗网络是一种全新的语言生成模型，其主要特点在于抛弃了常用的最大似然估计方法，转而使用了对抗训练进行优化。在详细介绍生成式对抗网络之前，需要先回顾一下最大似然估计方法在语言生成中的特点。在前几章的介绍中，最大似然估计被广泛应用于各种语言生成模型的优化。这种优化方法直接而有效：只要模型能够显式地建模句子的似然概率，一般都能通过梯度下降法简单地进行优化，不需要复杂的算法设计；训练过程稳定，收敛较快，生成结果也比较稳定。但是，在语言生成上，使用最大似然估计优化

自回归 (Autoregressive) 模型[①]存在以下几个问题。

第一个问题称为暴露偏差 (Exposure Bias) 问题，这个问题在第 3 章中已经有所提及。在自回归模型最大化似然函数的训练过程中，模型输入真实句子的前缀，并预测下一个词可能的分布，这种模式称为教师强制 (Teacher-forcing) 模式。但在真正生成句子时，模型需要读入之前生成的词，再预测下一个词，这种模式称为自由运行 (Free-run) 模式。可以注意到，模型在两种模式下的输入分布并不一致，特别是当模型生成的句子较长时，输入的偏差可能会随着句子长度积累，这导致模型在自由运行模式下的性能与教师强制模式下的性能存在一定差距。研究者们尝试了不同方式对模型进行改进，期望解决暴露偏差问题。但在最大似然估计准则下训练的自回归模型中，暴露偏差带来的影响只能减轻，而无法从根本上避免。

第二个问题来自最大似然估计中的目标函数，该目标与 KL 散度 (Kullback-Leibler Divergence) 紧密相关，是两个分布之间差距的一种度量方式。记真实的文本分布为 P_{real}，模型生成的文本分布为 P_{G}，文本为 X，则

$$\mathrm{KL}(P_{\text{real}}||P_{\text{G}}) = \mathbb{E}_{X\sim P_{\text{real}}}\left[\log\frac{P_{\text{real}}(X)}{P_{\text{G}}(X)}\right] \tag{6.1}$$

$$= -\mathbb{E}_{X\sim P_{\text{real}}}[\log P_{\text{G}}(X)] - H(P_{\text{real}}) \tag{6.2}$$

其中，$H(P_{\text{real}})$ 为分布 P_{real} 的熵，其定义为 $-\mathbb{E}_{X\sim P_{\text{real}}}[\log P_{\text{real}}(X)]$，与生成模型无关，可看成常数。因此，最大似然估计实际上等价于最小化真实分布与生成网络分布之间 KL 散度。

注意，KL 散度不具有对称性，其中两个分布的地位也不一致，即 $\mathrm{KL}(P_{\text{real}}||P_{\text{G}}) \neq \mathrm{KL}(P_{\text{G}}||P_{\text{real}})$。下面从两个不同的情况来分析 KL 散度的性质。

若 $P_{\text{real}}(X) > 0$，且 $P_{\text{G}}(X) \to 0$，则 X 是一个真实样本，但模型不能生成该样本。这种情况称为模式丢失 (Mode Dropping)。从公式 (6.1) 可以看出，在模式丢失的情况下，KL 散度趋近于无穷。在图 6.1 中，候选分布 P_{G1} 不能完全覆盖真实分布 P_{real} 阴影部分，最大似然估计会给出巨大的惩罚。

① 自回归模型是指利用概率分解的方式，每次在已知前缀的情况下预测下一个词的模型。除本书第 7 章外，其他章节中使用的生成模型大多为自回归模型。

若 $P_{\mathrm{G}}(X) > 0$，且 $P_{\mathrm{real}}(X) \to 0$，则 X 不是一个真实样本，但模型会以一定概率生成该样本。在这个情况下，公式 (6.1) 中 $\log P_{\mathrm{real}}(X)/P_{\mathrm{G}}(X) \to 0$。也就是说，最大似然估计不会直接惩罚模型生成虚假样本的情况①。从另一个角度说，最大似然估计中没有使用负样本。因此，即使图 6.1 中的候选分布 P_{G2} 有可能生成与真实分布相差较大的样本，模型仍然不会因为生成虚假样本而遭受惩罚。在候选分布 P_{G1} 和 P_{G2} 中，最大似然估计倾向于选择完全覆盖真实分布的 P_{G2} 模型，而不是与真实分布更加“接近”的 P_{G1} 模型。

除了以上介绍的问题，研究者还观察到最大似然估计训练的自回归模型可能会产生退化行为，如生成重复、不终止的句子。虽然这些现象的原因尚未完全研究清楚，但这些现象至少说明了最大似然估计仍有改进的空间。在这样的背景下，生成式对抗网络打开了一个全新的视角。

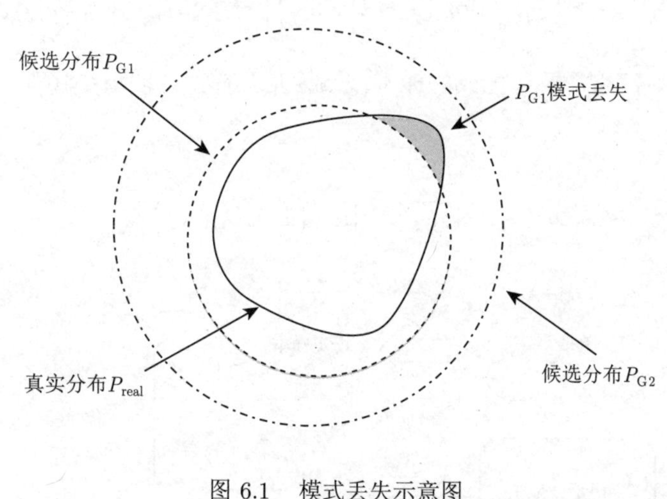

图 6.1　模式丢失示意图

6.2　生成式对抗网络的基本原理

生成式对抗网络最早用于图像的生成[45]。对抗网络的核心思想在于引入两个目标相反的网络：判别网络和生成网络。判别网络尝试区分生成的样本和数据集中的真实样本，生成网络尽量生成真实的样本去欺骗判别网络。可以看出，两者的目标相互对抗。模型训练

① 这部分的讨论目标是分析在理想情况下，优化 KL 散度会产生的行为。该理想情况是指模型能够完全掌握真实样本分布 P_{real}，可以观测到无限的数据。因此，这里的虚假样本指完全不可能出现的非真实样本，而不是未知样本。

算法正是利用两者目标对抗的特性，使两个网络在不断对抗下互相提高性能。理论上可以证明，在理想状态[①]下，算法训练最终达到纳什均衡状态[②]。在该状态下，生成网络所生成的样本分布与数据集分布一致，判别网络将完全无法区分生成网络生成的假样本和数据集中的真样本。

下面将形式化介绍模型的原理。如图 6.2 所示，记生成网络为 $G_{\boldsymbol{\theta}}$，判别网络为 $D_{\boldsymbol{\phi}}$，其中 $\boldsymbol{\theta}, \boldsymbol{\phi}$ 为参数。假设数据集的真实样本 X 服从 $P_{\text{real}}(X)$ 的分布，而生成网络将以 $P_{G_{\boldsymbol{\theta}}}(X)$ 的概率生成假样本 $\hat{X}$。判别网络是一个二分类网络，判定样本 X 为真样本的概率是 $D_{\boldsymbol{\phi}}(X)$，为假样本的概率是 $1-D_{\boldsymbol{\phi}}(X)$。在文本生成问题中，$X$ 和 $\hat{X}$ 均为句子，也就是词的序列。

当 $\boldsymbol{\theta}$ 固定时，判别网络面临一个二分类问题，可以通过最小化交叉熵损失优化参数 $\boldsymbol{\phi}$:

$$\mathcal{L}_D = -\mathbb{E}_{\hat{X}\sim P_{G_{\boldsymbol{\theta}}}}\left[\log\left(1-D_{\boldsymbol{\phi}}(\hat{X})\right)\right] - \mathbb{E}_{X\sim P_{\text{real}}}[\log D_{\boldsymbol{\phi}}(X)] \tag{6.3}$$

当 $\boldsymbol{\phi}$ 固定时，生成网络需要让生成的样本被认为是真样本，即最小化如下目标函数，优化参数 $\boldsymbol{\theta}$:

$$\mathcal{L}_G = \mathbb{E}_{\hat{X}\sim P_{G_{\boldsymbol{\theta}}}}\left[\log\left(1-D_{\boldsymbol{\phi}}(\hat{X})\right)\right] \tag{6.4}$$

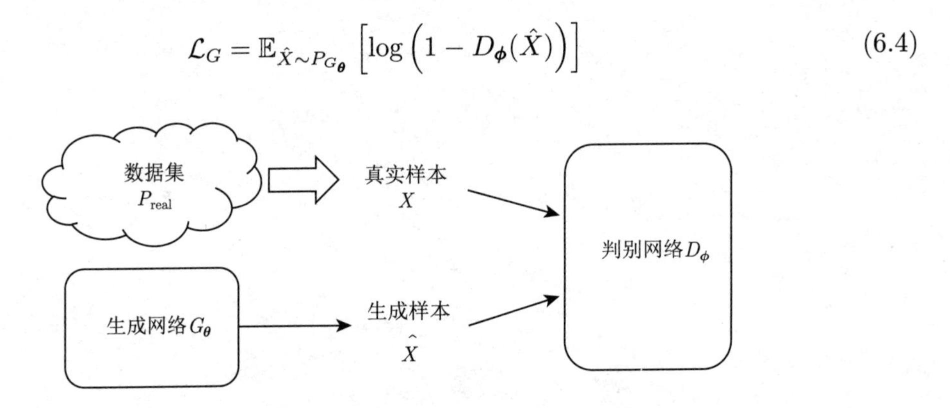

图 6.2　生成式对抗网络框架

综合以上两式，令价值函数

$$V(\boldsymbol{\theta}, \boldsymbol{\phi}) = \mathbb{E}_{\hat{X}\sim P_{G_{\boldsymbol{\theta}}}}\left[\log\left(1-D_{\boldsymbol{\phi}}(\hat{X})\right)\right] + \mathbb{E}_{X\sim P_{\text{real}}}[\log D_{\boldsymbol{\phi}}(X)] \tag{6.5}$$

① 理想状态是：如果生成网络和判别网络具有足够的容量，并且生成网络优化得足够慢，使得判别网络在每一时刻都收敛在最优解。

② 纳什均衡为博弈论中的概念。在对抗博弈中，双方确定策略后，单独一方改变策略无法获得更高收益的情况，称为纳什均衡状态。

通过对公式 (6.3)、公式 (6.4) 的反复迭代，模型期望达到纳什均衡状态：

$$V(\boldsymbol{\theta}^*,\boldsymbol{\phi}^*)=\min_{\boldsymbol{\theta}}\max_{\boldsymbol{\phi}}V(\boldsymbol{\theta},\boldsymbol{\phi}) \tag{6.6}$$

假设 $\boldsymbol{\theta}$ 的更新速率相较 $\boldsymbol{\phi}$ 足够慢，可以推算模型的优化方向。首先固定 $\boldsymbol{\theta}$，只调整 $\boldsymbol{\phi}$，使 $V(\boldsymbol{\theta},\boldsymbol{\phi})$ 达到最大。为了求极值点，将 $D_{\boldsymbol{\phi}}(\hat{X})$ 看成自变量，将公式 (6.5) 对 $D_{\boldsymbol{\phi}}(\hat{X})$ 求导并令导数为 0，可以得到：

$$\mathbb{E}_{\hat{X}\sim P_{G_{\boldsymbol{\theta}}}}\left[\frac{-1}{1-D_{\boldsymbol{\phi}}(\hat{X})}\right]+\mathbb{E}_{X\sim P_{\text{real}}}\left[\frac{1}{D_{\boldsymbol{\phi}}(X)}\right]=0 \tag{6.7}$$

$$\int_X\left[\frac{-P_{G_{\boldsymbol{\theta}}}(X)}{1-D_{\boldsymbol{\phi}}(X)}+\frac{P_{\text{real}}(X)}{D_{\boldsymbol{\phi}}(X)}\right]\mathrm{d}X=0 \tag{6.8}$$

上式成立的充分条件是，对于所有 X：

$$\frac{-P_{G_{\boldsymbol{\theta}}}(X)}{1-D_{\boldsymbol{\phi}}(X)}+\frac{P_{\text{real}}(X)}{D_{\boldsymbol{\phi}}(X)}=0 \tag{6.9}$$

因此，有

$$D_{\boldsymbol{\phi}}(X)=\frac{P_{\text{real}}(X)}{P_{\text{real}}(X)+P_{G_{\boldsymbol{\theta}}}(X)} \tag{6.10}$$

将上式代入公式 (6.5)、公式 (6.6)，可得

$$\begin{aligned}\boldsymbol{\theta}^*&=\min_{\boldsymbol{\theta}}\mathbb{E}_{\hat{X}\sim P_{G_{\boldsymbol{\theta}}}}\left[\log\frac{P_{G_{\boldsymbol{\theta}}}(\hat{X})}{P_{\text{real}}(\hat{X})+P_{G_{\boldsymbol{\theta}}}(\hat{X})}\right]+\mathbb{E}_{X\sim P_{\text{real}}}\left[\log\frac{P_{\text{real}}(X)}{P_{\text{real}}(X)+P_{G_{\boldsymbol{\theta}}}(X)}\right]\\&=\min_{\boldsymbol{\theta}}2\text{JS}(P_{\text{real}}||P_{G_{\boldsymbol{\theta}}})-\log(4)\end{aligned} \tag{6.11}$$

其中，JS 为两个概率分布之间的 JS 散度 (Jensen-Shannon Divergence，詹森—香农散度)，和 KL 散度类似，该散度为度量两个分布差距的另一种方式。对于分布 $P(X)$、$Q(X)$，JS 散度定义为

$$\text{JS}(P||Q)=\frac{1}{2}\text{KL}(P||M)+\frac{1}{2}\text{KL}(Q||M) \tag{6.12}$$

$$M(X)=\frac{P(X)+Q(X)}{2} \tag{6.13}$$

从公式 (6.11) 可以看出，生成式对抗网络的训练目标最优化了真实分布与生成网络分布之间的 JS 散度，即“拉近”了生成样本和真实样本的差距。与 KL 散度不同，JS 散度是对

称的，对模式丢失和生成虚假样本的情况会有合理的惩罚。从理论上分析，JS 散度的对称特性使生成式对抗网络可以提供更好的损失函数，从而能让生成模型以一个更合理的方向逼近至目标分布。

回顾生成式对抗网络的训练过程，可以看到生成器始终使用自由运行模式。这一点是生成式对抗网络与传统最大似然估计优化的重要区别，生成网络在训练和测试阶段使用了同一模式，因此从根本上避免了暴露偏差问题。

6.3 生成式对抗网络的基本结构

本节将介绍生成式对抗网络的基本结构。但在此之前，先形式化地定义真实句子为 $X = (x_1, x_2, \cdots, x_T)$，其中 T 为句子长度，x_t 为句子中的第 t 个词。同理，定义生成句子为 $\hat{X} = (\hat{x}_1, \hat{x}_2, \cdots, \hat{x}_{\hat{T}})$，其中 $\hat{T}$ 为生成句子的长度。

对于判别网络 $D_{\boldsymbol{\phi}}$，句子 X 为真样本的概率是 $D_{\boldsymbol{\phi}}(X)$。网络结构可以采取各种神经网络的分类模型，如 CNN、RNN 或 Transformer。判别网络的优化使用交叉熵损失，即在固定 $\boldsymbol{\theta}$ 的情况下，随机从生成网络中采样句子 $\hat{X}$，从数据集中采样句子 X，最小化

$$\mathcal{L}_{\boldsymbol{\phi}} = -\mathbb{E}_{\hat{X} \sim P_{G_{\boldsymbol{\theta}}}}\left[\log\left(1 - D_{\boldsymbol{\phi}}(\hat{X})\right)\right] - \mathbb{E}_{X \sim P_{\text{real}}}\left[\log D_{\boldsymbol{\phi}}(X)\right] \tag{6.14}$$

为了方便后面的推导[①]，判别网络的输入采用了词的独热向量 (Onehot Vector)，如图 6.3 所示。

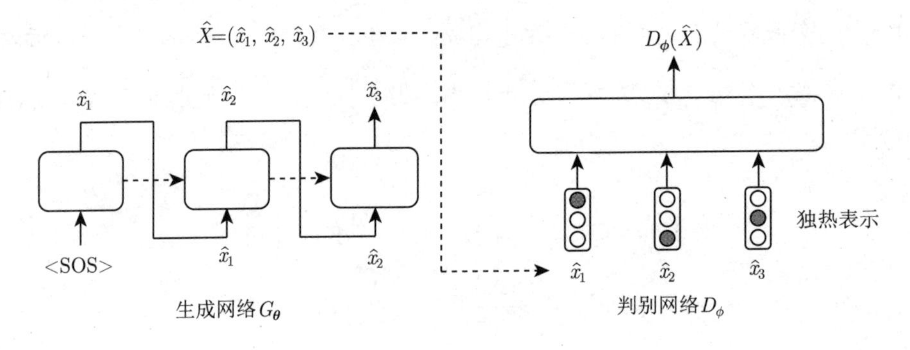

图 6.3　生成式对抗网络的基本结构

① 文本中的词并非连续变量，无法对其求导。

定义 $\textbf{onehot}(\hat{x}_t)$ 是一个长度为 $|\mathcal{V}|$ 的向量，除第 $\hat{x}_t$ 维为 1 外，其余均为 0。该方法与一般的词向量输入实际上是等价的，只需一步转化，即

$$\boldsymbol{e}(\hat{x}_t) = \boldsymbol{E}\ \textbf{onehot}(\hat{x}_t) \tag{6.15}$$

其中，$\boldsymbol{E}$ 为词嵌入矩阵。利用梯度传播算法，对于任意的 t，能够获得 $D_{\boldsymbol{\phi}}(\hat{X})$ 对单词 $\hat{x}_t$ 独热表示的梯度 $\dfrac{\partial D_{\boldsymbol{\phi}}(\hat{X})}{\partial \textbf{onehot}(\hat{x}_t)}$。

对于生成网络 $G_{\boldsymbol{\theta}}$，一般采用自回归的生成模型，即生成网络每次生成下一个词时，都需要输入之前生成的前缀。形式化地说，生成网络在已知句子前 $t-1$ 个词的情况下，预测生成第 t 个词的概率，记为 $P_{G_{\boldsymbol{\theta}}}(\hat{x}_t|\hat{X}_{<t})$，则生成网络生成句子的概率为

$$P_{G_{\boldsymbol{\theta}}}(\hat{X}) = \prod_{t=1}^{\hat{T}} P_{G_{\boldsymbol{\theta}}}(\hat{x}_t|\hat{X}_{<t}) \tag{6.16}$$

生成网络一般采用 RNN，但使用 Transformer 或基于 CNN 的结构也能达到相近的效果。在固定 $\boldsymbol{\phi}$ 的情况下，生成网络随机采样句子 $\hat{X}$，最小化

$$\mathcal{L}_{\boldsymbol{\theta}} = \mathbb{E}_{\hat{X}\sim P_{G_{\boldsymbol{\theta}}}}\left[\log\left(1 - D_{\boldsymbol{\phi}}(\hat{X})\right)\right] \tag{6.17}$$

最终，生成式对抗网络的训练算法框架如算法 6.1 所示。

算法 6.1　生成式对抗网络的训练算法框架

Input:

真实样本分布 P_{real};

随机初始化生成网络 $G_{\boldsymbol{\theta}}$，判别网络 $D_{\boldsymbol{\phi}}$。

Output:

1: **repeat**
2: 　使用 $G_{\boldsymbol{\theta}}$ 采样生成样本 $\hat{X}$
3: 　从数据集中采样真实样本 X
4: 　最小化公式 (6.14) 以优化参数 $\boldsymbol{\phi}$
5: 　最小化公式 (6.17) 以优化参数 $\boldsymbol{\theta}$
6: **until** 达到纳什均衡状态或最大迭代次数

6.4 生成式对抗网络的优化问题

上面介绍了生成式对抗网络的基本结构和训练方法。但实际上，生成式对抗网络在训练中面临较为复杂的优化问题。根据处理方式的不同，可以将现有优化方法分成强化学习方法和近似方法两类。下面详细介绍这两种方法，并介绍相关的典型模型。

对于公式 (6.17)，无法直接使用传统的梯度下降方式进行优化。观察 $\mathcal{L}_{\boldsymbol{\theta}}$ 对 $\boldsymbol{\theta}$ 的导数，根据链式法则，有

$$\frac{\partial}{\partial \boldsymbol{\theta}}\mathcal{L}_{\boldsymbol{\theta}}=\sum_{i=1}^{\hat{T}}\sum_{j=1}^{|\mathcal{V}|}\frac{\partial \mathcal{L}_{\boldsymbol{\theta}}}{\partial\left[\mathbf{onehot}(\hat{x}_i)\right]_j}\frac{\partial\left[\mathbf{onehot}(\hat{x}_i)\right]_j}{\partial \boldsymbol{\theta}} \tag{6.18}$$

其中，$\hat{T}$ 为 $\hat{X}$ 的长度，$|\mathcal{V}|$ 为词表大小，$\left[\mathbf{onehot}(\hat{x}_i)\right]_j$ 是指向量 $\mathbf{onehot}(\hat{x}_i)$ 的第 j 维元素。在上式中，$\dfrac{\partial \mathcal{L}_{\boldsymbol{\theta}}}{\partial\left[\mathbf{onehot}(\hat{x}_i)\right]_j}$ 可求得，但 $\dfrac{\partial\left[\mathbf{onehot}(\hat{x}_i)\right]_j}{\partial \boldsymbol{\theta}}$ 是无法计算的。这是因为 $\hat{x}_i$ 在生成时经历了不可导的采样操作。

因此，为了对公式 (6.17) 进行优化，目前存在两种不同的方法。一种方法不再依赖梯度下降，改为采用强化学习方法进行优化；另一种方法对不可导部分进行近似，并使用近似的梯度进行优化。

6.4.1 使用强化学习方法训练生成式对抗网络

强化学习[46] 是一种不需要梯度的优化方法，该方法通过智能体 (Agent) 在环境 (Environment) 中不断交互纠错，去学习一个能够获得最大奖励 (Reward) 的策略 (Policy)。若将 $P_{G_{\boldsymbol{\theta}}}(\hat{x}_t|\hat{X}_{<t})$ 看成智能体在已生成前 $t-1$ 个词的状态下的策略，将分类器的反馈看成环境对智能体的奖励，记为 $R(\hat{X})=-\log(1-D_{\boldsymbol{\phi}}(\hat{X}))$，则该问题转换成一个强化学习问题。

这里引入了策略梯度 (Policy Gradient) 方法。首先，定义已知前 $t-1$ 个词时，未来期望奖励可以表示为

$$Q(\hat{X}_{<t})=\mathbb{E}_{\hat{x}_t\sim P_{G_{\boldsymbol{\theta}}}(\cdot|\hat{X}_{<t})}\mathbb{E}_{\hat{x}_{t+1}\sim P_{G_{\boldsymbol{\theta}}}(\cdot|\hat{X}_{<t+1})}\cdots\mathbb{E}_{\hat{x}_{\hat{T}}\sim P_{G_{\boldsymbol{\theta}}}(\cdot|\hat{X}_{<\hat{T}})}R(\hat{X})$$

其中，$\hat{T}$ 为句子长度；$\hat{x}_t\sim P_{G_{\boldsymbol{\theta}}}(\cdot|\hat{X}_{<t})$ 是指当生成网络输入前 $t-1$ 个词时，随机采样第 t 个词，并记为 $\hat{x}_t$。上式表示以下情况整句话的奖励的期望：已知输入的前 $t-1$ 个词，之

后使用生成网络随机采样，直至句子结束。定义序列 $\hat{X}_{<t}$ 和词 x' 的连接表示为 $\hat{X}_{<t} \oplus x'$，即 $(\hat{x}_1, \hat{x}_2, \cdots, \hat{x}_{t-1}, x')$，则 $Q(\hat{X}_{<t} \oplus x')$ 是前 $t-1$ 个词为 $\hat{X}_{<t}$、第 t 个词为 x' 时，未来奖励的期望。

在上述定义的基础上，公式 (6.17) 的梯度①等于下式

$$\frac{\partial}{\partial \boldsymbol{\theta}} \mathcal{L}_{\boldsymbol{\theta}} = -\sum_{t=1}^{\hat{T}} \mathbb{E}_{x'_t \sim P_{G_{\boldsymbol{\theta}}}(\cdot|\hat{X}_{<t})} \left[\frac{\partial}{\partial \boldsymbol{\theta}} \left[\log P_{G_{\boldsymbol{\theta}}}(x'_t|\hat{X}_{<t}) \right] Q(\hat{X}_{<t} \oplus x'_t) \right] \tag{6.19}$$

上式可以直观地理解成，对于已经生成的 $\hat{X}$，重新考虑第 t 步。在原来 $\hat{X}$ 中第 t 步生成了 $\hat{x}_t$。如果换一种别的选择，即使用 $x'_t \sim P_{G_{\boldsymbol{\theta}}}(\cdot|\hat{X}_{<t})$，未来的期望奖励就可能发生变化。$Q(\hat{X}_{<t} \oplus x'_t)$ 越大，代表 x'_t 的新选择越优，则越应该增加 $P_{G_{\boldsymbol{\theta}}}(x'_t|\hat{X}_{<t})$。

公式 (6.19) 可以用蒙特卡洛随机采样进行估计，即对于每一个固定前缀，按照生成网络概率进行多次随机采样，计算奖励的均值作为期望的近似。这个方法正是 SeqGAN 模型[48] 所提出的方法。其算法框架如算法 6.2 所示。

算法 6.2 SeqGAN 算法框架。

Input:

真实样本分布 P_{real};

随机初始化生成网络 $G_{\boldsymbol{\theta}}$，判别网络 $D_{\boldsymbol{\phi}}$。

Output:

1: 使用最大似然估计预训练 $G_{\boldsymbol{\theta}}$

2: **repeat**

3: 　使用 $G_{\boldsymbol{\theta}}$ 采样生成假样本 $\hat{X}$, 从数据集采样真实样本 X

4: 　使用公式 (6.14) 更新参数 $\boldsymbol{\phi}$

5: 　使用 $G_{\boldsymbol{\theta}}$ 采样生成样本 $\hat{X} = (\hat{x}_1, \hat{x}_2, \cdots, \hat{x}_{\hat{T}})$

6: 　**for** $t = 1, 2, \cdots, \hat{T}$ **do**

7: 　　从 $P_{G_{\boldsymbol{\theta}}}(\cdot|\hat{X}_{<t})$ 中采样 x'_t，并使用蒙特卡洛随机采样计算 $Q(\hat{X}_{<t} \oplus x'_t)$

8: 　**end for**

9: 　使用公式 (6.19) 更新参数 $\boldsymbol{\theta}$

10: **until** 网络收敛或达到最大迭代次数

① 证明可以参考文献 [47]。

注意，在训练开始时，算法使用了最大似然估计预训练生成网络 $G_{\boldsymbol{\theta}}$。这是因为强化学习算法求得的梯度一般都具有较大的方差，这会导致网络训练的不稳定。在初始化较差时，网络不易收敛。因此，SeqGAN 模型中采用了预训练的方式，即先使用最大似然估计训练模型，使生成网络初始化在收敛目标附近，以增强网络效果。这种预训练方法也被之后的大量工作所采用。

将语言生成问题建模为强化学习的问题，这种想法本身具有开创性，使很多强化学习的方法可以进一步应用到文本生成中。除了解决生成式对抗网络的梯度回传问题，强化学习方法不要求判别网络可导，因此提供了更多奖励函数的选择空间。Lin 等人提出了 RankGAN 模型[49]，它采用了一个排序模型来替代判别网络，其训练目标是对生成网络生成的句子和多个人类写的句子按照真实程度进行排序。而生成网络的目标则是提升生成句子的排名。Fedus 等人提出的 MaskGAN 模型[50] 将生成整个句子的任务变为对句子的填空问题，奖励函数则是对填充后的句子进行评分。这些方法尝试通过针对序列模型或具体任务，设计更加合适的奖励函数，从而增强学习效果。

强化学习方法也有其自身弱点。强化学习算法主要依赖尝试和纠错 (Trial and Error) 进行学习，这导致该算法学习时需要大量的试验来估计正确的奖励期望。同时，语言生成在每一步具有许多可以尝试的选择 (通常是整个词表)，决策空间大，因此引入了较大的梯度方差，导致训练不稳定，难以收敛至较优的结果。

针对这些弱点，不少模型采用了强化学习的经典技巧来减小方差。下面介绍两种最常用的方法。第一种方法称为基线 (Baseline) 技巧，最早来自于 REINFORCE 算法[51]，若将某一动作的奖励减去所有动作奖励的期望，可以在不改变梯度期望的情况下减小梯度方差。第二种方法称为密集奖励 (Dense Reward)，在之前详细介绍的 SeqGAN 模型中已经有所体现。一般来说，判别网络只对整句话提供奖励，即生成网络生成整句话后才能获得奖励。这种奖励称为稀疏奖励，会带来较大的梯度方差，引起训练的不稳定。SeqGAN 模型使用随机采样的方式计算奖励的期望，从而在每个位置都提供了奖励。当然，密集奖励也可以使用其他方法实现，本书不再赘述。

即便如此，使用强化学习方法优化生成式对抗模型仍然会有较大的不稳定性。大部分模型十分依赖预训练，一些实验研究表明，强化学习并不一定会在预训练的基础上带来提升。不过，ScratchGAN 模型[52] 是第一个不依赖预训练的文本生成式对抗模型，它使用了之前提到的基线技巧和密集奖励，并大幅增加了训练时的数据块样本数 (Batch Size)。实验证明，ScratchGAN 模型使用的方法能够有效地降低训练的方差，提升生成质量，但同时增加了模型训练的运算量。

总体来说，强化学习方法虽然在文本的对抗生成上取得了一定的成果，但从目前的结果看，强化学习的高方差带来的不稳定性是目前使用强化学习方法训练生成式对抗网络的重要缺陷，这使生成式对抗网络在语言生成的实际应用上仍面临着较大挑战。

6.4.2　使用近似方法训练生成式对抗网络

前面提到过生成网络无法通过传统的梯度下降法进行优化，这是因为在公式 (6.18) 中存在不可导项 $\dfrac{\partial\left[\mathbf{onehot}(\hat{x}_i)\right]_j}{\partial\boldsymbol{\theta}}$。存在该不可导项有两个原因：第一个在于 $\hat{x}_i$ 的生成过程中存在采样操作，第二个在于文本本身是离散的数据。目前主要有两种近似方法来解决这个问题，分别是 Soft Embedding 技巧和 Gumbel-softmax 技巧。

1. Soft Embedding 技巧

Soft Embedding 技巧放弃了采样操作，并且使用词的分布来替代词这种离散数据。具体来说，对原有的生成，采样过程如下：

$$\hat{x}_t \sim P_{G_{\boldsymbol{\theta}}}(\cdot|\hat{X}_{<t}) \tag{6.20}$$

使用 Soft Embedding 技巧后，采样过程被替换为一个不需要采样的形式：

$$\hat{\boldsymbol{p}}_{\boldsymbol{t}} = P_{G_{\boldsymbol{\theta}}}(\cdot|\hat{\boldsymbol{P}}_{<t}) \tag{6.21}$$

其中，$\hat{\boldsymbol{p}}_{\boldsymbol{t}} \in \mathbb{R}^{|\mathcal{V}|}$，是词表上概率分布的表示；$\hat{\boldsymbol{P}}_{<t} = (\hat{\boldsymbol{p}}_{\boldsymbol{1}}, \hat{\boldsymbol{p}}_{\boldsymbol{2}}, \cdots, \hat{\boldsymbol{p}}_{\boldsymbol{t-1}})$。模型生成和输入的前缀均不再使用离散的词，而直接使用了概率分布。在实际结构中，生成网络中输入的词向量使用以下近似：

$$\boldsymbol{e}(\hat{x}_i) \approx \boldsymbol{E}\hat{\boldsymbol{p}}_{\boldsymbol{t}} \tag{6.22}$$

其中，词向量矩阵 $\boldsymbol{E} \in \mathbb{R}^{d_w \times |\mathcal{V}|}$，$d_w$ 为词向量维数。回顾图 6.3，判别网络输入的独热向量使用以下近似：

$$\textbf{onehot}(\hat{x}_t) \approx \hat{\boldsymbol{p}}_{\boldsymbol{t}} \tag{6.23}$$

通过以上近似，整个模型中不再引入不可导的文本数据，转而使用连续的概率分布来替代。

值得注意的是，该方法仍存在三个问题。第一，该近似过程可能让判别网络能够简单地区分真实样本和生成样本。这是因为判别网络中真实样本的输入永远都是独热表示，而生成样本却是近似的连续表示。第二，该方法去除了采样操作，训练时无法生成多样的结果，因此该方法多用于给定输入时生成网络只需要生成单一输出的情况。第三，由于所生成的 $\hat{\boldsymbol{P}} = (\hat{\boldsymbol{p}}_{\boldsymbol{1}}, \hat{\boldsymbol{p}}_{\boldsymbol{2}}, \cdots, \hat{\boldsymbol{p}}_{\boldsymbol{T}})$ 并非可读的句子，所以该近似方法只在训练时使用。在测试时，仍然需要原有的采样操作来生成文本。这种方法引入了训练和测试时的偏差，也会在一定程度上影响模型性能。

2. Gumbel-softmax 技巧

Gumbel-softmax 技巧仍然维持采样过程，但使用了重参数化 (Reparameterization) 方法来解决不可导的采样问题。该技巧在第 5 章中已经简要介绍过，下面结合 GAN 的形式做进一步推导。首先简单回顾 Gumbel 分布。标准 Gumbel 分布是定义在 $\mathbb{R}$ 上的分布，其概率密度函数为 $p(g) = \exp(-g - \exp(-g))$。假设有一个在词表上的类别分布 (Categorical Distribution)$P(x)$，记

$$\hat{x} = \underset{i \in [1, |\mathcal{V}|]}{\operatorname{argmax}} (\log P(x = i) + g_i)$$

其中，$|\mathcal{V}|$ 为词表集合大小，$P(x = i)$ 代表随机变量 x 取 i 时的概率值，g_i 为采样自标准 Gumbel 分布 $p(g)$ 中的样本①，不同 i 对应的 g_i 相互独立。已有文献证明[43]，随机变量 $\hat{x}$ 的分布恰好等于原始的类别分布 $P(x)$，即可以认为 $\hat{x} \sim P(x)$。这是一种重参数化方法，即将采样操作与需要梯度回传的参数进行分离，使采样过程不影响梯度的回传。

解决采样问题后，上式仍然存在不可导的 argmax 操作。下面介绍一种对 argmax 的近似方法。记温度参数 τ，当 $\tau \to 0$ 时，有

① 该采样过程可以分解为两步：(1) 从区间 $[0, 1]$ 上均匀分布采样 u_x；(2) 计算 $g_x = -\log(-\log(u_x))$。

$$\text{softmax}(\log \boldsymbol{P}/\tau) \rightarrow \textbf{onehot}(\operatorname*{argmax}_{x \in \mathcal{V}} P(x))$$

其中，$\boldsymbol{P}$ 是一个长度为 $|\mathcal{V}|$ 的向量，第 i 维为 $P(x=i)$。该方法是一种使用 softmax 来近似 argmax 的方式。

结合两种方法，可以使用完全可导的操作来代替之前不可导的离散采样操作，即将生成时每一步 $\hat{x}_t \sim P_{G_{\boldsymbol{\theta}}}(\cdot|\hat{X}_{<t})$ 替换为

$$\textbf{onehot}(\hat{x}_t) \approx \text{softmax}\left(\frac{\log \boldsymbol{P}_{G_{\boldsymbol{\theta}}}(\cdot|\hat{X}_{<t}) + \boldsymbol{g}}{\tau}\right) \tag{6.24}$$

其中，$\boldsymbol{P}_{G_{\boldsymbol{\theta}}}(\cdot|\hat{X}_{<t})$ 是一个长度为 $|\mathcal{V}|$ 的向量，第 i 维为 $P_{G_{\boldsymbol{\theta}}}(\hat{x}_t = i|\hat{X}_{<t})$；$\boldsymbol{g} \in \mathbb{R}^{|\mathcal{V}|}$，每一维独立采样自标准 Gumbel 分布。该方法能够完全去除计算时的不可导因素，但在计算中用 softmax 的连续向量近似独热向量，会引入近似误差。特别需要指出的是，和 Soft Embedding 技巧一样，生成样本是近似的连续表示，可能导致判别网络能够简单地区分真实样本和生成样本。

这个问题能够利用 Straight-Through 技巧[53] 进行进一步改进。该技巧指出，可以在前向计算时使用离散的 argmax 形式，而在梯度回传时使用近似方法。即仅在梯度回传时，用下式代替原有梯度

$$\frac{\partial}{\partial \boldsymbol{\theta}}\textbf{onehot}(\hat{x}_t) \approx \frac{\partial}{\partial \boldsymbol{\theta}}\text{softmax}\left(\frac{\log \boldsymbol{P}_{G_{\boldsymbol{\theta}}}(\cdot|\hat{X}_{<t}) + \boldsymbol{g}}{\tau}\right) \tag{6.25}$$

在 Gumbel-softmax 技巧中，τ 的选择较为重要。可以证明，上式梯度的方差与 $\frac{1}{\tau^2}$ 成正比。当 τ 较大时，方差较小，但近似效果较差；当 τ 较小时，梯度的方差较大，会导致训练的不稳定。

上面介绍的两种近似技巧，使生成式对抗网络的优化过程能利用判别网络提供的梯度。但是，近似的对抗训练方法也存在不稳定性，因此在对抗训练开始前，近似方法同样需要使用最大似然估计预训练网络 $G_{\boldsymbol{\theta}}$。但与强化学习方法不一样的是，近似方法的不稳定性尚未有明确的解释。除了近似方法导致的误差，一个合理的猜想是对抗的纳什均衡状态难以达到。图像的生成式对抗网络的工作已经揭示，生成式对抗网络容易遇到梯度消失 (Gradient Vanishing) 和梯度信息缺失 (Gradient Uninformativeness) 等问题，这些问题在基于梯度的近似方法中也存在。

与基于强化学习的生成式对抗网络相比，近似方法的研究相对较少，大部分工作集中于对判别网络的设计。Zhang 等人提出的 TextGAN 模型[54] 将判别网络转换为文本特征的匹配，以避免出现生成式对抗网络中常见的模式崩溃 (Mode Collapse) 问题 (即生成的句子缺少多样性)。Chen 等人提出的 FMGAN 模型[55] 在文本特征上定义了最优传输距离，改进了特征的匹配方法。Nie 等人提出的 RelGAN 模型[56] 使用了多个共享参数的判别网络，使模型梯度更加平稳。

实验研究表明，近似方法也不一定能在预训练基础上带来提升，但其结果优于大部分基于强化学习的模型。因此，基于近似方法的生成式对抗网络可能具有一定潜力，但还缺少进一步的研究与挖掘。

6.5 生成式对抗模型在文本与图像中的区别

生成式对抗模型最早在图像生成领域被提出，并已经获得了广泛的应用。因此，本节简要介绍生成式对抗模型如何生成图像，并分析图像生成和文本生成的区别与联系。

生成式对抗的图像生成模型的基本原理与 6.2 节中描述的基本一致。该方法同样是使用两个目标相反的模型进行对抗，以优化模型生成分布与真实分布的 JS 散度。记图像为 I，真实图像分布为 $P_{\text{real}}(I)$。定义生成网络 $\hat{I}=G_{\boldsymbol{\theta}}(\boldsymbol{z})$，其中，$\hat{I}$ 为模型生成的图像，$\boldsymbol{z}$ 为采样自先验分布 $p_{\boldsymbol{z}}$ 的隐变量，一般取标准正态分布。再定义 $D_{\boldsymbol{\phi}}(I)$ 为判别网络认为 I 是真实样本的概率，则生成式对抗网络的价值函数为

$$V(\boldsymbol{\theta},\boldsymbol{\phi})=\mathbb{E}_{\boldsymbol{z}\sim p_{\boldsymbol{z}}}\left[\log\left(1-D_{\boldsymbol{\phi}}(G_{\boldsymbol{\theta}}(\boldsymbol{z}))\right)\right]+\mathbb{E}_{I\sim P_{\text{real}}}\left[\log D_{\boldsymbol{\phi}}(I)\right] \tag{6.26}$$

一个典型的图像生成式对抗模型的结构如图 6.4 所示。

生成网络采用转置卷积结构①，判别网络采用卷积结构[57]。生成图像的模型和生成文本的模型主要有以下三点不同。

第一，图像生成时引入了隐变量。生成图像时，模型首先需要在隐变量的先验分布中进行采样得到 $\boldsymbol{z}$，该隐变量再输入生成网络 $G_{\boldsymbol{\theta}}$ 进而生成图像 I。这个过程建立了 $\boldsymbol{z}$

① 转置卷积的运算方式和卷积类似，但该操作可以放大特征矩阵的长和宽，恰好与卷积操作相反。

与图像 I 的一一对应关系，不再需要对生成网络预测的分布进行采样。这一特点避免了 6.4.2 节中文本不可求导的第一点问题 (即采样问题)，进而不再需要近似或重参数化的技巧。同时，$\boldsymbol{z}$ 可以认为是图像 I 的一个特征表示，这使图像的生成式对抗网络也成为一个表示学习模型。通过对模型的表示施加约束，可以进一步控制生成的图像或解释特征的含义。

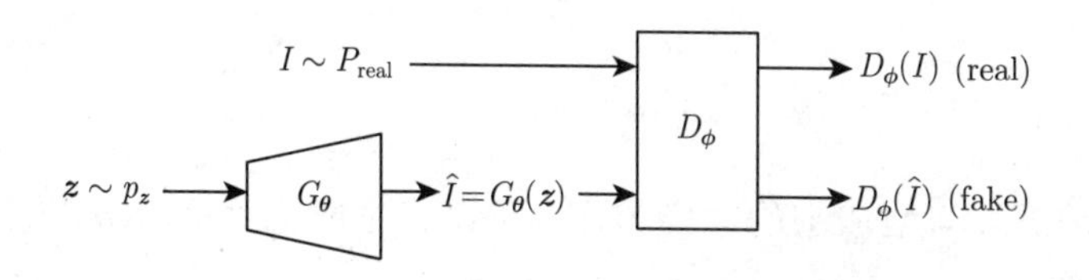

图 6.4　图像生成式对抗模型的结构

第二，文本是离散变量，图像是连续变量。文本的词代表了类别，在实现中一般使用整数来表示，因此无法对该变量求导。但图像的像素在一定范围内能够连续取值，因此能够获得导数。图像的连续性天然地回避了 6.4.2 节中文本不可求导的第二点问题 (即离散数据问题)，这使图像上的生成式对抗网络能够直接通过梯度对生成网络进行优化，不再依赖近似方法。

第三，文本的生成网络为自回归模型，而图像的生成网络为非自回归 (Non-autoregressive) 模型。6.4.1节介绍了使用强化学习方法优化生成式对抗网络的方法，其中自回归模型的每一个词的生成都需要输入已生成的前缀，因此将模型生成每一个词的过程 $P(\hat{x}_t|\hat{X}_{<t})$ 建模为智能体的策略。但对于非自回归模型，图像的所有像素同时生成，因此不再具有强化学习的特点。从另一角度说，图像的生成式对抗网络能够完全基于梯度优化，也没有必要借助强化学习的方法。

虽然图像和文本的生成式对抗网络存在很多差异，但其核心思想还是对抗的博弈。目前，图像的生成式对抗网络已经取得了令人惊叹的性能，成为图像生成的主流方法。相比而言，文本的生成式对抗网络还存在诸多缺陷亟待解决。因此，如何借鉴图像生成中的成功经验，也是文本生成中值得深入研究的课题。

6.6 生成式对抗网络的应用

在之前的介绍中，生成式对抗网络仅用于在无约束的情况下拟合真实文本的分布。本节将生成式对抗网络扩展到具有约束的任务中，并简单介绍生成式对抗网络的两个应用。

6.6.1 对话生成

借用 Conditional GAN[58] 的建模形式，可以将生成式对抗网络拓展到对话生成的应用中。具体来说，生成网络 $G_{\boldsymbol{\theta}}$、判别网络 $D_{\boldsymbol{\phi}}$ 需要输入 X，对应输出记为 Y，模型生成句子记为 $\hat{Y}$。公式 (6.5) 中的价值函数变为

$$V(\boldsymbol{\theta},\boldsymbol{\phi}) = \mathbb{E}_{(X,Y)\sim P_{\text{real}},\hat{Y}\sim P_{G_{\boldsymbol{\theta}}}(\cdot|X)}\left[\log\left(1-D_{\boldsymbol{\phi}}(X,\hat{Y})\right)\right] + \mathbb{E}_{(X,Y)\sim P_{\text{real}}}[\log D_{\boldsymbol{\phi}}(X,Y)] \tag{6.27}$$

此时，生成网络 $G_{\boldsymbol{\theta}}$ 不能再使用之前的语言模型结构，而需要改用具有编码器和解码器的序列到序列模型。判别网络可以选用的结构较为多样，只需能接收上文 X 和生成文本 Y 作为输入的结构即可。对话生成的生成式对抗网络结构如图 6.5 所示。

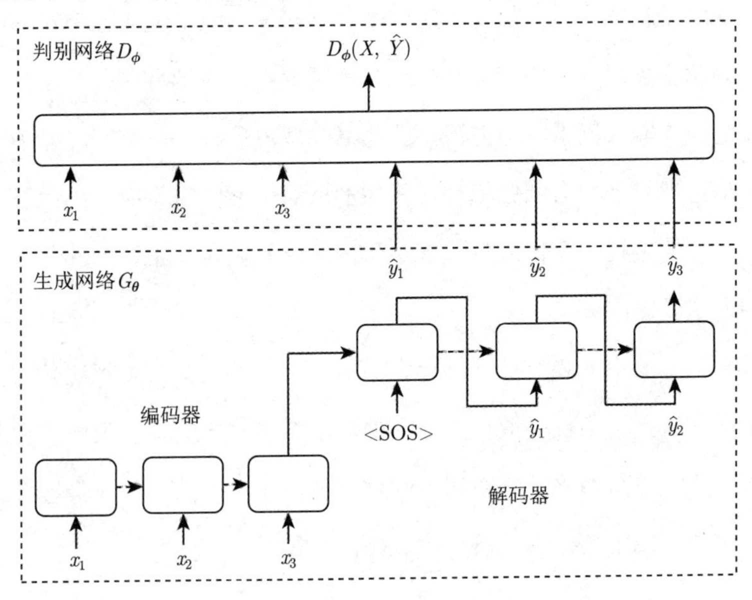

图 6.5 对话生成的生成式对抗网络结构

与对话生成任务常用的序列到序列模型相比，生成式对抗网络有如下优点。

(1) 生成网络不再使用教师强制的最大似然估计，这使生成网络在训练和测试时均使用了自由运行模式，避免了暴露偏差问题。

(2) 常用的序列到序列模型容易生成通用回复的情况，例如，无论输入是什么，输出都会是类似“我不知道”的通用回复。生成式对抗网络的判别网络能够惩罚生成网络过度生成的常用回复，因此可以提高对话的多样性。但是，GAN 在对话生成任务的训练中仍然面临着高梯度方差导致的不稳定情况，这使 GAN 模型生成的回复整体质量不高。相较于常规的序列到序列方法，GAN 在对话生成任务上的提升并不稳定和显著。

6.6.2　无监督的风格迁移

无监督的风格迁移任务给定两个风格的文本集合 $\mathcal{X}$ 和 $\mathcal{Y}$，但并不提供与两种风格一一对应的文本。因此，需要学习两个生成模型 $G_{\mathcal{X}\to\mathcal{Y}}$ 和 $G_{\mathcal{Y}\to\mathcal{X}}$，使一种风格的文本能够迁移到另一种风格。

在这个任务中，一个关键的要点在于如何确定模型 $G_{\mathcal{X}\to\mathcal{Y}}$ 生成句子的风格是否为目标风格 $\mathcal{Y}$。使用生成式对抗网络的思路，可以训练一个判别网络 $D_{\mathcal{Y}}$，用于区分模型 $G_{\mathcal{X}\to\mathcal{Y}}$ 生成的文本和目标风格文本 $\mathcal{Y}$。之后，再要求模型 $G_{\mathcal{X}\to\mathcal{Y}}$ 欺骗判别网络 $D_{\mathcal{Y}}$，使其生成更接近目标风格的文本。这个对抗过程“拉近”了模型生成分布与目标分布的距离，使在没有平行语料的情况下模型的学习成为可能。对抗的训练目标加上部分其他设计，最终构成了名为 CycleGAN 的模型[59-60]，本书不再赘述。

与强调样本到样本对应关系的序列到序列模型不同，生成式对抗网络的目标是“拉近”两个分布距离。在这个任务的解决过程中，生成式对抗网络拓展了基于最大似然估计的文本生成模型的应用范围，使模型训练在没有平行语料的情况下仍然可行。

6.7　本章小结

生成式对抗网络采用了对抗训练的思想，训练生成网络和判别网络互相博弈，以达到均衡状态，从而使得生成模型的分布逼近真实样本的分布。研究生成式对抗网络的方法，有助于解决最大似然估计的暴露偏差缺陷和 KL 散度的优化目标问题。在自然语言生成基本依赖最大似然估计的今天，生成式对抗网络的方法提供了新的解决问题的视角，也有助于重新思考最大似然估计带来的问题。

必须注意到，生成式对抗网络的方法还远远不够成熟。其中最大的挑战是如何在有采样和生成离散数据的情况下对生成网络进行优化。研究者目前从强化学习方法和近似方法入手，逐步对训练过程进行改进，但仍然受制于不稳定的对抗训练过程，其生成结果的质量也相当依赖最大似然估计的预训练。

生成式对抗网络的发展十分迅速，在最新的研究进展中[52]，已有生成式对抗网络在没有预训练的情况下能够生成质量较好的文本，其生成效果已经十分接近最大似然估计所训练的模型。从应用角度来说，最大似然估计需要平行语料作为监督，但对抗生成方法则不一定，这也为对抗学习带来了更加灵活的应用前景。总而言之，在最大似然估计主导自然语言生成的情况下，带来创新方法的生成式对抗网络极具潜力，或许能成为推动语言生成进一步发展的新一代重要方法。

第 7 章 非自回归语言生成

在之前的章节中，本书介绍的大部分模型都是自回归模型，即模型逐个生成词，新生成的词会被重新作为模型的输入以便生成下一个词，这样每个词都依赖之前生成的前缀。本章将介绍一种新的生成方式——非自回归 (Non-Autoregressive) 生成，即模型将同时生成所有词，且每个词的生成互相“独立”。

本章首先介绍非自回归语言生成模型 (简称非自回归模型) 的基本原理；然后引出目前非自回归生成的挑战和改进方法，包括一对多问题、内部依赖问题；最后讨论非自回归模型的应用和相关的拓展，并预测该方法未来的发展趋势。

7.1 基本原理

通常的自回归模型采用一种符合直觉的生成方法，即按照顺序逐个生成单词。但这种自回归的生成方法缺少并行化能力，句子必须按照序列方向顺序生成，生成时会具有较高的延迟。特别是在机器翻译等成熟的应用领域，高延迟对实际的应用具有较大的影响，因此 Gu 等人提出了一种新的非自回归的生成方式[61]。下面逐步介绍非自回归模型适用场景的问题定义和模型结构。

7.1.1 适用场景的问题定义

非自回归模型适用于“一对一”的非开放端语言生成 (Non-open-ended Language Generation) 任务。一般的语言生成任务往往提供一个输入文本 X，希望模型能够最大化生成参考输出 Y 的概率。在本章所讨论的非开放端生成任务中，输入的语义信息是完备的，输出的语义可以完全被输入语义所限制，模型不需要发挥额外的创造性。换句话说，虽然输出可能在用语表达上略有差异，但在语义上只有一种可能。例如，机器翻译是一个典型的非开放端语言生成任务。相对而言，开放端语言生成 (Open-ended Language Generation) 任务，如对话生成、故事生成等，具有典型的“一对多”特性，即同一个输入可以有多个语义不同的输出。在非自回归模型的适用场景中，非开放端的语言生成任务的“一对一”限制十分重要。这一点将在后续进行更深入的讨论。

7.1.2 自回归模型和非自回归模型

在第 3 章的序列到序列模型中，已经介绍了自回归模型对生成概率 $P(Y|X)$ 的分解方式，即每一个生成的词都依赖之前生成的前缀：

$$P(Y|X) = \prod_{t=1}^{L_Y} P(y_t|Y_{<t}, X)$$

其中，L_Y 为生成句子的长度。对于非自回归模型来说，每一个生成的词都互相独立：

$$P(Y|X) = \prod_{t=1}^{L_Y} P(y_t|X) \tag{7.1}$$

在上式中，每一个 y_t 的生成都是独立的，并且假定待生成的文本长度已知[①]。这看起来似乎很难理解：若模型独立生成每个词，好像很难保证句子在语法上是通顺的。注意，该独立性的假设建立在已知 X 的条件上。在非开放端语言生成问题中，输出文本的信息已由输入 X 充分提供，且仅有一个合理的输出。因此，模型可以通过处理输入的信息，单独确定每一个唯一的 y_t，而不依赖 y_t 之间的关系。

可以换一种形象的说法来说明。自回归模型可以在生成每个词时，逐渐确定要生成的内容；但非自回归模型在接收到输入后，直接确定整个输出。因此，自回归模型需要先逐步采样，再预测下一个词，而非自回归模型不需要这种操作。这也是非自回归模型的特点：不需要多次采样和反复预测，使整个句子可以并行生成，从而大幅缩短生成所需要的延迟。

7.1.3 模型结构

常用的非自回归模型的结构基于 Transformer，除序列到序列的 Transformer 所包含的编码器、解码器外，还添加了一个长度偏移预测器。记所有参数的集合为 $\boldsymbol{\theta}$，模型结构示意图如图 7.1 所示。

① 为了简单起见，这里忽略生成文本的长度未知的问题。7.1.3 节会介绍长度预测的问题。

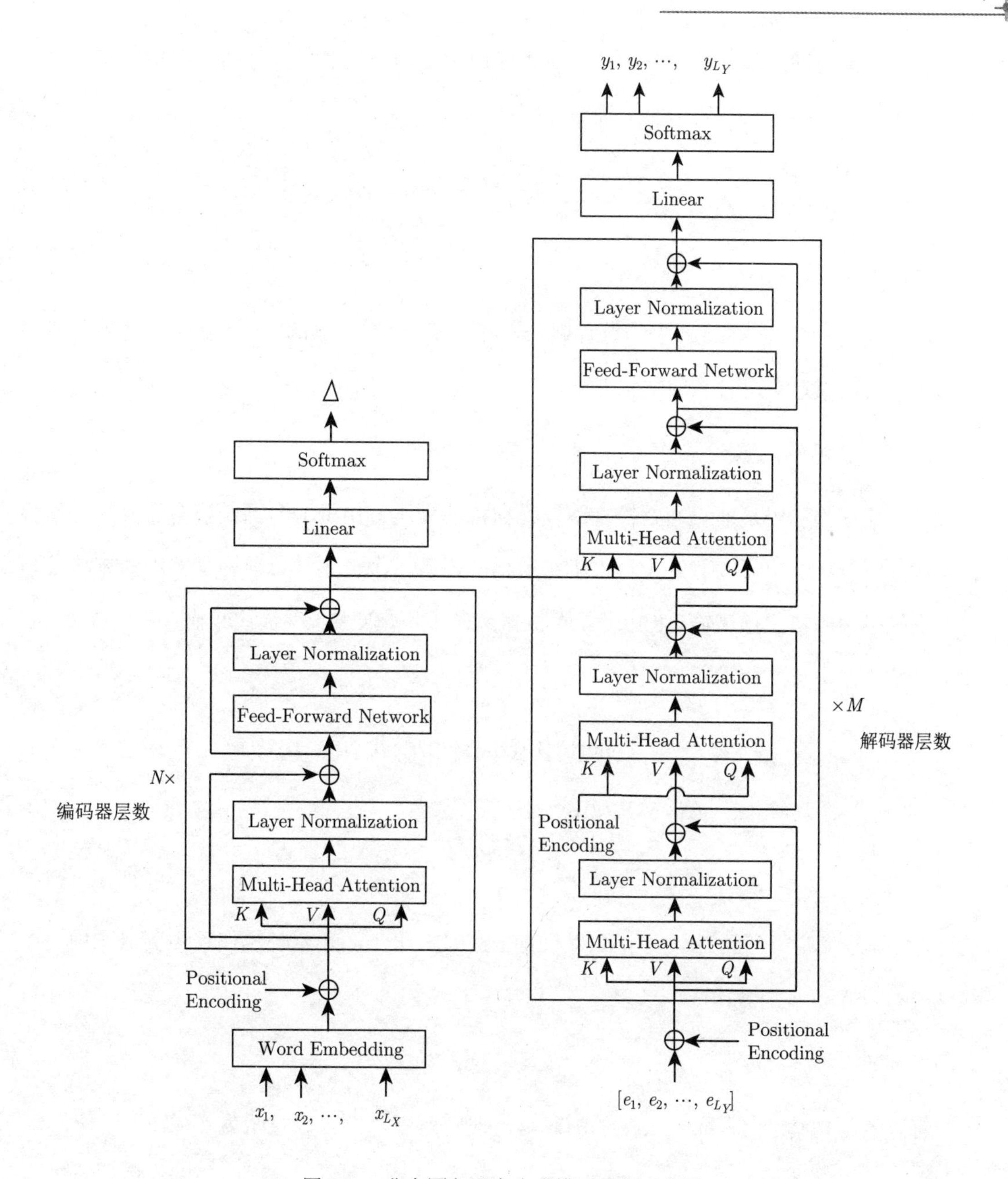

图 7.1 非自回归语言生成模型结构示意图

1. 编码器

编码器的结构与前面介绍的 Transformer 的编码器结构一致。输入语句首先转换为嵌入表示 $\boldsymbol{E}(X) = [\boldsymbol{e}(x_1); \boldsymbol{e}(x_2); \cdots; \boldsymbol{e}(x_{L_X})]$，其中 L_X 为输入的长度。输入的嵌入表示会加上位置编码，接下来通过多层 Transformer 编码层。每一层编码层包含一个多头注意力层和一个全连接前馈网络。这两种模块本身也使用了层归一化和残差连接。多层编码器输出每个编码位置上的隐状态表示，可抽象如下：

$$\boldsymbol{H}_0 = \boldsymbol{E}(X) + \boldsymbol{P}(X) \tag{7.2}$$

$$[\boldsymbol{h}_1; \boldsymbol{h}_2; \cdots; \boldsymbol{h}_{L_X}] = \text{Encoder}(\boldsymbol{H}_0) \tag{7.3}$$

其中，$\boldsymbol{P}(X)$ 为 Transformer 中的位置嵌入矩阵，$\boldsymbol{H}_0$ 是编码器的输入，Encoder 表示多层编码器，它输出每个位置上的隐状态表示，即 $\boldsymbol{h}_i(1 \leqslant i \leqslant L_X)$。

2. 长度偏移预测器

长度偏移预测器是非自回归模型中较为独特的模块。由于非自回归模型需要同时预测所有词，所以不能依靠预测终止符来确定序列的最后一个位置。目前一个常用的方法是利用编码器得到的特征预测输出的长度。对机器翻译来说，输出长度往往和输入长度接近，因此可以预测输出长度和输入长度的差值，即

$$P(\varDelta|X) = \text{Length\_Predictor}([\boldsymbol{h}_1; \boldsymbol{h}_2; \cdots; \boldsymbol{h}_{L_X}]) \tag{7.4}$$

$$\Delta' \sim P_{\boldsymbol{\theta}}(\varDelta|X) \tag{7.5}$$

$$L_Y = L_X + \varDelta' \tag{7.6}$$

其中，L_Y 是预测得到的目标文本长度；Length_Predictor 表示长度偏移预测器，由一个线性层和 softmax 函数构成。

3. 解码器

解码器结构基于 Transformer 的解码器，但有所不同，可以表示为

$$\boldsymbol{S}_0 = \boldsymbol{E}(Y) + \boldsymbol{P}(Y) \tag{7.7}$$

$$[\boldsymbol{s}_1; \boldsymbol{s}_2; \cdots; \boldsymbol{s}_{L_Y}] = \text{Decoder}(\boldsymbol{S}_0) \tag{7.8}$$

其中，Decoder 表示多层解码器；$\boldsymbol{s}_i$ 表示每个解码位置上的隐状态表示；$\boldsymbol{P}(Y)$ 为 Transformer 中的位置嵌入矩阵；$\boldsymbol{E}(Y) = [\boldsymbol{e}_1; \boldsymbol{e}_2; \cdots; \boldsymbol{e}_{L_Y}]$ 并不是真实输出的词向量，而是通过某种方式将输入词嵌入矩阵 $\boldsymbol{E}(X)$ 映射到 $\mathbb{R}^{d \times L_Y}$ 中的结果 (d 为词向量维度)。在自回归

模型中，每一步的输入为上一步的输出。但在非自回归模型中需要同时生成所有单词，因此不能借鉴自回归模型的输入方式。不少工作提出了不同的方法，这里先介绍一种简单的解码器的输入方式。该方法将编码器输入的词向量均匀地复制到解码器的输入，称为均匀复制 (Uniform Copy)。形式化如下：

$$\boldsymbol{e}_i = \boldsymbol{e}(x_{\mathrm{round}(i \times L_X / L_Y)}), \quad i = 1, 2, \cdots, L_Y \tag{7.9}$$

其中，round(j) 代表离 j 最近的整数 (四舍五入)。例如，在图 7.1 中，$L_X = 5$，$L_Y = 4$，所以 $\boldsymbol{e}_1$ 至 $\boldsymbol{e}_4$ 分别取 $\boldsymbol{e}(x_1), \boldsymbol{e}(x_2), \boldsymbol{e}(x_4), \boldsymbol{e}(x_5)$。

除解码器的输入外，非自回归模型中的多层解码器与普通 Transformer 的解码器相比，还有以下两个不同点。

其一，非自回归模型解码器除了保持基础 Transformer 的自注意力层 (Self-Attention Layer)、编码器—解码器注意力层[1]、线性前馈层 (Feed-Forward Layer)，还添加了一个位置注意力层[2] (Positional Attention Layer)。位置注意力层同样是一个多头注意力模块，但将相互注意力层中的查询矩阵 $\boldsymbol{Q}$ 和键矩阵 $\boldsymbol{K}$ 改为位置编码 (Positional Encodings)[3]。位置注意力层增强了模型对局部信息的捕获能力，用于提高模型的局部语法性。

其二，解码器不再需要掩码。自回归模型需要掩码避免当前位置注意到之后的输入。但在非自回归模型中，解码器应当注意到输入的所有位置。

最终，解码器中得到的特征 $\boldsymbol{s}_i$，将用于预测应生成对应位置的词。值得注意的是，每个词的生成相互独立：

$$P_{\boldsymbol{\theta}}(y_i|X) = \mathrm{softmax}(\mathrm{MLP}(\boldsymbol{s}_i))|_{y_i} \tag{7.10}$$

训练时，需要同时训练长度偏移预测器和输出预测器。模型的概率分解如下：

$$P_{\boldsymbol{\theta}}(Y|X) = \sum_{\Delta} P_{\boldsymbol{\theta}}(\Delta|X) P_{\boldsymbol{\theta}}(Y|X, \Delta) \tag{7.11}$$

---

① 一些文献中也称为相互注意力层 (Inter-Attention Layer)。

② 部分非自回归模型也可能不使用位置注意力层。

③ 两个矩阵的含义可参考第 4 章 Transformer 的介绍。

值得注意的是，解码器的结构决定了 Y 的长度和长度偏移 Δ 必须满足 $L_Y = \Delta + L_X$。对于 $L_Y \neq \Delta + L_X$ 的情况，$P_{\boldsymbol{\theta}}(Y|X,\Delta) = 0$。因此，若已知真实输出 Y，则真实的长度偏移为 $\Delta^* = L_Y - L_X$，需要最大化：

$$P_{\boldsymbol{\theta}}(Y|X) = \sum_{\Delta} P_{\boldsymbol{\theta}}(\Delta|X) P_{\boldsymbol{\theta}}(Y|X,\Delta) \tag{7.12}$$

$$= P_{\boldsymbol{\theta}}(\Delta^*|X) P_{\boldsymbol{\theta}}(Y|X,\Delta^*) \tag{7.13}$$

因此，最大似然估计的优化目标为最小化如下损失函数：

$$\begin{aligned}\mathcal{L} &= -\log P_{\boldsymbol{\theta}}(\Delta^*|X) - \log P_{\boldsymbol{\theta}}(Y|X,\Delta^*) \\ &= -\log P_{\boldsymbol{\theta}}(\Delta^*|X) - \sum_{i=1}^{L_Y} \log P_{\boldsymbol{\theta}}(y_i|X,\Delta^*)\end{aligned} \tag{7.14}$$

7.2 非自回归模型的挑战

相比自回归模型，非自回归模型发展时间还较短。非自回归模型的优势在于低延迟，但其生成质量往往不如自回归模型，一些常见的现象包括生成重复词语、句子缺少语法性等。本节将介绍造成非自回归模型语法性较差的两种常见原因：一对多问题和内部依赖问题。

7.2.1 一对多问题

非自回归模型一般解决的是非开放端语言生成问题。但是由于语言的灵活性，也不能完全保证非开放端语言生成的训练语料是“一对一”的，很难做到严格意义上的一对一。以机器翻译为例，在表 7.1 中，同一句英文可以翻译出不同的中文，虽然语义相同但是词形、词序略有变化。由于非自回归模型输出的不同单词，彼此独立地依赖模型输入，所以在该输入下，可以求得一个理想的非自回归模型在每一个位置的词生成概率：

$$P^*_{\boldsymbol{\theta}}(y_t|X) = \frac{\sum_{i=1}^{N} \mathbb{I}(y_{i,t} = y_t)}{N} \tag{7.15}$$

其中，N 为以 X 为输入的候选答案集合大小；$y_{i,t}$ 为第 i 个参考答案的第 t 个位置的词；$\mathbb{I}(y_{i,t}=y_t)$ 为指示函数，当括号内表达式为真时取值为 1，否则取值为 0。此时，如果使用该模型生成句子，极有可能得到重复词或者丢失一些关键词 (如表 7.1 中的结果)。

同时，非自回归模型无法简单地通过采样获得多个有意义的句子。与自回归模型不同，其他位置的词不会因为另一位置采样的改变而随之改变，因此集束搜索、采样等解码方法不再适用。以上现象说明，“一对一”是非自回归模型训练的基础。

表 7.1　非自回归模型的一对多问题

输　入	He visited the museum.											
候选答案	他		参观		了		博物馆		。		< 空 >	
	他		参观		博物馆		了		。		< 空 >	
	他		去		参观		博物馆		了		。	
	他		去		博物馆		参观		了		。	
理想非自回归模型生成概率	词	概率	词	概率	词	概率	词	概率	词	概率	词	概率
	他	1.00	参观	0.50	博物馆	0.50	博物馆	0.50	。	0.50	< 空 >	0.50
			去	0.50	了	0.25	了	0.25	了	0.50	。	0.50
					参观	0.25	参观	0.25				
可能生成结果	他		参观		博物馆		博物馆		。		< 空 >	

7.2.2 内部依赖问题

每一个词都是独立生成的，并不代表非自回归模型无法捕捉词与词之间的依赖。正相反，非自回归模型使用了复杂的 Transformer 解码器，利用自注意力、位置注意力等机制，充分融合每个位置附近的信息。对于非自回归模型如何捕捉依赖，这里提供一个形象的理解：Transformer 的每一层都会利用上一层输出的所有信息重新决定自己应该生成什么词，多层的 Transformer 可以看成一个不断调整的过程，最终每一个词都会和周围的词协调，进而生成完整的句子。

但是即便如此，相较于自回归模型来说，非自回归模型层间并没有明确的监督，难以学习内部依赖，从而导致生成句子的语法性较差。这个问题的解决可以从两个角度考虑：一方面，选择更加合适的模型结构，使模型能够更快速地学习句子内部的依赖；另一方面，非自回归模型需要有足够的容量，才能支持不同位置之间的交互协调过程。这一要求比前缀确定的自回归模型要复杂得多。

7.3 非自回归模型的改进

为了解决非自回归中出现的一对多问题和内部依赖问题，研究者从不同角度提出了对非自回归模型改进的方法。本节将从 4 个不同方向介绍这些改进方法。

7.3.1 网络结构的改进

合适的网络结构设计能够帮助模型学习句子的内部依赖，其中简单但影响较大的因素在于解码器的输入。7.2 节已经介绍了均匀复制的解码器输入方式。Gu 等人[61] 在机器翻译任务上进行了实验，若不使用均匀复制，只为解码器提供位置编码信息，虽然模型可以通过注意力机制获取输入，但模型仍然无法生成正常句子。这启发研究者对解码器的输入做进一步改进。

Gu 等人提出一种名为繁殖 (Fertility) 的技巧[61]，即解码器的输入不再从编码器输入均匀地复制，而是预测每个位置的词应该复制的个数。形式化如下：

$$P(l_i|X) = \text{softmax}(\text{MLP}(\boldsymbol{h}_i))|_{l_i} \tag{7.16}$$

$$l_i \sim P(l_i|X) \tag{7.17}$$

$$L_Y = \sum_{i=1}^{L_X} l_i \tag{7.18}$$

其中，l_i 是第 i 个词复制的次数，而解码器的输入长度 L_Y 为所有复制次数的和。一个典型的例子如图 7.2 所示，其中模型对 “accept” 的复制数量为 2，对 “it” 的复制数量为 0，则解码器的输入为 “We totally accept accept .”，$L_Y = 5$。通过这个方法，模型增加了重要词汇的输入信息，去掉了常用词带来的干扰。需要注意的是，由于没有复制数量的标注，该模块并不能通过常规的最大似然方法进行训练，但可以使用评价指标 (如 BLEU 得分) 作为奖励，使用强化学习方法训练该模块。训练过程不再赘述。

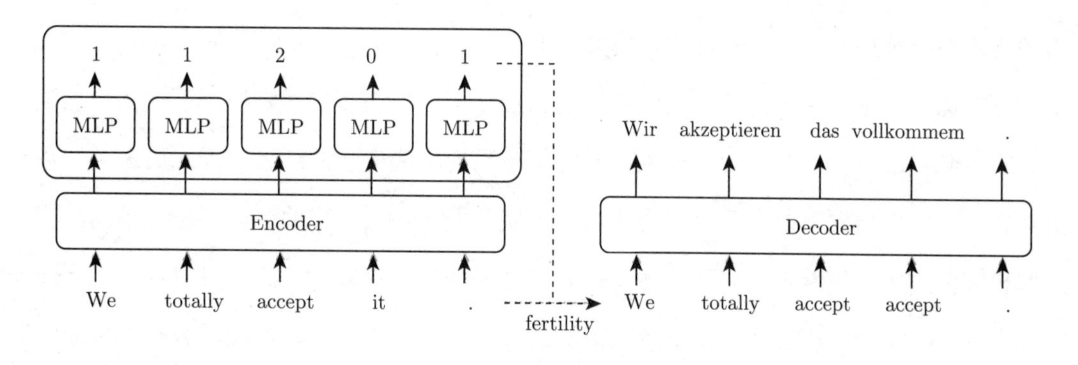

图 7.2　非自回归模型的繁殖技巧

除繁殖技巧外，还有不少工作修改了解码器的输入方式。Zhou 等人[62] 提出一种软复制 (Soft Copy) 机制，即在均匀复制中不再依靠四舍五入获得最近的词向量，而是使用高斯核对输入进行平滑插值。Guo 等人[63] 引入了领域知识，提出使用统计机器翻译中的翻译词表和可学习的转移矩阵来构建编码器的输入。实验证明，编码器不同的输入方式确实会在一定程度上影响模型性能。但具体哪一种方法最合适，可能和具体的数据集与任务有关，目前还缺少深入的比较。

另外，一些对 Transformer 结构的修改也可能提升非自回归模型的生成结果。Radford 等人[28] 提出了使用可学习的位置编码，用于替代最基础的三角函数固定位置编码。Shaw 等人[64] 提出，在使用绝对位置的注意力机制外，可以增加可学习的相对位置编码注意力机制。Li 等人[65] 还为非自回归模型设计了词表注意力 (Vocabulary Attention) 机制，该机制让 Transformer 在每一层都预测当前可能生成的词，用于维护句子局部的流畅性。

7.3.2　模型理论的改进

一对多问题是困扰非自回归模型训练的一个重要问题，为了减轻数据集中一对多数据造成的影响，不少工作通过改进模型理论来解决问题。

1. 知识蒸馏

Gu 等人最先在非自回归模型中引入了知识蒸馏 (Knowledge Distillation) 技术。首先，在输入/输出文本对 $\{< X_i, Y_i > | 1 \leqslant i \leqslant N\}$ 上训练一个自回归模型 G，称之为教师模型。然后，训练集将会由教师模型生成新的答案，形成新的文本对 $\{< X_i, G(X_i) > | 1 \leqslant i \leqslant N\}$。

新的文本对会被进一步用于非自回归模型的训练。

知识蒸馏技术在此之前已广泛应用在机器翻译中，但在非自回归模型中，知识蒸馏的引入有着独特的意义。对于同一输入，教师模型只会生成唯一的结果，因此消去了原数据集潜在的一对多问题，提升了模型生成质量。实验发现，数据集的一对多程度越高，非自回归模型的生成效果越差。而知识蒸馏技术能够显著地减少数据集的一对多程度，从而提高非自回归模型的生成性能。知识蒸馏方法还可以进一步拓展，直接使用教师模型监督非自回归模型的训练，而不需要构建新的文本对[66]。

2. 句子级别监督

在非自回归模型的优化过程中，模型独立地最大化每个位置正确词的生成概率，可参考公式 (7.14)。由于每个词的优化相对独立，所以称其为词级别的监督信号。因为该信号要求模型在指定位置生成指定的词，但忽略了词组成的句子的整体性，所以造成了模型无法学习“一对多”数据的问题。不少工作设计了句子级别的监督信号，从而避免因对位置的过度要求而导致模型生成重复的词。Shao 等人[67] 提出应该利用生成句子和目标句子的词重叠程度 (BLEU 得分) 作为监督信号。由于 BLEU 得分并不是一个可求导的目标函数，所以该方法需要借助无需梯度的强化学习方法进行训练。Li 等人[65] 提出可以使用生成句子和目标句子的词袋 (Bag of Words) 分布作为监督信号，即不要求词语和位置的对应关系，只需生成的句子与目标句子的词袋接近即可。但是，以上两种方法都存在缺陷：强化学习方法本身训练较不稳定；词袋分布的监督信号无法让模型学到词的位置关系。因此，大部分句子级别监督只能作为词级别信号的辅助，不能完全取代原有的损失函数。

也有一些工作在原有的词级别监督的基础上做出了一些改进，这些方法仍然最大化每个词的预测概率，但不强制要求词与位置的严格对应。Libovický 等人[68] 使用了一种名为基于时序连接的分类 (Connectionist Temporal Classification，CTC) 算法。该算法允许解码器生成一个长于目标句子的序列，其中包含预测的字符或者空字符。CTC 算法使用了动态规划获得生成句子与目标句子的最优匹配，并在该匹配下最优化对应的损失函数。形式化地说，给定目标句子和生成句子的长度分别为 L_Y 和 $L_{\hat{Y}}$，损失函数可以写为

$$\mathcal{L}=\min_{Y'\in\mathcal{Y}'}\sum_{i=1}^{L_{\hat{Y}}}\log P_i(Y_i'|X) \tag{7.19}$$

其中，Y' 为一个匹配后的目标序列，由目标句子 $[Y_1,Y_2,\cdots,Y_{L_Y}]$ 在任意位置插入 $L_{\hat{Y}}-L_Y$ 个空字符 $\varnothing$ 构成；$\mathcal{Y}'$ 为所有满足条件的目标序列集合；$P_i(Y_i'|X)$ 为解码器第 i 个位置生成 Y_i' 的概率。举例来说，若 $L_Y=3$，$L_{\hat{Y}}=5$，则 $[\varnothing,Y_1,Y_2,\varnothing,\varnothing,Y_3]$ 为一个可能的匹配后目标序列。在测试时，模型将去除所有的空字符再进行输出。Ghazvininejad 等人[69] 提出了一种类似的匹配方法，同样基于动态规划，但解码器的每一个位置可能匹配多个目标词汇。总之，这种基于匹配的损失函数能够兼顾句子级别的信号和词级别的监督信号，在单独使用的情况下也能取得较好的结果。

3. 隐变量

引入隐变量也是一种处理一对多问题的方法。在隐变量模型中，输出不仅仅依赖输入 X，也依赖未知的隐变量 $\boldsymbol{z}$。因此，在输入相同的情况下，选取不同的 $\boldsymbol{z}$，模型也可以生成不同的输出。这使模型不再限于一对一的情况。带隐变量的模型生成概率可以形式化如下：

$$P(Y|X)=\int_{\boldsymbol{z}}p(\boldsymbol{z})P(Y|X,\boldsymbol{z})\mathrm{d}\boldsymbol{z} \tag{7.20}$$

$$P(Y|X,\boldsymbol{z})=P(L_Y|X,\boldsymbol{z})\prod_{i=1}^{L_Y}P(y_i|X,\boldsymbol{z}) \tag{7.21}$$

其中，$p(\boldsymbol{z})$ 为隐变量的先验分布，$P(Y|X,\boldsymbol{z})$ 为隐变量已知时生成 Y 的概率，可以使用非自回归模型建模。在未知 Y 和 $\boldsymbol{z}$ 对应关系时，并不能简单地对模型进行优化。一个可选的训练方法是使用第 5 章介绍的变分自编码器，这里不再展开。

不少工作已经尝试在非自回归模型中引入隐变量。Kaiser 等人[70] 引入了离散的序列作为隐变量。Ma 等人[71] 使用连续的序列作为隐变量，并通过标准化流 (Normalization Flow) 的方法训练模型。Bao 等人[72] 进一步结合了之前修改解码器输入的工作，它将隐变量定义为原序列到解码器输入的映射，并通过搜索最优映射的方式进行学习。这些工作采用了不同隐变量的形式，使用了不同的方式训练模型。总体来说，引入隐变量有助于处理非自回归模型的一对多问题，提升模型生成性能。

7.3.3 后处理的方法

生成模型的后处理一般不需要干预模型本身和训练过程，但能有效提高生成结果的质量。针对非自回归模型生成时经常出现的重复问题，一个最简单的解决方法是删去重复的词。借助表 7.1，若模型将 "He visited the museum" 翻译为 "他 参观 博物馆 博物馆"，则去除重复词语后为 "他 参观 博物馆"。虽然该结果少翻译了过去时态，但语法性获得了大幅提升。实验证明，该方法能显著提高非自回归模型的机器翻译质量。

直接对句子进行编辑的方法虽然简单，但无法解决更复杂的问题。Gu 等人提出了一种名为 Noisy Parallel Decoding 的方法[61]，该方法先从非自回归模型中采样生成多个候选句子，再用提前训练好的自回归模型进行重排序。具体来说，首先按概率从模型中依次采样句子长度和生成句子：

$$\varDelta' \sim P(\varDelta|X) \tag{7.22}$$

$$\hat{y}_i \sim P(y|X, \varDelta') \tag{7.23}$$

则采样得到的句子是

$$\hat{Y} = (\hat{y}_1, \hat{y}_2, \cdots, \hat{y}_{L_{\hat{Y}}}) \tag{7.24}$$

其中，$L_{\hat{Y}} = L_X + \varDelta'$。重复上述采样过程 K 次，可以得到候选输出集合 $\hat{\mathcal{Y}} = \{\hat{Y}^{(1)}, \hat{Y}^{(2)}, \cdots, \hat{Y}^{(K)}\}$。然后，按照第 3 章所述的方式在原数据集上训练一个自回归的序列到序列模型 $P_{\text{AR}}(Y|X)$。即对于原数据集输入 $\mathcal{X} = \{X_1, X_2, \cdots, X_N\}$ 和对应输出 $\mathcal{Y} = \{Y_1, Y_2, \cdots, Y_N\}$，训练模型 P_{AR} 最小化 $\mathcal{L} = -\sum_{i=1}^{N} \log P_{\text{AR}}(Y_i|X_i)$。利用 $P_{\text{AR}}(Y|X)$ 对候选输出集合 $\hat{\mathcal{Y}}$ 进行重排序，选出 $\hat{\mathcal{Y}}$ 中自回归模型生成概率最高的句子：

$$\hat{Y}^* = \underset{\hat{Y} \in \hat{\mathcal{Y}}}{\text{argmax}}\, P_{\text{AR}}(\hat{Y}|X) \tag{7.25}$$

在该方法中，采样次数 K 是一个可调超参数。一般来说 K 越大，生成质量越高。重排序过程中的每个候选句子可以并行进行计算，因此不会拖慢模型的时间性能。

7.3.4 半自回归方法

非自回归的方法需要同时生成整个句子，因此面临较为严重的一对多和内部依赖问题。部分模型使用了一种自回归和非自回归的折中方法：在并行生成多个词的同时，引入迭代的生成过程。这些方法称为半自回归方法。

Lee 等人[73] 提出了一种迭代优化的方法。对于输入文本 X，非自回归模型将首先生成质量较差的输出 $\hat{Y}^{(1)}$。接下来，该输出将被重新送回模型，进行一次优化得到 $\hat{Y}^{(2)}$。依次类推，最终优化 K 次的结果 $\hat{Y}^{(K)}$ 作为模型输出。这个过程可以由下式表示：

$$\hat{Y}^{(i)} \sim P(Y|X, \hat{Y}^{(i-1)}), \quad i = 1, 2, \cdots, K \tag{7.26}$$

当 $i = 1$ 时，$\hat{Y}^{(0)}$ 为空。

训练这个模型会涉及两个部分。第一部分，可以看到模型的每一次生成都是对前一次输出的去噪 (Denoising)。因此，可以使用以下的损失函数进行优化：

$$\mathcal{L}_1 = -\log P(Y|X, \tilde{Y}) \tag{7.27}$$

其中，Y 为参考输出，$\tilde{Y}$ 为对参考输出添加了一定噪声后的句子。添加噪声的方法可以有很多种，如随机替换一些词、交换词的位置或省去一些词。它让模型在输入的 $\tilde{Y}$ 存在噪声时恢复原有结构，因此能使模型学习到句子的内部依赖关系。

第二部分，模型在第 i 次优化时，会读入上一次的优化结果 $\hat{Y}^{(i-1)}$，训练目标希望其输出尽可能地接近真实文本 Y。这个过程可以使用以下的损失函数：

$$\mathcal{L}_2 = -\sum_{i=1}^{K} \log P(Y|X, \hat{Y}^{(i-1)}) \tag{7.28}$$

其中，$\hat{Y}^{(0)}$ 为空序列。该项损失使用了模型输出的 $\hat{Y}^{(i-1)}$，而不是人工构造的带噪声输入 $\tilde{Y}$。这减少了模型在训练过程和实际生成过程的偏差，提高了生成性能。综合两个损失，可以得到：

$$\mathcal{L} = \mathcal{L}_1 + \alpha \mathcal{L}_2 \tag{7.29}$$

其中，α 为平衡两个损失的超参数。

一个实际的迭代优化方法的示例如表 7.2 所示。可以看出，迭代次数越多，模型生成质量越高。该模型在单次优化中是非自回归的，但是后面的迭代过程可以看到之前的迭代中已经生成的词，因此这是一种半自回归的方法。半自回归的方法具有自回归模型的特点，即具有较强的内部依赖捕捉能力，因此能够大幅提高生成句子的质量。但同时，迭代的过程减慢了模型生成速度，需要权衡生成的质量和速度问题。

表 7.2　迭代优化方法的示例

迭代次数	生成句子
1	a woman standing on playing tennis on a tennis racquet.
2	a woman standing on a tennis court a tennis racquet.
3	a woman standing on a tennis court a a racquet.
4	a woman standing on a tennis court holding a racquet.

Ghazvininejad 等人[74] 提出了一种类似的方法。但他们采用了一种迭代填空的方法替代了迭代优化。在每一轮的生成过程中，会依照 $P(y_t^{(i)}|X,\hat{Y}^{(i-1)})$ 选出所有时刻中最不确定 (即概率最低) 的一个或多个词，再将这些词替换为占位符 “mask”。在下一次迭代中，模型将重新确定占位符所在位置的词，保持非占位符位置的词不变。随着迭代次数增多，每次选定的 “mask” 数量将逐渐减少，最终生成完整的句子。

除迭代的方法外，还有一些别的半自回归方法。Wang 等人[75] 提出了逐块生成的模型，每一块中包含若干个词。块内的词语同时生成，但后面的块生成时需要输入前面块的生成结果。这种方式既通过非自回归部分实现了低延迟，又通过自回归部分提升了生成性能。Shao 等人[67] 在非自回归模型的基础上，利用解码器得到的特征，重新训练一个小型的自回归模型来辅助生成。这些都是自回归和非自回归生成的折中方案。

7.4　应用与拓展

非自回归模型目前广泛应用于机器翻译领域，其原因主要有两点：一是非自回归模型具有低延迟的生成过程，适合对延迟较为敏感的机器翻译领域；二是非自回归模型只能应用到“一对一”任务中，和机器翻译较为契合。目前，使用非自回归生成的机器翻译模型，在生成速度上能有约 20 倍的提升，且生成质量也不断接近自回归模型。除此之外，非自回归模型也可以用于其他的非开放端文本生成任务，如图像描述生成。

相较于非开放端生成任务而言，非自回归模型在开放端的语言生成中会受到一对多问题的严重影响，生成质量普遍较差。因此，尝试将非自回归模型应用到开放端的生成中的工作还较少。但也有学者发现了非自回归模型除低延迟外的其他优势。例如，非自回归模型一般不需要像自回归模型那样设计贪心搜索或集束搜索的解码策略，只需取每一个位置上生成概率最大的词即可。Han 等人[76] 利用了非自回归模型的这种性质，训练了一种最大化互信息的对话模型。除以上的例子外，也有工作提到非自回归模型在特征学习上可能具有优势，但尚未有充分的实验探索。这些工作都尝试挖掘非自回归模型在低延迟之外的优势，为非自回归模型在其他生成任务中的应用打开了视野。

7.5　本章小结

本章介绍了非自回归的生成模型。与自回归模型相比，非自回归模型能够同时生成每一个词，避免自回归模型的顺序解码操作。因此，该方法能够有效降低模型延迟，被广泛应用于机器翻译任务中。但是，非自回归模型一般只用于处理非开放端的生成问题，而且生成文本的质量较差。其主要问题来自一对多和内部依赖两个方面。本章从多个角度介绍了改进非自回归模型的思路与方法。

目前，在机器翻译的任务中，最新的非自回归模型在大幅降低延迟的情况下，也能够取得和自回归模型类似的生成效果。但在开放端的生成任务中，非自回归模型的研究还很少。不过可以断言，非自回归模型给语言生成带来的绝不仅仅是时间延迟上的提升，它还带来了语言生成崭新的建模方式和新的思考方向。我们期待未来有更多的研究聚焦在非自回归模型上，从而带来更多有价值的发现。

第 8 章 融合规划的自然语言生成

规划是人类进行文字创作的基本步骤。*The Element of Style*[①] 一书中有一段关于规划的阐述如下：

> A basic **structural design** underlies every kind of writing ⋯ in most cases **planning must be a deliberate prelude to writing**. This first principle of composition, is to foresee or determine the shape of what is to come and pursue that shape.

人们在写作之前，特别是在创作长篇幅作品之前，往往需要在作品的多个维度上进行精心的规划，包括作品的题材、情节、篇章结构、写作风格等，从而能够较好地掌控作品的呈现，以准确地传达作者想表达的精神和思想。

规划是人类进行文字创作的重要环节，是沟通无形的思想和有形的文字作品之间的桥梁。这启发了机器文本生成的一系列工作：人们希望通过引入规划机制提高文本的质量与可控性。规划的含义由任务的性质 (如任务的类型和目的等)、数据的性质 (如数据类型、冗余度、抽象程度等) 及受众的兴趣点和知识面等因素决定。例如，在数据到文本生成任务中，输入数据一般是完备的，规划的含义是从输入数据中选择受众关心的或者希望受众了解的信息，并进行数据整合与编排，以控制生成准确无误的、清晰明了的文本。语言风格等可控性维度视具体应用而异，如果给定气象数据生成天气预报稿件，则语言通俗即可；而如果给定商品的属性数据生成相应的广告文案，则要求语言生动形象，能够吸引顾客购买商品。又如，在故事生成任务中，输入数据一般是不完备的，可能只有故事的主题或梗概。这就需要在规划过程中设计与输入相关的、逻辑自洽的事件链，以填补输入中缺失的细节。因此，故事生成的规划更强调机器的常识知识储备、事件联想能力及因果推断能力。

本章以数据到文本生成和故事生成这两个语言生成任务为例，分别介绍传统规划方法

① 2011 年《时代周刊》将其评为自 1923 年以来 100 本最好和最有影响力的英文书之一。

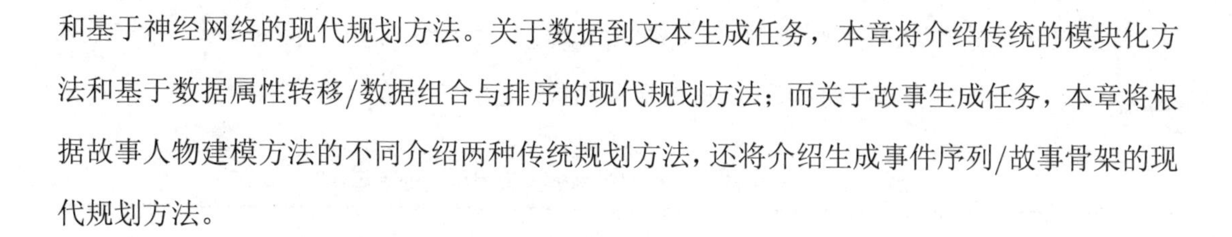
和基于神经网络的现代规划方法。关于数据到文本生成任务，本章将介绍传统的模块化方法和基于数据属性转移/数据组合与排序的现代规划方法；而关于故事生成任务，本章将根据故事人物建模方法的不同介绍两种传统规划方法，还将介绍生成事件序列/故事骨架的现代规划方法。

8.1　数据到文本生成任务中的规划

8.1.1　数据到文本生成任务的定义

数据到文本生成任务可形式化定义为：给定 (半) 结构化元素集合 $\mathcal{A}=\{d_1,d_2,\cdots,d_N\}$，要求生成一段涵盖部分或全部输入元素的文本 Y。$\mathcal{A}$ 中的每个元素 $d_i=<<k_i^1,k_i^2,...,k_i^n>,<v_i^1,v_i^2,...,v_i^n>>$ 是一条记录，包括属性元组 $k_i=<k_i^1,k_i^2,...,k_i^n>$ 和值元组 $v_i=<v_i^1,v_i^2,...,v_i^n>$，$k_i^j$ 是与值 v_i^j 对应的属性。特别地，当输入数据是关键词集合时，n 为 1，且 k_i^1 为空，v_i^1 是关键词。

以 WIKIBIO 数据集上的人物简介生成任务为例，给定的数据元素是关于人物生平的键值对信息，即 n 等于 1，但由于多种属性的值往往是词的序列并且可以继续细分为多个子信息 (如属性 “Birth date” 的值会包含年月日三个子信息)，所以为了更好地编码属性值的内容，基于神经网络的相关工作一般会对词序列进行分词，分别处理成一个数据元素，并使用位置编码标记新值在原值中的位置以保留词序信息①。表 8.1 所示为对原输入数据 (部分) 进行处理的示例，p_i 是位置编码。

又以 ROTOWIRE 数据集上的 NBA 球赛报道生成任务为例，给定的原始输入数据是两张表格，具有不同的表头，包含多个属性。如果直接将表格的一行转换成一个数据元素，如表 8.2 中处理前内容所示，则一个数据元素将包含过多的信息，难以被有效处理。一种做法是重构输入数据。例如，为所有输入元素定义一套相同的属性 $k_i=<k_i^1=\text{“Type”},k_i^2=\text{“Entity”},k_i^3=\text{“Value”},k_i^4=\text{“H/V”}>$，分别表示记录的主要类型、对象、值和主/客场标记，则表 8.2 中处理前的数据元素可转换成表 8.2 处理后的数据元素的形式。由于每个元

① 部分属性名也是词的序列，但在编码时通常当成一个词来处理。

素 d_i 的属性元组 k_i 相同，所以，在使用神经网络方法把元素 d_i 编码成向量时，可以只考虑 v_i。显然，重构后的数据表示比重构前更加简单，也更容易表示。

表 8.1　WIKIBIO 数据集的输入数据格式处理示例

处理前		
k_i	v_i	
< “Name” >	< “Emmett John Rice” >	
< “Birth date” >	< “December 21, 1919” >	
处理后		
k_i	v_i	p_i
< “Name” >	< “Emmett” >	1
< “Name” >	< “John” >	2
< “Name” >	< “Rice” >	3
< “Birth date” >	< “December” >	1
< “Birth date” >	< “21” >	2
< “Birth date” >	< “1919” >	3

表 8.2　ROTOWIRE 数据集的输入数据格式处理示例

处理前	
$\boldsymbol{k_i}$	$\boldsymbol{v_i}$
< “Team”, “Win”, “Loss”, “PTS”, $\cdots$ >	< “Spurs”, “4”, “6”, “99”, $\cdots$ >
< “Player”, “H/V”, “AST”, “RB”, $\cdots$ >	< “Yao”, “V”, “4”, “10”, $\cdots$ >
处理后	
$\boldsymbol{k_i}$	$\boldsymbol{v_i}$
< “Type”, “Entity”, “Value”, “H/V” >	< “Team-Name”, “Spurs”, “Spurs”, “H” >
< “Type”, “Entity”, “Value”, “H/V” >	< “Team-Win”, “Spurs”, “4”, “H” >
< “Type”, “Entity”, “Value”, “H/V” >	< “Team-Loss”, “Spurs”, “6”, “H” >
< “Type”, “Entity”, “Value”, “H/V” >	< “Team-PTS”, “Spurs”, “99”, “H” >
...	...
< “Type”, “Entity”, “Value”, “H/V” >	< “First-Name”, “Yao”, “Yao”, “V” >
< “Type”, “Entity”, “Value”, “H/V” >	< “AST”, “Yao”, “4”, “V” >
< “Type”, “Entity”, “Value”, “H/V” >	< “RB”, “Yao”, “10”, “V” >
...	...

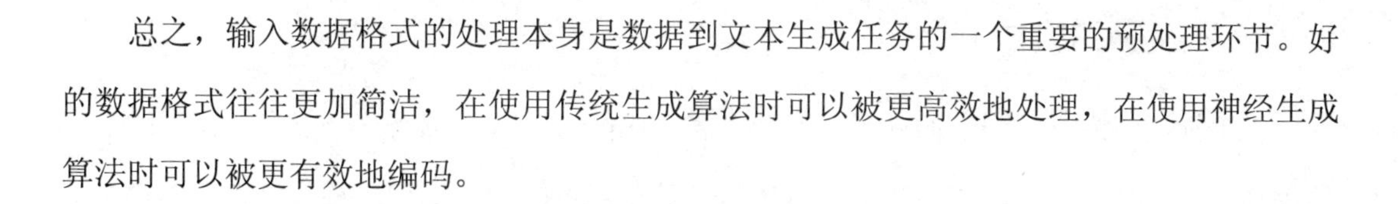

总之，输入数据格式的处理本身是数据到文本生成任务的一个重要的预处理环节。好的数据格式往往更加简洁，在使用传统生成算法时可以被更高效地处理，在使用神经生成算法时可以被更有效地编码。

8.1.2　传统的模块化方法

第 1 章介绍了传统模块化的生成框架 (见图 1.1)。模块化的生成框架在逻辑上大体包含三个模块：第一，内容规划 (Content Planning) 负责筛选数据，确定信息呈现的顺序，并进行信息的整合；第二，句子规划 (Sentence Planning) 进一步处理内容规划的结果，实现从数据端到文本端的过渡，主要负责从句法层面考虑如何将分配到不同句子的信息合并在同一个句子中表达，以及如何将 (半) 结构化数据词汇化并生成实体的无歧义指称表达；第三，文本实现 (Text Realization) 则基于模板或语法规则等方法把句子规划的结果转换成自然语言文本。这种三阶段流水线式的框架为早期自然语言生成任务提供了一种简洁而系统化的发展模式。

然而这种流水线框架具有两个明显的弊端：其一，先行模块的决策对后继模块产生未知的影响 。举例而言，在规划阶段确定的句子结构或词的顺序可能导致文本实现阶段生成具有歧义的文本；其二，如果要求生成的文本满足一定的限制 (如长度限制)，这些限制在先行模块中将难以被有效地掌控，因为先行模块 (尤其是靠近数据端的内容规划模块) 往往难以预见最终生成的文本。

这两个弊端在根本上是由各个模块之间合作沟通不充分导致的，而在流水线框架下，模块之间的协调本身就是困难的。为了解决这种模块化流水线框架的问题，不少工作致力于提高系统的整体性。一些工作提出在模块之间添加回路，使后继模块发现的错误可以反馈给先行模块，先行模块进行相应的调整与修正。显然，这种改进是以降低文本生成效率为代价的。

传统的模块化文本生成框架虽然具有一些难以根治的弊端，但由于反映了对文本生成任务的系统性思考，展现出了良好的可解释性，所以对文本生成领域产生了深远的影响，从下一节对神经语言生成模型的规划机制的介绍中也能够看到传统规划方法的一些影子。

8.1.3 神经网络方法

由于神经网络具备强大的表示学习能力和泛化能力，基于编码器—解码器框架的端到端神经语言生成模型广泛用于各类文本生成任务。数据驱动的端到端神经语言生成模型能够自动学习输入数据与生成文本之间的对应关系，避免了手工构造大量任务特定的、泛化性较差的规则或模板，并在天气预报生成、人物简介生成等任务上取得了较好的表现。然而 Wiseman 等人[77] 通过大量实验说明：当输入数据变得复杂，或要求生成更长的文本时，这种神经语言生成模型倾向于或遗漏输入信息，或引入不包含在输入中的信息，或生成前后不一致的表达。事实上，模型还往往生成重复的语句，表达多样性不高。

为了解决上述问题，一些工作尝试在编码器—解码器框架中引入规划机制 (见图 8.1) 来专门负责输入内容的挑选和编排，并对解码过程实施高层次的控制。本节将重点介绍数据编码器 (Data Encoder) 的设计和规划机制 (Planning Mechanism)，包括基于数据属性转移的规划机制和基于数据组合与排序的规划机制。由于文本解码过程与规划机制紧密结合，规划机制对文本解码的控制将在该机制的介绍中说明。

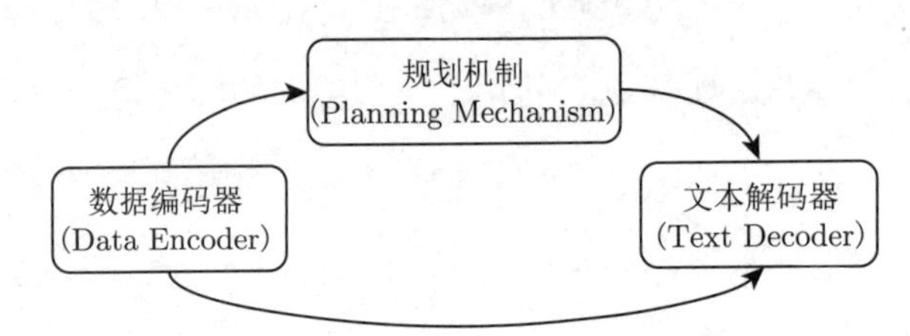

图 8.1 基于规划的神经语言生成模型框架

1. 数据编码器

数据编码器将输入的每一个 (半) 结构化元素 d_i 编码成向量表示 $\boldsymbol{h}_i$。由于输入的向量表示是规划和文本解码的依据，所以数据编码器应尽可能地捕捉输入数据元素的个体特征和内在联系。常见且直观的做法是利用 RNN 编码输入元素序列，以第 3 章中介绍的长短期记忆 (LSTM) 模型为例：

$$\boldsymbol{e}(k_i) = \boldsymbol{e}(k_i^1) \oplus \boldsymbol{e}(k_i^2) \oplus \cdots \oplus \boldsymbol{e}(k_i^n) \tag{8.1}$$

$$\boldsymbol{e}(v_i) = \boldsymbol{e}(v_i^1) \oplus \boldsymbol{e}(v_i^2) \oplus \cdots \oplus \boldsymbol{e}(v_i^n) \tag{8.2}$$

$$\boldsymbol{x_i} = \boldsymbol{e}(k_i) \oplus \boldsymbol{e}(v_i) \tag{8.3}$$

$$[\boldsymbol{h_i}, \boldsymbol{c_i}] = \text{LSTM}(\boldsymbol{h_{i-1}}, \boldsymbol{c_{i-1}}, \boldsymbol{x_i}) \tag{8.4}$$

其中，$\oplus$ 表示向量的拼接，$\text{LSTM}(\cdot,\cdot,\cdot)$ 表示 LSTM 计算单元，具体参考公式 (3.14)~ 公式 (3.19)。k_i^j 是 k_i 的第 j 个属性，v_i^j 是元组 v_i 中与属性 k_i^j 对应的值，$\boldsymbol{e}(k_i^j)$ 和 $\boldsymbol{e}(v_i^j)$ 分别是 k_i^j 和 v_i^j 的可训练嵌入向量，$\boldsymbol{x_i}$ 是第 i 步的输入向量。$\boldsymbol{c_i}$ 是记忆单元向量。

为了将输入数据的结构和属性的语义更好地融入输入的编码表示中，Liu 等人[78] 提出了原始 LSTM 的一个变种①：每一步的输入仅保留输入元素的值元组 v_i，属性信息则通过一个新增的属性门控单元融入 LSTM 的记忆单元 $\boldsymbol{c_i}$ 中。具体的计算方式如下：

$$\boldsymbol{x_i} = \boldsymbol{e}(v_i) \tag{8.5}$$

$$\boldsymbol{e}(k_i) = \boldsymbol{e}(k_i^1) \oplus \boldsymbol{e}(k_i^2) \oplus \cdots \oplus \boldsymbol{e}(k_i^n) \tag{8.6}$$

$$\boldsymbol{l_i} = \sigma(\boldsymbol{W_l}\boldsymbol{e}(k_i) + \boldsymbol{b_l}) \tag{8.7}$$

$$\boldsymbol{z_i} = \tanh(\boldsymbol{W_z}\boldsymbol{e}(k_i) + \boldsymbol{b_z}) \tag{8.8}$$

$$\boldsymbol{c_i} = \widetilde{\boldsymbol{c_i}} + \boldsymbol{l_i} \otimes \boldsymbol{z_i} \tag{8.9}$$

$$\boldsymbol{h_i} = \widetilde{\boldsymbol{o_i}} \otimes \tanh(\boldsymbol{c_i}) \tag{8.10}$$

其中，$\{\boldsymbol{W_l}, \boldsymbol{W_z}, \boldsymbol{b_l}, \boldsymbol{b_z}\}$ 是可训练的参数，$\widetilde{\boldsymbol{c_i}}$ 和 $\widetilde{\boldsymbol{o_i}}$ 分别表示原始 LSTM 模型的记忆单元和输出门，$\boldsymbol{z_i}$ 编码了输入元素 d_i 的属性信息，$\boldsymbol{l_i}$ 是 $\boldsymbol{z_i}$ 的门控向量。其余未给出的计算公式可参考第 3 章介绍的 LSTM 模型。

特别地，在以上两种数据编码方式中，如果输入元素 d_i 具有位置编码 p_i(参见 8.1.1节关于 WIKIBIO 数据集的示例)，可以将 p_i 的可训练嵌入向量 $\boldsymbol{e}(p_i)$ 同样拼接到 $\boldsymbol{e}(k_i)$ 的表示中，即使用 $\boldsymbol{e}(k_i) = \boldsymbol{e}(k_i^1) \oplus \boldsymbol{e}(k_i^2) \oplus \cdots \oplus \boldsymbol{e}(k_i^n) \oplus \boldsymbol{e}(p_i)$ 代替公式 (8.1) 和公式 (8.6)。

2. 基于数据属性转移的规划机制

针对不同输入元素的属性 (元组) 不尽相同的情况，下面介绍 Sha 等人提出的基于属性 (元组) 转移的规划机制[79]。这种机制的基本假设是，不同属性 (元组) 的数据在文本中

① 原论文处理的是 k_i 和 v_i 维度为 1 的情况，此处扩展到了 n 元组的情况。

被提及的先后顺序服从某种先验。举例而言，在人物简介生成任务中，“姓名”通常先于“出生年月”，而“出生年月”通常又先于“职业”。因此，该机制作用于带注意力机制的编码器—解码器模型，利用链接矩阵建模属性在文本中的转移概率，并在解码过程中调整模型对输入数据的注意力分布。为了叙述方便，本节将“属性 (元组)”简称为“属性”。

(1) 概述

如图 8.2 所示，模型首先对输入数据元素进行编码，然后在文本生成的每一步中，通过一种改进的注意力机制选择性地关注输入元素。与第 3 章介绍的传统注意力机制不同，这种注意力机制利用了解码状态对输入数据的注意力分布的历史，并基于从训练数据中学习得到的关于属性之间的转移规律，计算新的注意力分布以指导解码器生成下一个词。因此，这种注意力机制承担了规划的任务。

(2) 规划过程

规划过程的核心是在解码的每一步考虑数据属性的转移规律，更新对输入元素的注意力分布，以实现由上一步关注的属性转移至适合当前步关注的属性。

具体地，在文本解码的第 j 步，记文本解码器的隐状态向量为 $\boldsymbol{s}_j$，针对输入元素的注意力分布为 $\boldsymbol{\alpha}_j$。$\boldsymbol{\alpha}_j$ 由基于内容的注意力分布 $\boldsymbol{\alpha}_j^{\text{content}}$ 和基于链接的注意力分布 $\boldsymbol{\alpha}_j^{\text{link}}$ 复合得到：

$$g_j = \sigma\left(\boldsymbol{w}\cdot\left[\boldsymbol{s}_j \oplus \boldsymbol{e}(y_{j-1}) \oplus \sum_{i=1}^{N} \alpha_{j,i}^{\text{link}}\boldsymbol{e}(k_i)\right] + b\right) \tag{8.11}$$

$$\boldsymbol{\alpha}_j = g_j\ \boldsymbol{\alpha}_j^{\text{content}} + (1-g_j)\ \boldsymbol{\alpha}_j^{\text{link}} \tag{8.12}$$

其中，$\{\boldsymbol{w}, b\}$ 是可训练参数，$\boldsymbol{e}(y_{j-1})$ 是在解码的第 $j-1$ 步生成的词 y_{j-1} 的嵌入向量，$\alpha_{j,i}^{\text{link}}$ 是对输入元素 d_i 的注意力权重。g_j 用于权衡 $\boldsymbol{\alpha}_j^{\text{link}}$(即规划) 对最终注意力分布 $\boldsymbol{\alpha}_j$ 的影响。在模型训练的过程中，有可能出现规划不起作用的情况，即 g_j 总是近似为 1。为了避免这种情况，可以先对 g_j 做进一步变换，如 $\hat{g}_j = 0.2g_j + 0.5$ 将 g_j 的值域变换到 $[0.5, 0.7]$，再用变换后的 $\hat{g}_j$ 对 $\boldsymbol{\alpha}_j^{\text{content}}$ 和 $\boldsymbol{\alpha}_j^{\text{link}}$ 进行公式 (8.12) 中的加权平均操作。

现给出基于内容的注意力分布 $\boldsymbol{\alpha}_j^{\text{content}}$ 的计算方式如下：

$$\boldsymbol{\alpha}_j^{\text{content}} = \text{Attention}(\boldsymbol{s}_j, \{\boldsymbol{h}_1, \boldsymbol{h}_2, \cdots, \boldsymbol{h}_N\}) \tag{8.13}$$

其中，Attention(·) 是计算 $\boldsymbol{s}_j$ 对输入数据编码表示 $\{\boldsymbol{h}_1, \boldsymbol{h}_2, \cdots, \boldsymbol{h}_N\}$ 的注意力分布的函数，可参考第 3 章中关于注意力机制的内容。

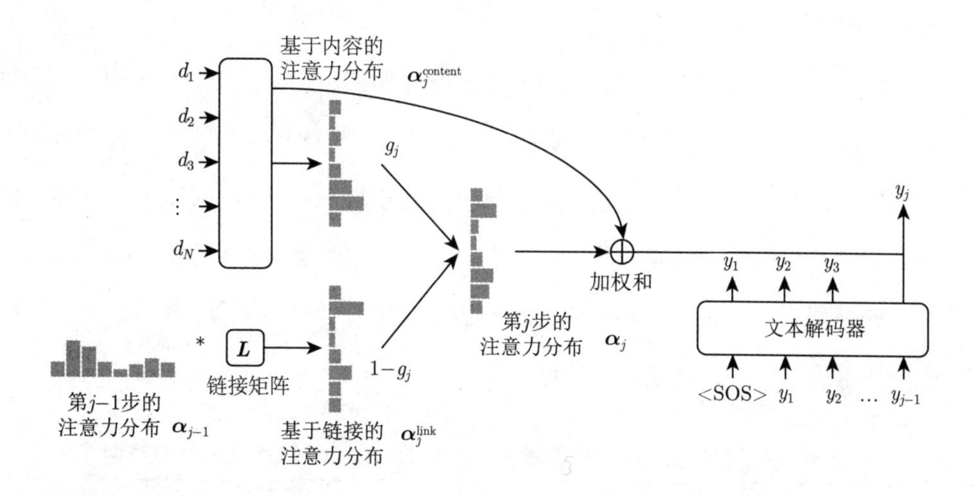

图 8.2 基于数据属性转移的规划机制及其对文本解码过程的控制

基于链接的注意力分布 $\boldsymbol{\alpha}_j^{\text{link}}$ 着重考虑属性之间的关系。记属性的链接矩阵为 $\boldsymbol{L} \in \mathbb{R}^{n_k \times n_k}$，其中 n_k 是所有可能的属性的数量。$\boldsymbol{L}[k_m, k_i] \in \mathbb{R}$ 是全局适用的可训练参数，表示属性 k_m 先于属性 k_i 被提及的可能性。$\boldsymbol{\alpha}_j^{\text{link}}$ 的计算方式如下：

$$\alpha_{j,i}^{\text{link}} = \frac{\exp\left(\sum_{m=1}^{N} \alpha_{j-1,m} \boldsymbol{L}[k_m, k_i]\right)}{\sum_{i=1}^{N} \exp\left(\sum_{m=1}^{N} \alpha_{j-1,m} \boldsymbol{L}[k_m, k_i]\right)} \tag{8.14}$$

其中，$\alpha_{j-1,m}$ 是 $\boldsymbol{\alpha}_{j-1}$ 的第 m 维，表示第 $j-1$ 步解码对属性 k_m 的注意力权重。

(3) 规划机制对文本解码的控制

规划机制对文本解码的控制可形式化为公式 (8.15)，具体实现方式可参考第 3 章关于注意力机制辅助文本解码的内容。

$$\hat{y}_j \sim P(y|Y_{<j}, \mathcal{A}) = \text{softmax}\left(\text{MLP}\left(\boldsymbol{e}(y_{j-1}) \oplus \boldsymbol{s}_j \oplus \sum_{i=1}^{N} \alpha_{j,i} \boldsymbol{h}_i\right)\right) \tag{8.15}$$

(4) 模型训练

对于训练集中的每一个样例——包含输入数据 $\mathcal{A}$，参考文本 $Y = (y_1, y_2, \cdots, y_T)$，训练目标为最小化下式：

$$\mathcal{L} = -\sum_{j=1}^{T} \log P(y_j|Y_{<j}, \mathcal{A}) \tag{8.16}$$

(5) 规划的效果

表 8.3 所示为上述生成算法在 WIKIBIO 数据集上的一个生成样例。在规划机制的作用下，模型生成的文本所涵盖的数据元素及不同属性被提及的顺序均与参考文本基本一致。实验结果表明，在数据集满足基本假设的情况下，即不同属性的数据在文本中被提及的顺序服从某种先验，相比基于内容的注意力机制，这种基于数据属性转移的规划机制能更有效控制文本的解码过程，进而提高生成文本的质量。然而，链接矩阵建模的是全局的规划模式，在一定程度上限制了规划的灵活性。

表 8.3　基于数据属性转移的规划机制在 WIKIBIO 数据集上的生成样例

属　性	值
Name	Emmett John Rice
Birth date	December 21, 1919
Birth place	Florence, South Carolina, United States
Death date	7 March 10, 2011 (aged 91)
Death place	Camas, Washington, United States
Nationality	American
Occupation	Governor of the Federal Reserve System, Economics Professor
Known for	Expert in the Monetary System of Developing Countries, Father to Susan E. Rice
参考文本	emmett john rice (december 21, 1919 -march 10, 2011) was a former governor of the federal reserve system, a Cornell university economics professor, expert in the monetary systems of developing countries and the father of the current national security advisor to president barack obama, susan e. rice.
生成文本	emmett john rice (december 21, 1919 -march 10, 2011) was an american economist, author, public official and the former governor of the federal reserve system, expert in the monetary systems of developing countries.

3. 基于数据组合与排序的规划机制

针对长文本生成任务，即生成的文本包含若干个句子的情况，下面介绍 Shao 等人提出的基于数据组合与排序的规划机制[80]。这种规划机制借鉴了人的写作过程：一般而言，人们倾向于首先将一篇长文按照内容相关度规划为若干部分，再对文章的每一部分详细展开。

因此，这种规划机制首先把输入数据划分成信息组 (输入数据元素的子集) 的序列，然后控制文本解码器为每一个信息组生成一个句子。信息组序列代表了模型规划的结果，能够控制文本中每个句子的内容、输入元素所占的篇幅及文本的整体结构。这种规划机制把较难的长文本生成任务分解成了一系列相互依赖的句子 (短文本) 生成子任务，每个子任务都明确地依赖相应的信息组和已经解码的上文。因此，这种机制能够较好地筛选和覆盖输入数据，也能较好地建模句子之间的一致性。

(1) 概述

如图 8.3 所示①，模型首先编码输入数据，然后利用规划解码器对数据进行组合与排序。在时间步 j，规划解码器解码出信息组 $\mathcal{G}_j$。$\mathcal{G}_j$ 是输入数据元素的子集，图 8.3 中 $\mathcal{G}_j=\{d_1,d_3\}$，每个 d_i 表示一个输入数据元素，其作用是明确第 j 个句子 Y_j 所需要表达内容。当规划解码器完成规划后，规划结果为一个信息组序列 $\mathcal{G}=(\mathcal{G}_1,\mathcal{G}_2,\cdots,\mathcal{G}_M)$，文本解码器根据此结果生成最终的句子序列 $Y=(Y_1,Y_2,\cdots,Y_M)$。

(2) 规划过程

规划过程为每一个句子指定需要覆盖的输入数据的子集。这个过程可以形式化地表示为

$$\hat{\mathcal{G}}=\arg\max_{\mathcal{G}} P(\mathcal{G}|\mathcal{A}) \tag{8.17}$$

其中，$\mathcal{G}=(\mathcal{G}_1,\mathcal{G}_2,\cdots,\mathcal{G}_M)$ 是信息组序列，每一个信息组 $\mathcal{G}_j$ 是输入数据的子集，决定了句子 Y_j 需要覆盖的内容。

公式 (8.17) 可以采用贪心的方式求解,即利用规划解码器解码 $\hat{\mathcal{G}}_j=\arg\max_{\mathcal{G}_j} P(\mathcal{G}_j|\mathcal{G}_{<j},\mathcal{A})$。具体地，在时间步 j，规划解码器计算每个输入元素属于当前组 $\mathcal{G}_j$ 的概率 $P(d_i\in\mathcal{G}_j|\mathcal{G}_{<j},\mathcal{A})$:

$$P(d_i\in\mathcal{G}_j|\mathcal{G}_{<j},\mathcal{A})=\sigma(\boldsymbol{U}_p\cdot\tanh(\boldsymbol{W}_p[\boldsymbol{h}_i\oplus\boldsymbol{s}_j]+\boldsymbol{b}_p)) \tag{8.18}$$

其中，$\{\boldsymbol{W}_p,\boldsymbol{U}_p,\boldsymbol{b}_p\}$ 是可训练的参数，$\boldsymbol{h}_i$ 是输入元素 d_i 的编码向量表示，$\boldsymbol{s}_j$ 是规划解码器的隐状态向量。$\mathcal{G}_j$ 由概率大于 0.5 的所有输入元素组成:

$$\mathcal{G}_j=\{d_i|P(d_i\in\mathcal{G}_j|\mathcal{G}_{<j},\mathcal{A},\boldsymbol{z})>0.5\} \tag{8.19}$$

① 图中的 < **GO** > 是规划解码器在第 1 步的可训练输入向量，指示规划过程的开始。

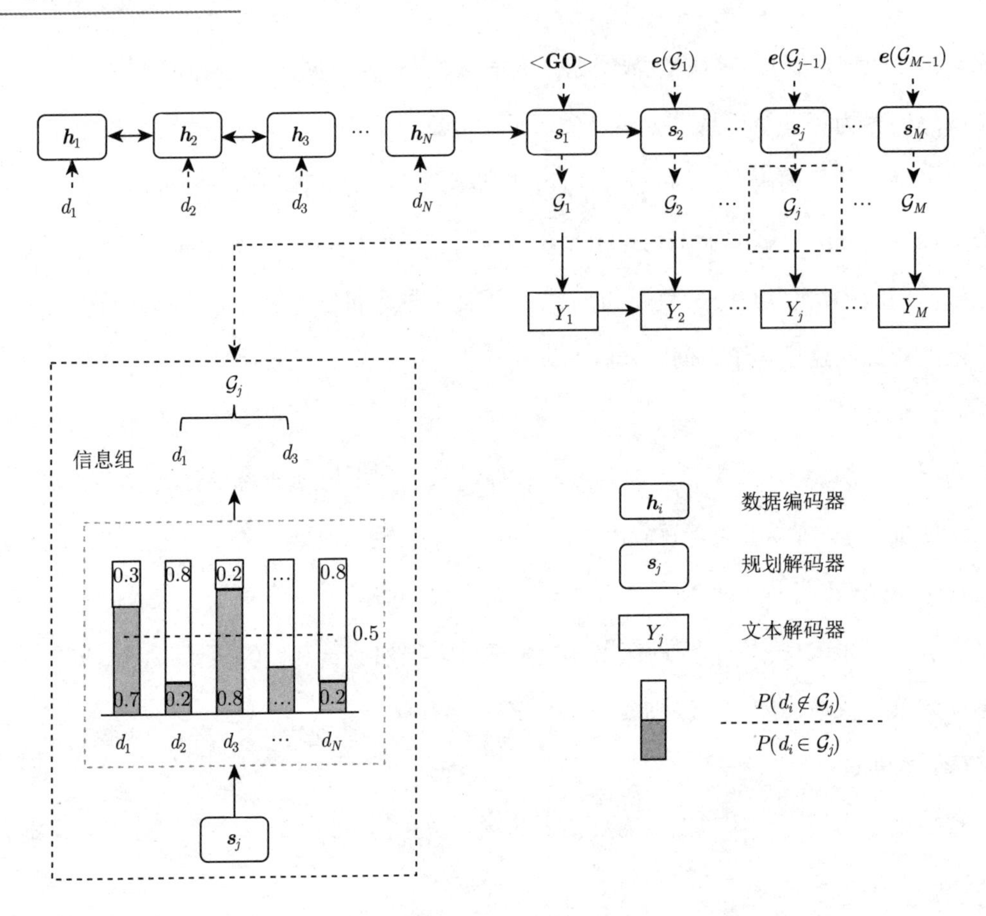

图 8.3　基于数据组合与排序的规划机制及其对文本解码过程的控制

为了让规划解码器明确已被选择的输入数据和未被选择的数据，$\mathcal{G}_j$ 被编码表示成向量并作为规划解码器在下一时间步的输入。其中 $\mathcal{G}_j$ 的向量表示 $\boldsymbol{e}(\mathcal{G}_j)$ 计算如下：

$$\begin{aligned}\boldsymbol{e}(\mathcal{G}_j) &= \text{mean\_pooling}\{\boldsymbol{h}_i|d_i \in \mathcal{G}_j\} \\ &= \frac{1}{|\mathcal{G}_j|}\sum_{d_i \in \mathcal{G}_j}\boldsymbol{h}_i\end{aligned} \tag{8.20}$$

其中，mean_pooling 表示平均池化操作。

除了解码信息组 $\mathcal{G}_j$，规划解码器还会计算规划过程在下一步停止的概率：

$$P_j^{\text{stop}} = \sigma(\boldsymbol{W_s}\boldsymbol{s}_j + \boldsymbol{b_s}) \tag{8.21}$$

其中，$\{\boldsymbol{W_s}, \boldsymbol{b_s}\}$ 是可训练参数。规划过程持续进行，直到 $P_j^{\text{stop}} > 0.5$。

(3) 规划机制对文本解码的控制

规划结束后，文本解码器为每一个信息组生成一个句子，此过程可形式化地表示为：

$$\hat{Y}_j = \arg\max_{Y_j} P(Y_j|Y_{<j}, \mathcal{G}_j) \tag{8.22}$$

上式可以使用层次化的解码器实现。解码器由句子解码器和词解码器组成，均可使用 RNN 实现。现给出一种可行的实现方式：句子解码器在第 j 步的输入包括词解码器解码第 $j-1$ 个句子时的末状态向量及第 j 个信息组 $\mathcal{G}_j$ 的编码向量 $\boldsymbol{e}(\mathcal{G}_j)$，得到的状态向量作为第 j 个句子的表示，与 $\mathcal{G}_j$ 一同控制词解码器解码第 j 个句子。

(4) 模型训练

模型优化目标主要包含两个，分别是规划相关的损失函数 ($\mathcal{L}_1$) 及文本解码的损失函数 ($\mathcal{L}_2$)。

第一项损失函数 $\mathcal{L}_1$ 用以训练规划解码器学习对数据的组合与排序，以及如何找准规划的停止时刻：

$$\begin{aligned}\mathcal{L}_1 = &-\sum_{j=1}^{M} \log P(\mathcal{G}_j|\mathcal{G}_{<j}, \mathcal{A}) \\ &- \log P_M^{\text{stop}} - \sum_{j=1}^{M-1} \log(1 - P_j^{\text{stop}})\end{aligned} \tag{8.23}$$

值得注意的是，在优化 $\log P(\mathcal{G}_j|\mathcal{G}_{<j}, \mathcal{A})$ 时需要信息组序列的标注。一种可行的方法是使用字符串匹配的方式识别文本中提及的输入数据，进而自动标注每个句子对应的信息组。

第二项损失函数 $\mathcal{L}_2$ 用以监督训练文本解码器：

$$\mathcal{L}_2 = -\sum_{j=1}^{M} \log P(Y_j|Y_{<j}, \mathcal{G}_j) \tag{8.24}$$

(5) 规划的效果

上文介绍的规划机制由于把长文本生成任务分解成了若干相互依赖的句子生成子任务，所以还允许在多个层次增加文本生成的自由度以提高生成文本的多样性：考虑到语言表达是灵活的，往往存在不止一种合理的文本结构来传达同一个信息组，因此在规划层次可以引入一个全局隐变量建模合理规划的多样性；而在表达实现层次也可以引入一系列局部隐变量控制每个句子的多样化表达。引入隐变量后①，通过让隐变量取不同的采样值，模型对同一个输入也能生成不同且合理的文本。表 8.4 所示为引入隐变量后的模型在广告文案生成数据集[80] 上的生成样例，加粗文字是对某输入元素的覆盖。表中展示的两段文本是全局隐变量和局部隐变量取两套不同的采样值时的生成结果，不仅覆盖了所有输入数据，还分别展示出总分和并列两种篇章结构，展现了多样化的语言表达能力。

表 8.4　基于数据组合与排序的规划机制在广告文案生成数据集上的生成样例

输　入		
< 类型，裙 >	< 版型，显瘦 >	< 材质，蕾丝 >
< 颜色，黑色 >	< 风格，简约 >	< 风格，性感 >
< 裙型，A 字 >	< 裙长，长裙 >	< 裙袖长，七分袖 >
< 裙领型，圆领 >	< 裙款式，拼接 >	
生成文本		
黑色的**蕾丝拼接长裙**，展现出别具一格的气质。 **圆领**的设计既能露出女性**性感**的锁骨，又能起到修饰脸型的作用。 **简约**的**七分袖**，修饰纤细的手臂，散发出时尚气息。 修身的 **A 字**版型，提高了腰线，更有**显瘦**的效果。		
略微修身的版型，能很好地修饰身材，穿着舒适又**显瘦**。 **黑色蕾丝拼接**的点缀，**性感**时尚，亮眼吸睛。 **简约**的小**圆领**，搭配**七分袖**处理，举手投足间尽显优雅气质。 **A 字长裙**版型，上身凸显纤细腰肢，让你轻松穿出女神范。		

8.2　故事生成任务中的规划

8.2.1　故事生成任务的定义

故事生成任务可形式化定义为：给定约束集合 $\mathcal{C}$，要求生成一个满足约束的故事 Y。其中，约束集合 $\mathcal{C}$ 可以是静态的，也可以是动态的。静态的约束是提前给定的，在故事生成

① 引入隐变量后，模型的优化目标函数将更加复杂。由于本章专注于规划的思想，此处不再深入引入隐变量后模型的设计和训练细节。具体内容可参考文献 [80]。

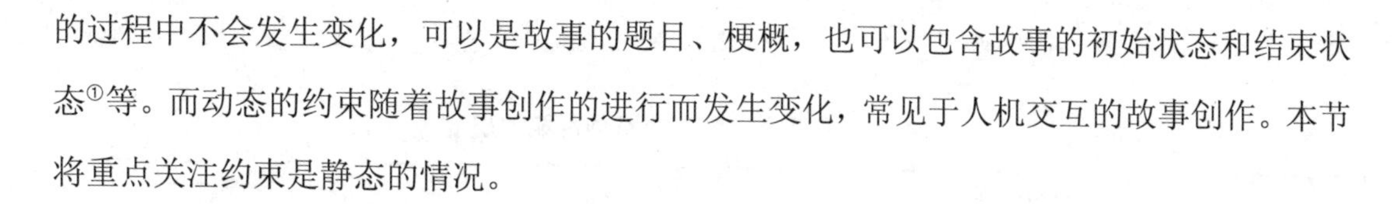

的过程中不会发生变化，可以是故事的题目、梗概，也可以包含故事的初始状态和结束状态①等。而动态的约束随着故事创作的进行而发生变化，常见于人机交互的故事创作。本节将重点关注约束是静态的情况。

8.2.2　传统方法

传统的故事生成系统可以分成两类。其中一类系统是基于模拟的，即在预先构建的故事世界模型和人物设定中，每个人物都是一个自治的智能体，在与其他人物或故事世界的交互中进行决策以满足自己的意图和目标，推动故事情节的发展。TALE-SPIN[81] 就属于这类基于人物模拟的系统。一般而言，如果通过观察一个人物的行为能够推断出人物的动机或意图，那么这个人物的塑造会更加自然，整个故事也会更容易理解。然而，由于故事中人物的意图直接影响情节的走向和故事的整体结构，当人物的意图选择不当的时候，就会产生“夭折”或结构性差的故事。因此，一些工作尝试协调管理人物的意图和行为以减少这种情况的发生。

形象地说，上述系统通过人物模拟给每个人物赋予了“意识”和“主动性”。人物的行动服从于他被允许的动作空间、反应机制、动机和意图等因素，但并非由某个中心算法统筹决定。因此，这类系统是去中心化的。

与之相对的另一类系统则采用一个规划算法来决定所有人物的行为，以满足给定的约束。例如，在给定约束包含故事的起始状态和结束状态的情况下，POCL(Partial Order Causal Link)[82-83] 规划算法从结束状态出发，逐步添加新的事件，确定事件之间的偏序关系，并解决事件之间的因果冲突，使每个事件发生的前提条件能够因为其他事件的发生而得到满足。一些系统，如 MINISTREL、MÉXICA、PROTOPROPP 等，通过对已有故事样例的分析来创造满足约束的新故事。总之，这类系统以满足给定约束为目标，并根据目标来规划人物的行动，好处是对故事结构具有全局的把控，坏处是没有充分考虑人物的意图，可能导致人物的塑造不自然。关于这一点，Riedl 等人[84] 借用了一个例子进行说明。假定故事包含国王、公主和骑士三个人物，他们都住在一个城堡中，城堡中有一座可以关人的

① 初始状态和结束状态可以是某个或某些故事人物的行为或状态，也可以是故事世界的状态，呈现形式包括自然语句和结构化数据等。

塔，要求在故事结束时，公主被关在塔里，并且国王死了。表 8.5 给出了两种可能的规划。

表 8.5　满足给定约束的两种可能的规划

第一种规划	第二种规划
1. 公主杀死了国王。 2. 公主把自己关在了塔里。	1. 公主爱上了骑士。 2. 国王追求公主。 3. 公主拒绝了国王。 4. 国王把公主关在了塔里。 5. 骑士杀死了国王。

尽管两种规划都能满足给定约束，但第二种规划由于体现了人物的动机和意图，比第一种规划更完整、自然，也更能让读者信服。因此，Riedl 等人[84] 提出了 IPOCL(Intent-Driven Partial Order Causal Link) 规划算法。IPOCL 规划算法是对 POCL 规划算法的扩展，使生成的故事在满足给定约束的同时，能够体现人物自身的意图。

上述传统的故事生成方法往往需要相对复杂的系统设计，并依赖大量领域特定的知识(如领域模型，其中定义了可能的角色，角色可执行的行动及其条件和影响等)，因此人工代价较高且泛化性不强。

8.2.3　神经网络方法

基于编码器—解码器框架的神经语言生成模型由于能够在数据驱动下快速建立约束集合 $\mathcal{C}$ 与故事 Y 之间的联系，并且具有比传统故事生成系统更简单的结构和更好的泛化性，所以近年来被广泛用于故事生成任务。然而，任务中给定的约束往往不足以推知整个故事，因此模型需要“创造性”地补充信息。简单的序列到序列模型往往倾向于生成前后不一致的或平常的故事情节。为了解决这个问题，不少工作提出了由粗到细逐步完善故事的层次化生成模型，即先从给定约束集合出发，规划出故事的某种中间表示，如故事的提示、(抽象的) 事件序列、故事的骨架、摘要等，然后根据这种中间表示生成故事。本节主要介绍生成事件序列的规划机制及生成故事骨架的规划机制。

1. 生成事件序列的规划机制

一个事件的表示可以由一个谓词和它的参数列表组成。表 8.6 所示为一个事件序列的示例，讲述的是实体“entity”被闹钟唤醒并起床梳洗的一系列动作，其中 V 表示谓词，A0

和 A1 是谓词的参数①。

表 8.6　事件序列示例

1. [blared]$_{\text{V}}$ [alarm]$_{\text{A0}}$
2. [turned off]$_{\text{V}}$ [entity]$_{\text{A0}}$ [the alarm clock]$_{\text{A1}}$
3. [cleaned up]$_{\text{V}}$ [entity]$_{\text{A0}}$ [entity]$_{\text{A1}}$

为了提高故事中事件和实体的多样性与一致性，Fan 等人[85] 提出了一个三阶段模型：第一阶段根据给定的主题规划事件序列，事件表示中的实体均为占位符，如表 8.6 中的“entity”；第二阶段根据事件序列生成故事；第三阶段为故事中的实体生成指称表达。

三个阶段均使用序列到序列模型进行建模，并利用交叉熵进行监督训练，其中第一阶段的监督信号可以利用语义角色标注等工具从故事中自动抽取。Tambwekar 等人[86] 也采用了类似的事件表示方式，并利用序列到序列模型规划给定事件的后续事件序列，使结束事件满足任务指定的类型限制。该工作通过 REINFORCE 算法提高规划的成功率。然而，为了降低事件表示的稀疏性，使用于规划的模型的训练更加稳定、高效，Tambwekar 等人实际上对事件表示进行了抽象。例如，把命名实体替换成它的类型 (“Hawaii”被替换为“LOCATION”)，把谓词替换成它的上位词 (“died”被替换为“disappearance”) 等。这种抽象导致事件的可读性较差，也舍弃了许多细节，需要进一步通过事件到文本生成算法，将抽象表示转换成可读的故事。

2. 生成故事骨架的规划机制

Xu 等人[87] 把故事骨架定义为故事中最为关键的文本子序列，并认为故事骨架作为故事的中间表示，包含的信息量应介于给定约束和故事之间，在理想情况下能够较好地平衡约束到骨架及骨架到故事的生成难度。因此，Xu 等人提出了一个能够自动学习骨架形式的故事生成模型。举例而言，假设给定约束是故事的开头，任务是生成故事的下文，如约束 $\mathcal{C}$ =“Fans came together to celebrate the opening of a new studio for an artist.”，则模型自动预测的下文骨架可能是 “artist champagne everyone”，根据骨架可进一步生成 “The artist provided champagne in flutes for everyone.”。

① 表 8.6 中的 A0 和 A1 可分别认为是主语和宾语。不同的事件表示定义对参数的数量和类型有不同的限定。

图 8.4 所示为生成故事骨架的规划机制。在测试阶段，给定约束和已经生成的故事上文送入“输入到骨架模块”，生成下一个句子的骨架，“骨架到句子模块”根据生成的骨架生成故事的下一个句子。在训练阶段，模型通过“骨架抽取模块”训练上述两个模块，使得“输入到骨架模块”能够生成具有较好性质的骨架。

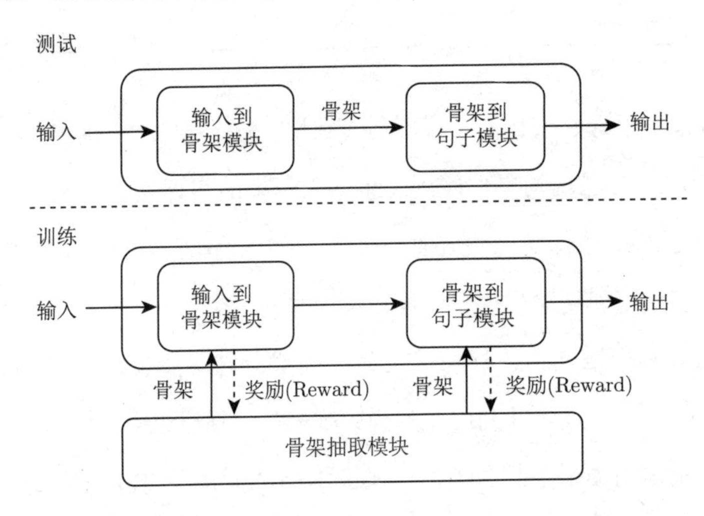

图 8.4　生成故事骨架的规划机制

具体地，“骨架抽取模块”负责从故事的每一个句子中搜索信息量适中的骨架，抽取的骨架用于监督训练“输入到骨架模块”和“骨架到句子模块”。算法首先在句子压缩任务上预训练骨架抽取模块。然后，对数据集的输入/输出数据对 $(\mathcal{C}, Y)$，“骨架抽取模块”可以从故事 Y 中抽取骨架 B。如果骨架 B 信息量适中，则约束到骨架的生成概率 $P_{\boldsymbol{\theta}}(B|\mathcal{C})$ 及骨架到故事的生成概率 $P_{\boldsymbol{\phi}}(Y|B)$ 应该都不低。因此，算法用下式衡量骨架 B 的合适程度：

$$R = K - [\log P_{\boldsymbol{\theta}}(B|\mathcal{C}) \cdot \log P_{\boldsymbol{\phi}}(Y|B)]^{\frac{1}{2}} \tag{8.25}$$

其中，K 是 R 的上界。模型通过 REINFORCE 方法，以上式为奖励函数优化骨架抽取模块。在训练骨架抽取模块的同时，使用数据对 $(\mathcal{C}, B)$ 和 (B, Y) 分别监督训练输入到骨架模块和骨架到句子模块。实验表明，这种自动学习骨架形式的故事生成模型相比基于预定义骨架的故事生成模型能够生成一致性更好的故事，但依然存在很多问题，如语法问题、生成不相关或重复的情节、时间线混乱等。

8.3 本章小结

本章介绍了基于规划的自然语言生成方法。首先指出规划方法与任务、给定的生成条件及生成文本的受众紧密相关；然后针对规划的两个经典应用场景，即非开放端语言生成任务中的数据到文本生成任务和开放端语言生成任务中的故事生成任务，说明了规划在其中的不同含义。数据到文本生成任务中的规划强调对输入数据的处理，生成文本的内容主要蕴含在输入数据中；故事生成任务中的规划则强调从给定生成条件出发的“联想”，生成文本的内容与输入虽然相关，但往往不直接包含在输入中。

本章针对上述两个任务分别介绍了传统的规划方法和基于神经网络的规划方法。相比传统的语言生成方法，基于编码器—解码器框架的神经语言生成模型尽管省去了大量人工设计的控制规则，具有更好的通用性和泛化性，但生成的文本往往存在逻辑一致性差、容易重复等问题。引入规划机制能够在一定程度上缓解这些问题，同时使生成过程更可控，也更具解释性。然而目前基于神经网络的规划机制主要考虑输入与输出之间的映射或对齐关系，缺少联想、关联、抽象和推理的过程，仍然具有较大的发展空间。尤其在开放端语言生成任务中，规划是增强生成过程可控性和可解释性的重要途径之一。

第 9 章　融合知识的自然语言生成

知识是人类对整个客观世界认知的总结和提升。对于机器来说，知识是可以存储、表示和计算的一类特殊信息，是人类认知的数字化、结构化体现。合理利用知识能够有效地帮助人工智能系统提升对人类世界的理解能力、决策能力。在语言生成中，知识能够辅助系统理解输入信息以便生成高质量的文本。在开放端的文本生成中，知识图谱通过结构和连接信息提供对输入相关知识的预测，从而为语言生成提供隐式规划的能力。例如，在故事生成中，常识图谱能够帮助模型生成更符合日常逻辑的故事。

由于缺乏对知识的理解与建模，现有文本生成模型还存在不少缺陷，如生成内容的逻辑、连贯性差，信息量低，违背客观世界的认知。现有研究工作尝试将知识引入语言生成模型中。这些工作表明，引入外部知识可以提升生成文本的质量，如使逻辑和连贯性更强、信息量更丰富等。本章将首先介绍在自然语言生成任务中引入知识的动机与挑战；然后分别从知识编码和融合知识的解码两个角度介绍引入知识的常用方法，并提供在故事生成和基于多跳常识推理的语言生成中综合运用上述方法的两个应用实例；最后对融合知识的自然语言生成模型的发展趋势进行总结和展望。

9.1　引入知识的动机

人类语言中广泛存在着各种类型的知识，如事实知识 (Factual Knowledge)、常识知识 (Commonsense Knowledge) 和各种领域知识 (Domain Knowledge)，它们来源于人类对客观世界的总结和升华，具有高度的概括性。常用的结构化知识组织形式是三元组 (Triple)，它定义了两个概念之间存在的关系，如 <Tree, HasA, Leaf>。自然语言处理领域中围绕知识展开的任务主要分为知识的**获取**和**表达**。关系抽取等任务将知识从自然语言文本中抽离出来，旨在构建丰富的知识图谱和知识库，属于知识获取类任务；而自然语言生成则更关

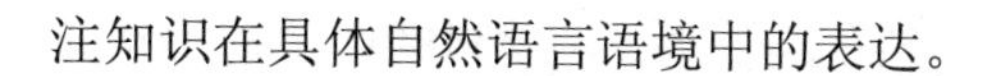

注知识在具体自然语言语境中的表达。

在各类自然语言生成任务中，理解和利用知识以提升系统的语言理解和表达能力有着重要意义。在开放领域对话系统中，引入知识可以增强系统对用户输入内容的理解，使其生成更有针对性、有信息量的回复。在故事生成任务中，知识特别是常识能够增强模型对于故事内容和事件的理解并辅助模型生成更合理、更符合逻辑的故事。而在语言模型建模任务中，通过引入外部知识来增强文本中实体与关系的表示，则可以有效地帮助模型建模人类语言，刻画语言文字中的语义和知识。

目前基于神经网络的文本生成模型通过端到端的训练来拟合数据，存在难以建模低频信息、可解释性差等问题。以语言模型任务为例，神经网络模型根据数据集中上下文的统计共现度 (Statistical Co-occurrence) 训练模型参数，对于低频实体和文本中隐含的关系及需要复杂推理的信息难以有效建模。引入知识能为神经网络模型提供准确、显式的关系约束，以增强知识信息在生成文本中的表达效果。同时，知识也为“黑盒”神经网络模型提供了一定的可解释性。

9.2　引入知识面临的挑战

将知识融入自然语言生成的过程可以分为**编码**和**解码**两个阶段。在编码阶段，模型需要从结构化或非结构化知识库中选取合适的知识，并映射到合适的表示空间。在解码阶段，模型需要将相应的知识转化为通顺的、符合上下文的自然语言。无论是编码还是解码，知识的引入都面临着诸多挑战。

在编码阶段，知识的表示一直是一个重要且富有挑战性的问题。在传统表示方法中，结构化知识 (如知识图谱、表格等) 和非结构化知识 (如维基百科文档) 一般都采用符号化方法或高维稀疏向量表示 (如独热表示)，存在信息编码有限和计算效率低下的缺陷。现代知识表示方法将知识表示成低维稠密向量，在许多自然语言处理任务中取得了成功，但在一定程度上损失了知识本身的符号语义，也限制了它们在语言生成中的作用。除了知识表示，在生成过程中，如何为特定的文本和语境选择合适的知识进行融合也是一个重要的挑战。

由于现有知识库包含的知识三元组数量往往非常大，如维基百科图谱 Wikidata 已经包含上千万的实体和三元组，从如此巨大的候选集中进行选择本身就十分困难。同时，生成任务的语境信息通常只包含上文，对于知识选择来说很不完整，这无疑也增加了知识选择的难度。

在解码阶段，面临的挑战主要在于，知识到相应自然语言的映射关系通常十分复杂。例如，在结构化知识库中，同一个实体普遍对应多个自然语言别名，如表示“美国”的实体对应“the United States”“the U.S.”“America”等。有些常见且重要的关系如“instance_of”，在自然语言中可能有多种表达方式。这些知识元素到自然语言的映射关系与上下文语境、任务背景等诸多因素高度相关，模型在解码阶段必须综合考虑这些因素才能生成通顺的文本。另外，由于语言生成模型的词表通常较为有限，许多知识的自然语言别名涉及的低频词或名词词组都无法在词表中找到。因此，一个实体的名称可能会被拆分成多个词语，如“The Shawshank Redemption”通常会被拆分为“The”“Shawshank”“Redemption”，这也增加了知识和自然语言之间映射的复杂性。

本章的后续内容将从编码和解码两个角度介绍在语言生成模型中引入知识的通用方法，并给出在故事生成和常识生成任务中引入知识的综合实例，最后展望融合知识的自然语言生成模型的发展趋势。

9.3 知识的编码与表示

由上节所述，知识编码部分需要将结构化知识映射到合适的表示空间，以便在基于神经网络的生成模型中引入知识。本节将分别针对结构化知识和非结构化知识的编码与表示介绍几种常用方法。这里的结构化知识主要是指知识图谱，非结构化知识是指以非结构化文本构成的自然语言文档。值得注意的是，知识表示或文本的表示学习是近些年来的热门研究。受篇幅限制，本书仅介绍在语言生成中普遍使用的表示模型和方法，关于其他模型或更详细的讲解，建议读者参考其他相关书籍或论文。

9.3.1 结构化知识表示

1. 几何变换模型

几何变换模型 (Translation-based Model) 是知识表示学习中的重要方法之一，它的基本假设是知识三元组的头实体、尾实体、关系向量表示满足几何变换的形式。本节主要介绍其中最有代表性的 TransE 模型[88]。知识图谱可表示成 $\mathcal{G}=(\mathcal{V},\mathcal{E})$，其中，$\mathcal{V}$ 表示图上节点 (即实体) 的集合，$\mathcal{E}$ 表示边的集合。该知识图谱亦可表示为由头实体、关系和尾实体组成的三元组 $<h,r,t>$ 的集合。TransE 模型假设知识三元组的向量表示满足以下条件：头实体表示向量和关系表示向量之和等于尾实体表示向量，即 $\boldsymbol{v}_h+\boldsymbol{v}_r\approx\boldsymbol{v}_t$。为此，TransE 模型定义了如下度量函数：

$$f(h,r,t)=||\boldsymbol{v}_h+\boldsymbol{v}_r-\boldsymbol{v}_t||_l \tag{9.1}$$

其中，$\boldsymbol{v}_h,\boldsymbol{v}_r,\boldsymbol{v}_t$ 分别代表头实体、关系和尾实体的表示向量，$||\cdot||_l$ 表示向量的 l 范数，这里一般采用 l_2 范数。实际训练时，TransE 模型采用最大间隔损失 (Max-Margin Loss) 函数，以增强知识表示的区分能力：

$$\mathcal{L}=\sum_{<h,r,t>\in\mathcal{G}}\ \sum_{<h',r',t'>\in\mathcal{G}^-}\max\left(0,\gamma+f(h,r,t)-f(h',r',t')\right) \tag{9.2}$$

其中，γ 为三元组正例和负例之间的分数间隔，$\mathcal{G}^-$ 是三元组 $<h,r,t>$ 的负例集合，构造方式是将头实体、关系或尾实体进行随机替换，得到假的三元组集合，即

$$\mathcal{G}^-=\{<h',r,t>\}\cup\{<h,r',t>\}\cup\{<h,r,t'>\} \tag{9.3}$$

TransE 模型是最早对结构化知识三元组进行向量表示的模型之一，后续发展出了许多有代表性的工作，包括 TransH、TransR、TransG 等模型。鉴于本书重点不在于此，建议读者参考与知识图谱相关的论文和书籍。

2. 图卷积网络

图卷积网络 (Graph Convolutional Network, GCN)[89] 是一类图神经网络的空间方法。空间方法 (Spatial Method) 是指模型直接对图上节点的邻域进行卷积操作。在图像中的卷

积神经网络在两个正交的方向上共享参数，因此能够学习到图像中的平移对称性。图神经网络对图中相连接的节点共享参数，因此可以学习到图结构的某种特征。另一类图神经网络的方法是谱方法 (Spectral Method)，它通过傅里叶变换将空间域的卷积操作变换为频域的矩阵乘法。在自然语言处理领域，现代图神经网络广泛采用空间方法的框架，因此本书也主要介绍图神经网络的空间方法。

图卷积网络通过图上邻近节点的信息传播来更新节点和图的表示。对每一个节点 v，该节点的邻域 $\mathcal{N}(v)$ 为在图上与 v 有直接连边的节点集合，即 $\mathcal{N}(v)=\{u|A_{u,v}=1,\forall u\in\mathcal{G}\}$，其中 $\mathcal{G}=(\mathcal{V},\mathcal{E})$ 为输入的无向图，$\mathcal{V}$ 和 $\mathcal{E}$ 分别是图上节点和边的集合，$\boldsymbol{A}\in\mathbb{R}^{|\mathcal{V}|\times|\mathcal{V}|}$ 为图的邻接矩阵 (Adjacency Matrix)，如果图上存在节点 u 和节点 v 之间的连边，则 $A_{u,v}=1$，否则 $A_{u,v}=0$。

假设模型输入的图上节点的表示矩阵为 $\boldsymbol{H}\in\mathbb{R}^{|\mathcal{V}|\times d}$，其中每一行为一个节点的表示向量，$d$ 为节点表示向量的维度。图卷积网络通过下式来更新节点的表示：

$$\boldsymbol{H}'=f(\hat{\boldsymbol{A}}\boldsymbol{H}\boldsymbol{W}) \tag{9.4}$$

其中，$f(\cdot)$ 为激活函数，通常使用 ReLU 作为具体的函数形式，$\boldsymbol{H}'\in\mathbb{R}^{|\mathcal{V}|\times d}$ 为一次更新后的节点表示矩阵，$\boldsymbol{W}\in\mathbb{R}^{d\times d}$ 为对节点表示特征变换的权重矩阵，$\hat{\boldsymbol{A}}\in\mathbb{R}^{|\mathcal{V}|\times|\mathcal{V}|}=\boldsymbol{A}+\boldsymbol{I}$ 为在图上加入节点的自环。由于原始的邻接矩阵未归一化，直接将其和输入的节点表示矩阵相乘会改变输入矩阵的范数大小，所以还需要将 $\hat{\boldsymbol{A}}$ 行的和归一化到 1。

由于知识图谱中节点的连边存在方向和关系类型的标注，而图卷积网络没有考虑图中不同边的类型，所以无法利用图谱上的这些信息。例如，ConceptNet 存在几十种关系的类型，包括 IsA、HasA、UsedFor、PartOf 等。为了将知识图谱中边的方向和关系信息引入图卷积网络，后续工作提出了 R-GCN[90]，其节点表示的更新公式如下：

$$\boldsymbol{h}_v'=f\left(\sum_{r\in R}\sum_{u\in\mathcal{N}_r(v)}\frac{1}{c_{v,r}}\boldsymbol{W}_r\boldsymbol{h}_u+\boldsymbol{W}_s\boldsymbol{h}_v\right) \tag{9.5}$$

其中，$\boldsymbol{h}_v'\in\mathbb{R}^d$ 为更新后节点 v 的表示向量；$f(\cdot)$ 为激活函数；R 为知识图谱定义的关系集合；$\mathcal{N}_r(v)$ 为节点 v 在关系 r 下的邻域，即通过带有关系 r 的边与 v 相连的节点集

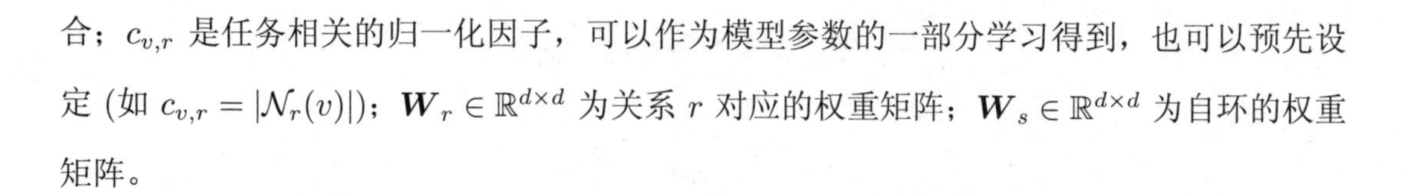

合；$c_{v,r}$ 是任务相关的归一化因子，可以作为模型参数的一部分学习得到，也可以预先设定 (如 $c_{v,r}=|\mathcal{N}_r(v)|$)；$\boldsymbol{W}_r\in\mathbb{R}^{d\times d}$ 为关系 r 对应的权重矩阵；$\boldsymbol{W}_s\in\mathbb{R}^{d\times d}$ 为自环的权重矩阵。

3. 图注意力网络

图注意力网络 (Graph Attention Network, GAT)[91] 是另一种图神经网络的空间方法，它通过注意力机制学习节点表示更新的权重分数。图卷积网络每一层仅使用一个共享的权重矩阵对节点特征进行变换，即公式 (9.4) 中的 $\boldsymbol{W}$，而没有考虑到不同节点的重要性不同。因此，图注意力网络中引入了额外的参数为相连的节点计算不同的注意力分数，增加了网络的表示能力。具体注意力分数的计算如下式所示：

$$\alpha_{v,u}=\frac{\exp\left(f(\boldsymbol{a}\cdot[\boldsymbol{W}\boldsymbol{h}_v\oplus\boldsymbol{W}\boldsymbol{h}_u])\right)}{\sum\limits_{u'\in\hat{\mathcal{N}}(v)}\exp\left(f(\boldsymbol{a}\cdot[\boldsymbol{W}\boldsymbol{h}_v\oplus\boldsymbol{W}\boldsymbol{h}_{u'}])\right)} \tag{9.6}$$

其中，$f(\cdot)$ 为激活函数，GAT 使用 LeakyReLU 作为该激活函数的具体形式。LeakyReLU 为 ReLU 的变体，与 ReLU 不同之处是该函数在负半轴仍具有较小的斜率。其形式化如下：

$$\text{LeakyReLU}(x)=\begin{cases}x,\ x\geqslant 0\\ \beta x,\ x<0\end{cases} \tag{9.7}$$

其中，β 一般在区间 $(0,1)$ 上取值。$\alpha_{v,u}$ 为节点 v 对 u 的归一化注意力分数，对邻域 $\hat{\mathcal{N}}(v)=\{v\}\cup\mathcal{N}(v)$ 中的节点归一化。$\boldsymbol{a}\in\mathbb{R}^{2d}$ 为可学习的权重向量，用于计算注意力分数。$\boldsymbol{W}\in\mathbb{R}^{d\times d}$ 为特征变换的权重矩阵。归一化后的注意力分数通过下式对邻居节点的表示加权求和来更新当前节点的表示：

$$\boldsymbol{h}'_v=f\left(\sum_{u\in\hat{\mathcal{N}}(v)}\alpha_{v,u}\boldsymbol{W}\boldsymbol{h}_u\right) \tag{9.8}$$

其中，$\boldsymbol{h}'_v$ 为节点 v 的更新后表示向量，$f(\cdot)$ 为激活函数。为了进一步提高模型的表达能力，可以将图注意力网络中的注意力机制扩增为多头注意力机制来独立地计算多个相邻节点上的注意力分布。

后续工作[92] 也将图注意力网络推广到具有关系信息的知识图谱上，在计算注意力分数时考虑边上的关系类别，形式化如下：

$$\alpha_{v,u,r} = \frac{\exp(b_{v,u,r})}{\sum_{u' \in \hat{\mathcal{N}}(v)} \sum_{r' \in R_{v,u}} \exp(b_{v,u',r'})} \tag{9.9}$$

$$b_{v,u,r} = f(\boldsymbol{a} \cdot [\boldsymbol{W}\boldsymbol{h}_v \oplus \boldsymbol{W}\boldsymbol{h}_u \oplus \boldsymbol{W}\boldsymbol{g}_r]) \tag{9.10}$$

其中，$f(\cdot)$ 为激活函数，$b_{v,u,r}$ 为未归一化的注意力分数，$R_{v,u}$ 为节点 v 和 u 之间的关系集合，$\boldsymbol{g}_r \in \mathbb{R}^d$ 为关系 r 的表示向量，$\boldsymbol{h}_v$ 和 $\boldsymbol{h}_u$ 分别为实体 v 和 u 的表示向量，$\boldsymbol{W} \in \mathbb{R}^{d\times d}$ 为特征变换的权重矩阵，$\boldsymbol{a} \in \mathbb{R}^{3d}$ 为可学习的注意力权重向量，最终得到的归一化注意力分数 $\alpha_{v,u,r}$ 对 v 的邻域中节点及边上所有的关系是归一化的。$\alpha_{v,u,r}$ 对不同邻居节点和关系类型的表示加权求和，从而得到当前节点 v 更新后的节点表示向量 $\boldsymbol{h}'_v$：

$$\boldsymbol{h}'_v = f\left(\sum_{u \in \hat{\mathcal{N}}(v)} \sum_{r \in R_{v,u}} \alpha_{v,u,r}[\boldsymbol{W}\boldsymbol{h}_v \oplus \boldsymbol{W}\boldsymbol{h}_u \oplus \boldsymbol{W}\boldsymbol{g}_r]\right) \tag{9.11}$$

其中，$\oplus$ 表示向量拼接，$f(\cdot)$ 为激活函数。

9.3.2 非结构化知识表示

非结构化知识主要由非结构化文本 (如维基百科文档) 构成，实例如表 9.1 所示。相比结构化知识图谱，非结构化文本中关键信息的表示与利用更加困难。同时，由于非结构化知识文本可以包含成百上千的单词，长序列的文本表示和建模也为非结构化知识的表示学习增加了难度。

记忆网络 (Memory Network)[93] 是进行非结构化知识表示与利用的经典神经网络模型。该模型首先根据知识的内容或者文本的粒度 (篇章、段落或者句子) 将长序列的非结构化知识文本切分成若干文本序列，即 $\mathcal{F} = \{F_1, F_2, \cdots, F_n\}$，其中每个文本序列由若干词构成，即 $F_i = (w_1^i, w_2^i, \cdots, w_{|F_i|}^i)$。然后记忆化模块保存每个文本序列的表示为 $\boldsymbol{M} = [\boldsymbol{m}_1; \boldsymbol{m}_2; \cdots; \boldsymbol{m}_n]$。最后在下游任务应用时根据当前状态 $\boldsymbol{s}$(如解码器的隐状态) 对记忆化模块进行读取，从而得到相关的非结构化知识的表示 $\boldsymbol{o}$，其过程形式化如下：

$$\boldsymbol{m}_i = g(F_i; \boldsymbol{\theta}) \tag{9.12}$$

$$\boldsymbol{c}_i = h(F_i; \boldsymbol{\phi}) \tag{9.13}$$

$$\boldsymbol{\alpha} = \mathrm{softmax}(\boldsymbol{M}\boldsymbol{s}) \tag{9.14}$$

$$\boldsymbol{o} = \sum_{i=1}^{n} \alpha_i \boldsymbol{c}_i \tag{9.15}$$

其中，g, h 为记忆模块中存储的文本序列 F_i 的表示函数；$\boldsymbol{m}_i$ 和 $\boldsymbol{c}_i$ 是表示函数输出的表示向量，分别作为键、值参与相关知识的读取与输出；$\boldsymbol{o}$ 是与状态 $\boldsymbol{s}$ 有关的非结构化知识的综合表示，随着状态变化而不同。下面会对 $\boldsymbol{m}_i$ 和 $\boldsymbol{c}_i$ 的表示方法进行介绍。

表 9.1 维基百科中的非结构化知识[94] 的示例

Topics	Knowledge Sentences
Beach	A beach is a landform alongside a body of water which consists of loose particles. The particles composing a beach are typically made from rock, such as sand, gravel, shingle, pebbles, or cobblestones. The particles can also be biological in origin, such as mollusc shells or coralline algae.
Changing room	A changing room, locker room, dressing room (usually in a sports, theater or staff context) or changeroom (regional use) is a room or area designated for changing one's clothes. Changing rooms are provided in a semi-public situation to enable people to change clothes in privacy, either individually or on a gender basis.

1. 基于词袋模型的文本序列表示

记忆网络通过引入记忆模块解决长序列非结构化知识文本的表示问题，但是其表示取决于记忆模块每一个单元中存储的文本序列 $F_i = (w_1^i, w_2^i, \cdots, w_{|F_i|}^i)$ 的表示向量。Ghazvininejad 等人[95] 利用词袋模型进行文本序列的表示，通过矩阵 $\boldsymbol{A}, \boldsymbol{C} \in \mathbb{R}^{d\times|\mathcal{V}|}$ 将文本序列 F_i 的词袋表示 $\boldsymbol{r}_i$ 转换为 d 维的向量。$\boldsymbol{r}_i \in \mathbb{R}^{|\mathcal{V}|}$ 为词表长度的向量，其每一维的取值为该维度对应词表中单词在文本序列 F_i 中出现的次数。

$$\boldsymbol{m}_i = \boldsymbol{A}\boldsymbol{r}_i \tag{9.16}$$

$$\boldsymbol{c}_i = \boldsymbol{C}\boldsymbol{r}_i \tag{9.17}$$

2. 基于编码器的文本序列表示

基于词袋模型的文本序列表示忽略了文本的顺序信息，造成了一定程度的语义信息丢失。为了建模顺序信息，可以利用 RNN 模型或者预训练模型 BERT 等作为编码器来表示文本序列，其形式化如下：

$$\boldsymbol{m}_i = \text{Encoder}(F_i) \tag{9.18}$$

其中，$\boldsymbol{m}_i$ 为编码器得到的文本序列隐状态的最终表示，这类方法中的 $\boldsymbol{c}_i$ 一般与 $\boldsymbol{m}_i$ 相同，或者由多层感知机对 $\boldsymbol{m}_i$ 变换得到。

9.4 融合知识的解码方法

9.4.1 拷贝① 网络

拷贝网络[96] 是一种直接将低频信息 (如实体) 融入解码过程的方法，通过在文本生成过程中从输入语句或额外信息 (如知识) 中拷贝相应的低频词来提升模型对低频信息的生成能力。神经知识语言模型[97] 是利用拷贝网络来解码知识图谱中实体的应用实例，本节将以该模型为例介绍拷贝网络在融合知识的解码过程中的应用。

假设知识图谱 $\mathcal{G}$ 可以表示为 N 个三元组的集合 $\mathcal{F} = \{< h_i, r_i, t_i >\}_{i=1}^N$，其中 h_i, r_i, t_i 分别代表头实体、关系和尾实体，则每个三元组可通过前面提到的 TransE 模型编码得到实体及关系的表示。拷贝网络中使用头实体、关系和尾实体表示的拼接来作为三元组的表示，即

$$\boldsymbol{a}_i = \boldsymbol{v}_{h_i} \oplus \boldsymbol{v}_{r_i} \oplus \boldsymbol{v}_{t_i} \tag{9.19}$$

同时，为便于定义后文中的拷贝操作，将三元组中尾实体含有的词的集合定义为 $\mathcal{O}_i$。例如，对三元组 <Barack Obama, Married-To, Michelle Obama>，其尾实体中含有的词的集合 $\mathcal{O}_i = \{\text{Michelle, Obama}\}$。

① 按照业界约定俗成的说法，本书将 copy 译为拷贝，实则应译为复制。

拷贝网络的解码器是一个自回归的过程，在每个时刻，解码器将输入已生成的单词和已使用的知识三元组，预测待生成的单词。在 j 时刻，解码器输入包含 $j-1$ 时刻生成的词 y_{j-1} 及选择的知识 q_{j-1}(如果 $j-1$ 时刻生成位置的词不是来自知识图谱的，则 $q_{j-1}=0$)，则当前时刻的输入 $\boldsymbol{x}_j$ 定义为

$$\boldsymbol{x}_j = \boldsymbol{a}_{q_{j-1}} \oplus \boldsymbol{e}(y_{j-1}) \tag{9.20}$$

其中，$\boldsymbol{e}(y_{t-1})$ 为 $t-1$ 时刻生成词的词向量。解码器的结构可选择 RNN 或 Transformer，这里以 RNN 为例计算当前位置的隐状态 $\boldsymbol{s}_j$：

$$\boldsymbol{s}_j = \text{RNN}(\boldsymbol{s}_{j-1}, \boldsymbol{x}_j) \tag{9.21}$$

接下来，拷贝网络将词的预测过程分为两个阶段：第一阶段根据当前位置的隐状态确定待生成的词是否来源于知识，第二阶段根据第一阶段的结果在被选中的知识或词表中选词作为生成结果。在第一阶段，首先需要计算 j 时刻选中第 i 条知识的概率，即

$$P(q_j = i|\boldsymbol{s}_j) = \frac{\exp(\boldsymbol{k}_{\text{fact}} \cdot \boldsymbol{a}_i)}{\sum_{l=1}^{N} \exp(\boldsymbol{k}_{\text{fact}} \cdot \boldsymbol{a}_l)} \tag{9.22}$$

$$\boldsymbol{k}_{\text{fact}} = \text{MLP}_{\text{fact}}\left(\boldsymbol{s}_j \oplus \frac{1}{N}\sum_{l=1}^{N} \boldsymbol{a}_l\right) \tag{9.23}$$

其中，$\boldsymbol{k}_{\text{fact}}$ 是文本和知识图谱的联合表示。然后需要计算当前位置通过拷贝知识图谱的信息来完成生成的概率：

$$P(z_j = 1|\boldsymbol{s}_j, \boldsymbol{a}_{q_j}) = \sigma(\text{MLP}_{\text{copy}}(\boldsymbol{s}_j \oplus \boldsymbol{a}_{q_j})) \tag{9.24}$$

其中，z_j 为离散随机变量，取值来自 $\{0,1\}$。如果 $P(z_j = 1|\boldsymbol{s}_j, \boldsymbol{a}_{q_j}) > 0.5$，则第二阶段从知识库中拷贝 $\mathcal{O}_{q_j}$ 中的词作为当前时刻的生成结果，拷贝位置的概率分布可通过如下方式计算：

$$P(y_j = o_{q_j}(n)|\boldsymbol{s}_j, \boldsymbol{a}_{q_j}, z_j = 1) = \frac{\exp(\boldsymbol{k}_{\text{pos}} \cdot \boldsymbol{e}(o_{q_j}(n)))}{\sum_{n'=1}^{|\mathcal{O}_{q_j}|} \exp(\boldsymbol{k}_{\text{pos}} \cdot \boldsymbol{e}(o_{q_j}(n')))} \tag{9.25}$$

$$\boldsymbol{k}_{\text{pos}} = \text{MLP}_{\text{pos}}(\boldsymbol{s}_j \oplus \boldsymbol{a}_{q_j}) \tag{9.26}$$

其中，$o_{q_j}(n)$ 表示 $\mathcal{O}_{q_j}$ 中的第 n 个词，$\boldsymbol{e}(o_{q_j}(n))$ 是 $\mathcal{O}_{q_j}$ 中第 n 个词的词向量。

如果 $P(z_j=1|\boldsymbol{s}_j,\boldsymbol{a}_{q_j})\leqslant 0.5$，则第二阶段直接从词表上选词作为生成结果：

$$P(y_j=w|\boldsymbol{s}_j,\boldsymbol{a}_{q_j},z_j=0)=\frac{\exp(\boldsymbol{k}_{\text{vocab}}\cdot\boldsymbol{e}(w))}{\sum\limits_{w'\in\mathcal{V}}\exp(\boldsymbol{k}_{\text{vocab}}\cdot\boldsymbol{e}(w^{'}))} \tag{9.27}$$

$$\boldsymbol{k}_{\text{vocab}}=\text{MLP}_{\text{vocab}}(\boldsymbol{s}_j\oplus\boldsymbol{a}_{q_j}) \tag{9.28}$$

拷贝网络的目标是预测每个位置生成的词，该词是否来源于知识，以及该词在知识中出现的位置，其训练仍然依照最大似然准则，优化每个时刻生成概率的交叉熵：

$$\begin{aligned}\mathcal{L}&=-\sum_{j=1}^{|Y|}\log P(y_j,z_j,q_j|Y_{<j},\mathcal{F})\\&=-\sum_{j=1}^{|Y|}\left[\log P(q_j|Y_{<j},\mathcal{F})+\log P(z_j|Y_{<j},\mathcal{F},q_j)+\log P(y_j|Y_{<j},\mathcal{F},q_j,z_j)\right]\\&=-\sum_{j=1}^{|Y|}\left[\log P(q_j|\boldsymbol{s}_j)+\log P(z_j|\boldsymbol{s}_j,\boldsymbol{a}_{q_j})+\log P(y_j|\boldsymbol{s}_j,\boldsymbol{a}_{q_j},z_j)\right]\end{aligned} \tag{9.29}$$

自回归模型一般使用教师强制模式进行训练，即模型的输入应该为参考输出的结果。例如，在 $P(y_j|\boldsymbol{s}_j,\boldsymbol{a}_{q_j},z_j)$ 中，需要将参考输出的 q_{j-1},y_{j-1},z_j 作为输入。一般的训练语料中并不包含参考输出的 q_{j-1},z_j 信息。因此，训练之前需要通过实体链接等方式对训练语料中每个词的以下信息进行自动标注：是否来源于知识，对应知识来源的三元组编号 (如果来源于知识)，以及该词在三元组尾实体序列中的位置 (如果来源于知识)。在获取上述标签后，拷贝网络能够直接计算上述损失函数并完成优化。

拷贝网络在解码端引入知识的方式简单、直接，已被广泛应用于各类知识增强的自然语言生成模型中。

9.4.2 生成式预训练

生成式预训练是一种在解码端隐式引入知识的方法。该方法先将外部知识通过模板等方法转换为自然语言语句以构成训练语料，然后使用预训练语言模型 (如 GPT-2) 在语料上微调，以增强模型对知识的理解和生成能力。本节以 COMET 模型[98] 为例，介绍如何利用预训练方法向生成模型中引入知识。

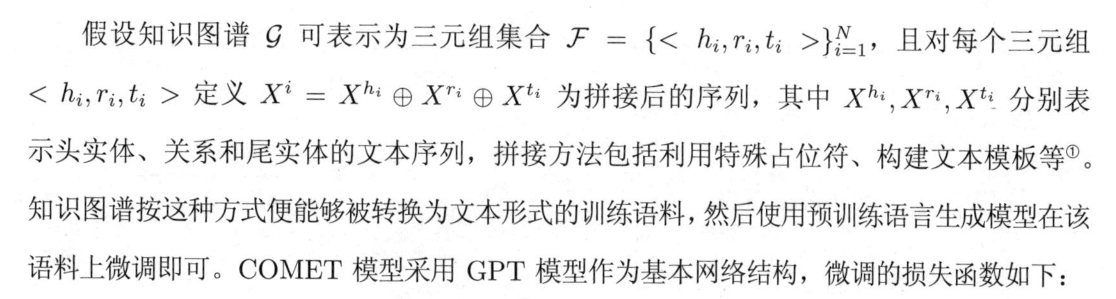

假设知识图谱 $\mathcal{G}$ 可表示为三元组集合 $\mathcal{F} = \{< h_i, r_i, t_i >\}_{i=1}^{N}$，且对每个三元组 $< h_i, r_i, t_i >$ 定义 $X^i = X^{h_i} \oplus X^{r_i} \oplus X^{t_i}$ 为拼接后的序列，其中 $X^{h_i}, X^{r_i}, X^{t_i}$ 分别表示头实体、关系和尾实体的文本序列，拼接方法包括利用特殊占位符、构建文本模板等①。知识图谱按这种方式便能够被转换为文本形式的训练语料，然后使用预训练语言生成模型在该语料上微调即可。COMET 模型采用 GPT 模型作为基本网络结构，微调的损失函数如下：

$$\mathcal{L} = -\sum_{i=1}^{N} \sum_{j=l+1}^{l+\text{len}(X^{t_i})} \log P(X_j^i | X_{<j}^i) \tag{9.30}$$

其中，$l = \text{len}(X^{h_i}) + \text{len}(X^{r_i})$，为头实体和关系文本序列的总长度。该损失函数的目标是给定头实体和关系的文本序列，最大化尾实体文本序列的生成概率。微调后，COMET 模型便具有理解和生成知识的能力，可应用至各类需要知识的下游生成任务中，如阅读理解、故事生成等。和拷贝网络相比，生成式预训练方法没有在解码端显式引入知识，而是将知识转换为序列型训练数据，利用语言模型的训练目标隐式引入知识。

9.5　应用实例

本节介绍两个融合知识的语言生成实例：第一个基于结构化知识图谱，结合多跳推理，在语言生成过程中动态选择知识并将其融合在解码过程中[99]；第二个把结构化知识转换为自然语言描述，采用生成式预训练使生成模型获得更多的知识[100]。这两个实例都以 GPT 模型为骨架，前者采用显式利用知识的方式，后者采用隐式利用知识的方式，无论是生成模型还是知识利用方式，都具有一定代表性。

9.5.1　基于多跳常识推理的语言生成

在故事生成、解释生成②等文本生成任务中，模型需要结合背景文段中未明确提及的常识知识进行推理来生成合理的文本。图 9.1 所示为故事结局生成任务的一个实例，其中从 ConceptNet 上抽取的外部知识以链式三元组构成的路径对模型在生成一些关键概念时起

① 9.5 节将介绍拼接方法的例子。

② 解释生成是指对一个给定的陈述，生成其成立的或不成立的阐释性描述。

到指导作用。例如，故事结局中的 “substance” 和 “lava” 通过多跳路径和故事上文中出现的实体 (如 “eruption”) 及图谱上的中间实体 (如 “rock”) 相连，增强了文本生成的常识约束。

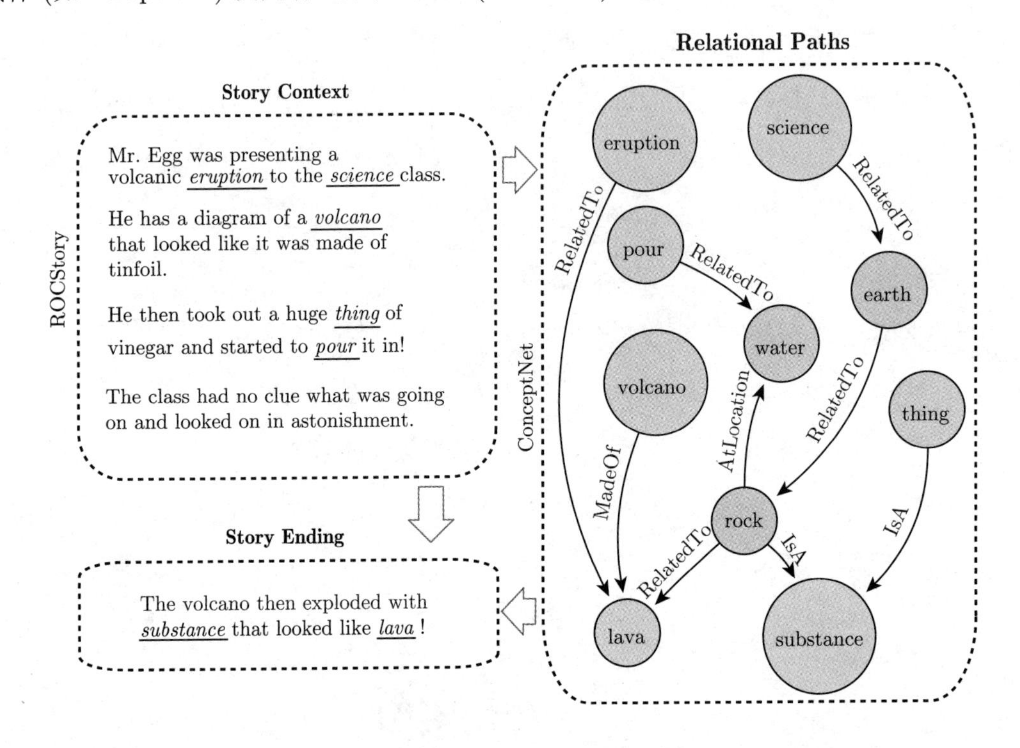

图 9.1　在故事结局生成任务中利用结构化的关系性知识对故事结局中的关键词生成提供依据[99]

拷贝网络提出了在文本生成过程中从输入语句或额外的知识三元组中拷贝低频词或实体用于文本生成。在常识推理相关的文本生成任务中，为了充分利用图谱的信息为文本生成提供依据，一种方式是设计模型在多个三元组构成的关系路径上进行推理，并在文本生成的过程中显式地拷贝图谱中的实体用于生成。该模型结构如图 9.2 所示。首先在编码端，图卷积网络对预先抽取的相关知识图谱进行编码，从而得到实体和关系的结构化向量表示，预训练语言模型对上下文中的文本信息进行编码和解码，得到解码器当前的隐状态。在解码端，多跳推理模块利用解码器隐状态，与图谱的表示计算相关性分数，并沿图谱上的路径在图上进行证据传播，推理得到图谱上节点的分数分布。最终，模型通过拷贝机制的控制，选择从图上 “拷贝” 实体还是从正常词表中采样，以得到当前位置的输出。

本节介绍的模型可适用于以下三类文本生成任务，这些任务都需要模型具有一定的常识推理能力。

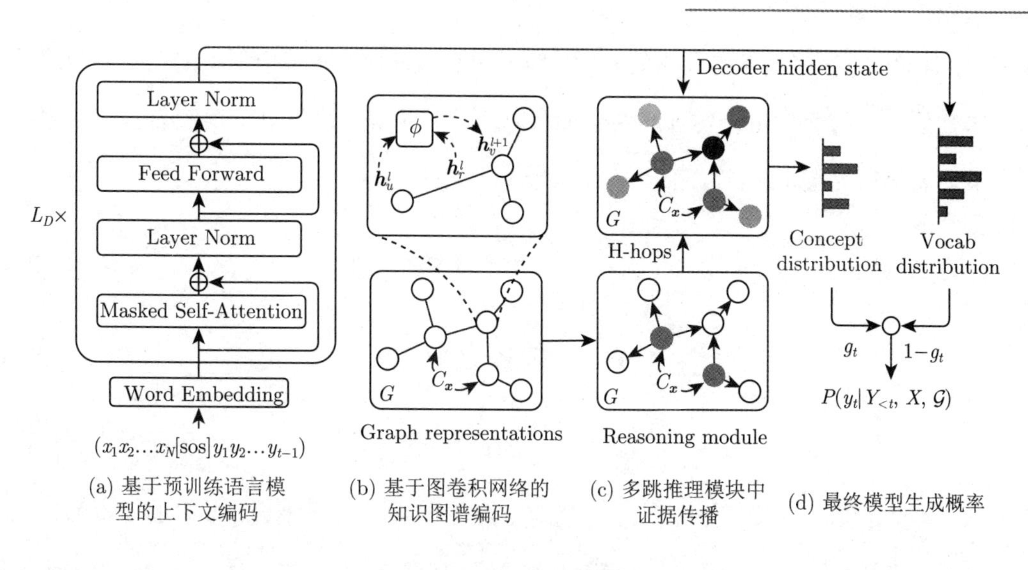

图 9.2 模型结构[99]

- 故事结局生成：给定四句故事上文，要求生成一句故事结局使整个故事通顺合理。
- 生成式归因常识推理：给定一个事件的起因和结果，要求模型进行归因推理，生成最可能的事件经过来解释观察到的事件起因和经过。
- 常识解释生成：给定一句违反常识的陈述，要求生成一句合理的解释以阐释给定陈述违反常识的原因。

这三类任务可以被统一形式化为：给定一段输入的源文本序列 $X=(x_1,x_2,\cdots,x_N)$，模型应输出一段目标文本序列 $Y=(y_1,y_2,\cdots,y_M)$。模型输入的图谱为 ConceptNet 上抽取出的一个子集 $\mathcal{G}=(\mathcal{V},\mathcal{E})$，包含由源文本序列中抽取出的实体集合 $\mathcal{C}_{\boldsymbol{x}}$ 出发的多跳路径。其中一“跳”是指从一个实体经过相连的关系到达另一个相邻的实体，而多跳路径则由多个由实体相连的三元组构成。多跳路径的起始节点集合为实体集合 $\mathcal{C}_{\boldsymbol{x}}$。任务目标为最大化以下条件概率以得到最优的输出序列 $\hat{Y}$：

$$\hat{Y}=\text{argmax}_Y P(Y|X,\mathcal{G}) \tag{9.31}$$

1. 多关系图谱编码

图神经网络常通过邻居节点间的信息传播编码图结构的数据。为了建模知识图谱中的关系信息，之前介绍的 R-GCN 为不同的关系定义了对应的关系权重矩阵。但当关系类型较多时，R-GCN 存在过度参数化的问题。为了缓解该问题，本节模型中的图卷积网络使用了非参数化的几何变换组合实体和关系的表示[101]。下面形式化第 l 层图卷积网络更新实体的节点表示和关系表示：

$$\boldsymbol{o}_v^l = \frac{1}{|\mathcal{N}(v)|} \sum_{<u,r>\in\mathcal{N}(v)} \boldsymbol{W}_N^l \phi(\boldsymbol{h}_u^l, \boldsymbol{h}_r^l) \tag{9.32}$$

$$\boldsymbol{h}_v^{l+1} = \mathrm{ReLU}(\boldsymbol{o}_v^l + \boldsymbol{W}_S^l \boldsymbol{h}_v^l) \tag{9.33}$$

$$\boldsymbol{h}_r^{l+1} = \boldsymbol{W}_R^l \boldsymbol{h}_r^l \tag{9.34}$$

其中，v 为被更新的当前节点；$\mathcal{N}(v)$ 为当前节点 v 的直接邻居集合，其中的元素为二元组 $< u, r >$；u 为与 v 直连的节点；r 为连边上的关系；$\boldsymbol{h}_v$ 为节点 v 的实体表示；$\boldsymbol{h}_r$ 为关系 r 的关系表示。非参数化操作 $\phi(\cdot,\cdot)$ 定义为 TransE 模型中的线性组合形式 $\phi(\boldsymbol{h}_u, \boldsymbol{h}_v) = \boldsymbol{h}_u - \boldsymbol{h}_v$。图卷积网络最后一层输出的节点表示 $\boldsymbol{h}_v^{L_G}$ 和关系表示 $\boldsymbol{h}_r^{L_G}$ 编码了图的关系信息和结构特征。

2. 图谱多跳推理

为了进行显式的常识推理，模型中的动态推理模块结合了节点在图上的结构化特征和文本中的上下文语境表示，在多跳路径上进行证据传播。在生成时，假设解码器计算出第 j 步的解码器隐状态为 $\boldsymbol{s}_j$，多跳推理模块利用该隐状态和图上的节点和关系表示进行节点分数的更新，且在生成的每一步会进行多跳节点分数更新直至路径上的所有节点都被赋予了相应的分数。每一跳的节点更新沿多跳路径由已经被更新的节点 $\mathcal{N}_{\mathrm{in}}(v)$ 的分数通过下式计算相邻待更新节点 v 的分数。初始时源文本中的实体 $v \in \mathcal{C}_{\boldsymbol{x}}$ 对应的节点分数 $\mathrm{ns}(v)$ 预设为 1，其他节点的分数为 0。

$$\mathrm{ns}(v) = \max_{<u,r>\in\mathcal{N}_{\mathrm{in}}(v)} \Big(\gamma \mathrm{ns}(u) + R(u,r,v)\Big) \tag{9.35}$$

其中，v 为待更新节点；$\mathrm{ns}(v)$ 为该节点的未归一化节点分数；$\mathcal{N}_{\mathrm{in}}(v)$ 为与节点 v 直接相连且连边指向 v 的邻居节点的集合 (多跳路径所规定的节点更新方向，被指向节点)，为 $\mathcal{N}(v)$ 的子集；γ 为控制多跳分数权重的超参数；$R(u,r,v)$ 为三元组 $< u, r, v >$ 的相关性分数，反映该三元组与当前上下文的相关性，通过下式计算得到：

$$R(u,r,v)=\sigma(\boldsymbol{h}_{u,r,v}^{\top}\boldsymbol{W}_{\text{sim}}\boldsymbol{s}_j) \tag{9.36}$$

$$\boldsymbol{h}_{u,r,v}=\boldsymbol{h}_u^{L_G}\oplus\boldsymbol{h}_r^{L_G}\oplus\boldsymbol{h}_v^{L_G} \tag{9.37}$$

其中，$\boldsymbol{W}_{\text{sim}}$ 为可学习的权重矩阵，$\boldsymbol{s}_j$ 为预训练语言模型计算出的第 j 时刻的解码器隐状态。再通过公式 (9.35) 进行多跳节点分数传播直至图谱上的所有节点分数都被更新，通过如下归一化可以得到图上节点的概率分布。

$$P(c_j|Y_{<j},X,\mathcal{G})=\frac{\exp(\text{ns}(c_j))}{\sum\limits_{v\in\mathcal{V}}\exp(\text{ns}(v))} \tag{9.38}$$

其中，c_j 为第 j 时刻从图上选择的实体，$\mathcal{V}$ 为图谱上节点集合。

最后，模型在第 j 时刻生成 y_j 的概率由从词表上的生成概率和从图上拷贝实体①的概率进行线性组合得到：

$$P(y_j|Y_{<j},X,\mathcal{G})=g_jP(c_j|Y_{<j},X,\mathcal{G})+(1-g_j)P(y_j|Y_{<j},X) \tag{9.39}$$

其中，g_j 为选择从图上拷贝实体用于生成当前词的概率，可通过下式计算：

$$g_j=\sigma(\boldsymbol{W}_g^{\top}\boldsymbol{s}_j) \tag{9.40}$$

其中，$\boldsymbol{W}_g\in\mathbb{R}^d$ 为可学习的权重向量，$\boldsymbol{s}_j$ 为预训练语言模型计算出的第 j 时刻的解码器隐状态，$\sigma(\cdot)$ 为 Sigmoid 函数。

模型训练时的优化目标为最小化以下三个损失函数的加权和。

- 生成真实目标文本序列 $Y=(y_1,\cdots,y_M)$ 的负对数似然：

$$\mathcal{L}_{\text{gen}}=-\sum_{j=1}^{M}\log P(y_j|Y_{<j},X,\mathcal{G}) \tag{9.41}$$

- 拷贝概率 g_j 与拷贝控制之间的监督 $c_j\in\{0,1\}$ 的交叉熵，其中拷贝的监督通过对目标参考文本的每个词与图谱中实体对应的词做匹配来得到。

$$\mathcal{L}_{\text{gate}}=-\sum_{j=1}^{M}[c_j\log g_j+(1-c_j)\log(1-g_j)] \tag{9.42}$$

① 仅考虑由单个词组成的实体。

- 第三个损失函数给多跳推理模块提供推理路径的弱监督。该监督通过广度优先搜索从输入序列中的实体出发到输出序列中的实体的最短路径的集合。损失函数采用交叉熵的形式，其中最短路径上的边标注为正例，而图上其余的边标注为负例。形式化如下：

$$\mathcal{L}_{\text{weak}} = \sum_{<u,r,v>\in\mathcal{G}} -\mathbb{I}(<u,r,v>\in\mathcal{G}_{\text{BFS}})\log(R(u,r,v)) \tag{9.43}$$

其中，$\mathbb{I}(\cdot)$ 为指示函数，当输入表达式为真时取值为 1，否则为 0。

3. 生成结果

图 9.3 所示为模型在归因常识推理任务上生成的例子。其中，圆圈中的分数为多跳推理模块计算的实体分数 $\text{ns}(v)$，下方一列中的分数为选择从图谱上拷贝的概率 g_j。在该例中，给定输入 O_1 = “The Samson’s adopted a puppy.”，O_2 = “I think might want a puppy.”，模型生成的解释是 “The Samson’s puppy liked to **play** with me.”。图中下方展示的是模型多跳推理模块从源实体 “adopt” 和 “puppy” 出发在图上经过两跳推理得到实体 “play” 的示意图。在第一跳推理中，模型结合生成的上文在该时刻主要关注动词，最终模型经过两跳的概率累积推出以 “play” 作为生成的实体 (节点上的分数由多跳推理模块给出)。最后一行给出了生成过程中的拷贝控制概率，其中在生成 “play” 时模型预测了较高的概率 $(g_j = 0.64)$ 从图中拷贝实体。

9.5.2 故事生成

与机器翻译和文本摘要等任务相比，故事生成是一种典型的开放端语言生成任务：给定一个故事的开头，要求续写一个具有完整情节的故事。故事生成通常要求选择一系列事件来形成具有合理逻辑和情节的故事，知识在其中扮演了重要的隐式规划的角色，即模型可以根据知识图谱合理预测下一事件或动作。对给定的故事开头中的实体，可以基于外部常识知识库 (如 ConceptNet 和 ATOMIC) 来推测许多潜在相关的概念。这些知识库中包含丰富的概念语义知识和常识推理知识。结合之前介绍的生成式预训练的方法，本章将介绍的模型通过对 GPT-2 进行再训练 (Post-training) 来增强生成模型的常识知识，为故事生成提供重要的常识信息。同时，为了让模型能够认识到正确的因果关系和时序关系，该模型在生成任务的基础上增加了一个辅助的分类任务。任务要求模型区分真实故事与因果时序上混乱的故事，期望模型能在生成时避免出现这种因果时序混乱的状况。

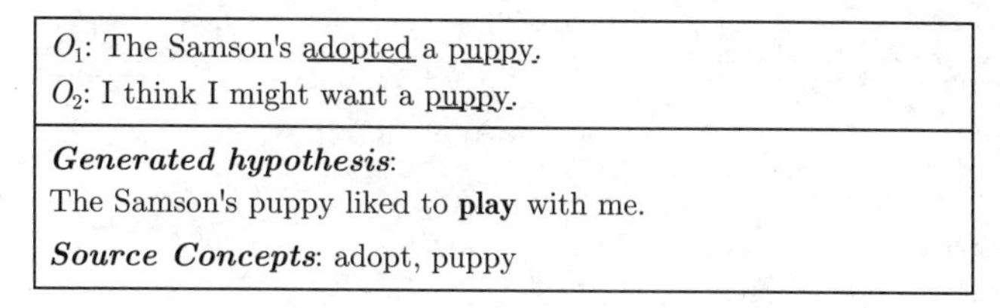

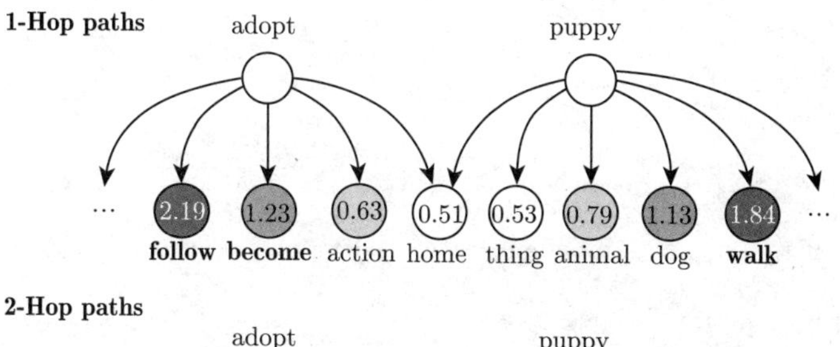

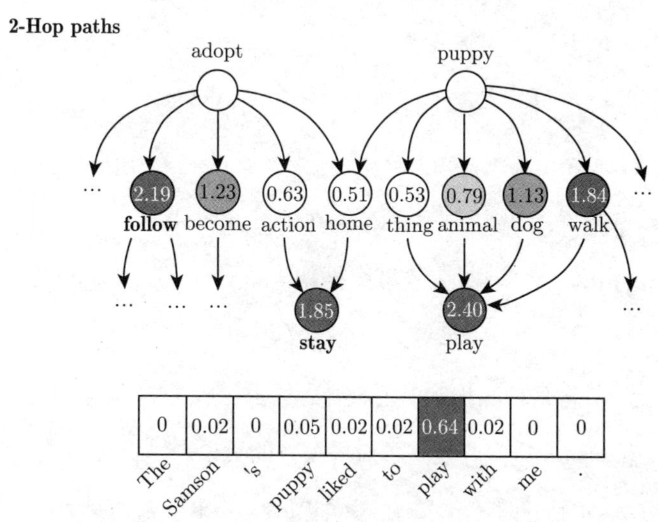

图 9.3　模型在归因常识推理任务上生成的例子[99]

故事生成的任务形式化定义如下：给定一句话 X 作为开头，模型应继续以合理的情节完成 K 句话的故事 $Y=(Y_1,Y_2,\cdots,Y_K)$。生成故事的句子之间及与给定的开头应具有合理的逻辑、因果、时序关系。本节介绍的知识增强的预训练模型框架[100] 如图 9.4 所示，能够利用知识并处理这些关系。

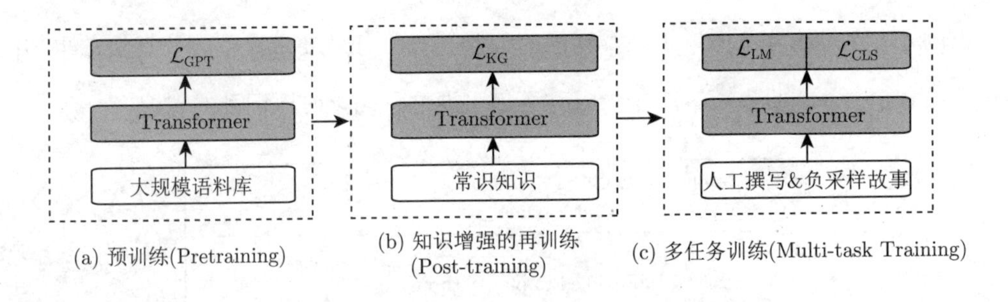

图 9.4 知识增强的预训练模型框架

1. 知识增强的再训练

模型利用常识知识库 ConceptNet 和 ATOMIC 来训练语言模型，以增强语言模型对常识知识的表达能力。ConceptNet 数据集包括大量的关系三元组，每个三元组可表示为 $R=<h,r,t>$ 的形式，意为头实体 h 和尾实体 t 有关系 r，如 <“cross street”, “Causes”, “accident”> 。ConceptNet 中共有 34 种关系。另外，ATOMIC 中包含了大量的“如果—那么”类型的常识推理知识，如 <“PersonX pays PersonY a compliment”,“xIntent”, “to be nice”> ，其中 “xIntent” 表示尾事件是 “PersonX” 的心理状态。通过在这些知识三元组上进行再训练 (Post-training)[①]，进而在故事数据集上进行微调，知识能够被隐式地引入预训练语言模型中。

与再训练相比，一些将常识知识明确地整合到语言生成中的方法 (如拷贝网络和多跳推理方法) 基于训练数据和知识库之间存在某种对齐关系的假设。因此，它们具有以下问题：

① 难以将从文本中提取的事件与存储在知识库中的事件进行匹配；

② 知识图谱规模较大，学习和利用多跳关系是极其耗时的；

③ 大多数知识库三元组不会出现在用于特定任务的训练数据中。

因此，这些三元组不能在现有模型中得到充分的利用。但本节介绍的模型直接在知识库上进行训练，可以有效地缓解这些限制。这种方法的缺点在于不能确切地获取生成的文本使用到了哪些知识，因此可解释性较弱。

为了引入常识知识，首先需要把从知识库中获得的常识三元组用基于规则的方法转

① 再训练是指在预训练模型的基础上用新的数据或者训练任务对模型进行再次训练，以使得模型在微调时能获得更好的性能。

换为可读的自然语言句子。为了避免词表外的特殊词 (如 ConceptNet 中的 “UsedFor”, ATOMIC 中的 “oEffect”) 破坏预训练模型中隐含的句法特征，模型没有使用直接拼接三元组的方法，而使用基于模板的方法，一些例子如表 9.2 所示。然后，语言模型在这些转换得到的句子上进行再训练来学习实体和事件之间的常识知识，可形式化表示如下：

$$\mathcal{L}_{\mathrm{KG}} = -\sum_{j=1}^{|S^{\mathrm{kg}}|} \log P(S_j^{\mathrm{kg}} | S_{<j}^{\mathrm{kg}}) \tag{9.44}$$

其中，S^{kg} 是一个转换后的常识句子，共包含 $|S^{\mathrm{kg}}|$ 个词，S_j^{kg} 是 S^{kg} 中的第 j 个词。

表 9.2　常识三元组转换为句子的例子 [100]

Knowledge Bases	Original Triples	Examples of Transformed Sentences
ConceptNet	(eiffel tower, **AtLocation**, paris) (telephone, **UsedFor**, communication)	eiffel tower **is at** paris. telephone **is used for** communication.
ATOMIC	(PersonX dates for years, **oEffect**, continue dating) (PersonX cooks spaghetti, **xIntent**, to eat)	PersonX dates for years. **PersonY will** continue dating. PersonX cooks spaghetti. **PersonX wants** to eat.

2. 用多任务训练微调

为了促使模型生成逻辑合理的故事，在 ROCStories 语料集上对模型进行微调时，除生成任务外，还有一个辅助分类任务，该任务要求模型区分人工写作的故事和逻辑不合理的故事。本节介绍的模型使用一种负采样 (Negative Sampling) 的方法在真实故事的基础上自动构建逻辑不合理的故事，如图 9.5 所示。该模型使用了三种不同的负采样方式，包括随机打乱句子的顺序，用负采样的句子替换原始故事中的某句话，以及在原始故事中随机重复一句话。为简单起见，分别用 $\mathcal{D}_1, \mathcal{D}_2, \mathcal{D}_3$ 和 $\mathcal{D}_4$ 表示人工写作的故事集和三个自动构建的负采样故事集。

微调模型时，需要在 GPT-2 的 Transformer 结构的最后一层上添加一个额外的分类层。该分类层将 Transformer 结构中最后一层的隐状态作为输入，并通过一个 softmax 层计算类别集合上的概率分布：

$$P(c|S) = \mathrm{softmax}\left(\frac{1}{|S|}\sum_{j=1}^{|S|} \boldsymbol{W}_c \boldsymbol{s}_j + \boldsymbol{b}_c\right) \tag{9.45}$$

其中，S 是一个人工写作的故事或者自动构建的负采样故事，包含 $|S|$ 个词，$\boldsymbol{s}_j$ 是 Transformer 结构中最后一层的隐状态，$c \in \{1,2,3,4\}$ 表明该故事 S 来自哪一个集合 $\mathcal{D}_i$，$\boldsymbol{W}_c$ 和 $\boldsymbol{b}_c$ 是额外的分类层参数。

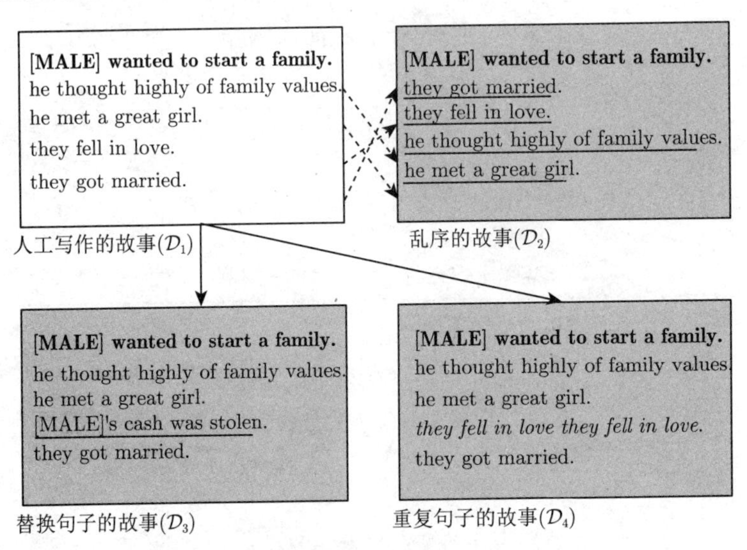

图 9.5　构建逻辑不合理的负采样故事[100]

模型在知识三元组上进行知识增强的再训练后，在故事数据集上进行微调，在微调过程中的损失函数 $\mathcal{L}_S$ 通过下式来计算：

$$\mathcal{L}_S = \mathcal{L}_{\text{LM}} + \lambda \mathcal{L}_{\text{CLS}} \tag{9.46}$$

$$\mathcal{L}_{\text{LM}} = -\sum_{j=1}^{|S|} \log P(S_j|S_{<j}), S \in \mathcal{D}_1 \tag{9.47}$$

$$\mathcal{L}_{\text{CLS}} = -\log P(\tilde{l}_S|S), S \in \bigcup_{i=1}^{4} \mathcal{D}_i \tag{9.48}$$

其中，S 表示一个故事的所有文本，S_j 是 S 的第 j 个词，$\mathcal{L}_{\text{LM}}$ 是语言模型损失函数，$\mathcal{L}_{\text{CLS}}$ 是分类器损失函数，$\tilde{l}_S$ 表示故事 S 的真实类别，λ 是一个可调节参数。

3. 生成结果

给定同一个开头，不同模型生成的故事样例如表 9.3 所示，粗体词表示关键的实体和事件，[MALE] 代指某个男性名字。可以看到，预训练的 GPT-2 即 GPT-2(Pretrain)，由于没有在故事数据集上进行微调，所以会缺乏知识而产生完全不相关的实体 (如 “hospital” “doctor”)；从零开始在故事数据集上进行训练的 GPT-2 即 GPT-2(Scratch)，以及经过在故事数据集上进行微调的预训练过的 GPT-2 即 GPT-2(Fine-tune)，由于缺乏外部常识知识，且难以捕捉上下文中的因果和时序关系，所以会出现前后矛盾的逻辑 (如先 “began driving”，然后当 “driving” 时 “backed up to the car”)、重复 (如 “shovel the snow”)、生成一些不相关的关键词 (如 “save money”) 等现象。相比之下，本节介绍的模型在经过再训练和多任务的微调后，生成的故事具有较好的语法性，并且在逻辑上也是合理的。

表 9.3 不同模型生成的故事样例[100]

故事开头	[MALE] was **driving** around in the **snow**.
人工写作的故事	He needed to **get home** from work. He was driving slowly to **avoid accidents**. Unfortunately the roads were too **slick** and [MALE] **lost control**. His tires **lost traction** and he **hit a tree**.
GPT-2 (Scratch)	He noticed a large snow pile. He ***got out*** and ***began driving***. Then he sped off and went home. [MALE] was happy that he had ***saved his money***.
GPT-2 (Pretrain)	The doctors ***took him to a hospital***. They told him he was going to be fine. He got all the doctors and nurses. The [MALE] parents said ***they have no hope***.
GPT-2 (Fine-tune)	He noticed a snowglobe blocking his road. [NEUTRAL] he ***backed up to the car*** and got a snow shovel. [MALE] used to ***shovel the snow*** and ***shovel the snow***. Now the snow is gone ***but he has snow boots and snow gloves***.
知识融合的方法	Suddenly his car **broke down** on the side of the road. [MALE] had to **call a tow truck**. The tow truck **came and took [MALE] home**. [MALE] was happy he was able to **get home**.

9.6 发展趋势

9.6.1 语言模型与知识的融合

拷贝网络提出的分阶段生成框架通过在实体拷贝和词表选词上切换来完成知识与语言

模型的融合。这种方法简单、有效，但对关系信息的利用不够充分，没有显式考虑上文中已生成的实体与当前位置待选择实体的关系。近期的研究工作对知识图谱和语言模型的融合做了更细致的设计，其中最具代表性的两个工作是知识图谱语言模型 (Knowledge Graph Language Model, KGLM)[102] 和隐变量语言模型 (Latent Relation Language Model, LRLM)[103]。

知识图谱语言模型和隐变量语言模型的设计思路非常相似，均采用了拷贝网络提出的分阶段生成方法，但是建模思路更加细致。以知识图谱语言模型为例，它将生成过程分为如下两个阶段。

- 判断当前待生成的词属于如下哪个类别：已生成实体的关联实体，新实体，不是实体的普通词。关联实体与已生成实体通过知识图谱上定义的关系相连接。
- 根据上一步判断结果分别完成：如果当前待生成的词是已生成实体的关联实体，则先从已生成实体的集合中找到父实体 (Parent Entity)①，然后根据知识图谱的信息选择父实体和待生成词的关系，最后选择并拷贝关系对应的尾实体；如果当前待生成的词是新实体，则直接从知识图谱中选择实体进行拷贝，并将其加入已生成实体的集合；如果当前待生成的词不是实体，则直接从词表中的词中进行选择。

从上述生成步骤可以看出，知识图谱语言模型对知识和语言模型的融合做了更细粒度的建模，和拷贝网络相比多考虑了已生成的实体及关系对生成过程的影响。隐变量语言模型和知识图谱语言模型的建模方法类似，区别在于隐变量语言模型以词的区间 (即连续的多个词) 而非单个词作为最小生成单位，这样可以更有效地处理实体中包含多个词的情况。

9.6.2 预训练模型与知识的融合

预训练模型目前在自然语言理解和自然语言生成的众多任务上都取得了较好的性能，其基本思想在于利用无标注的语料结合自监督的预训练框架学习通用的语境化表示。然而目前多数预训练模型均没有考虑对知识的建模，因此如何向预训练模型中引入知识是近期非常活跃的研究领域。本节根据预训练模型引入的知识类型、引入知识的方法及下游任务

① 父实体指以当前生成的词为尾实体的三元组中头实体的集合。

对融合知识的预训练模型进行分类，并将其中有代表性的工作整理于表 9.4 中。

表 9.4　融合知识的预训练模型

模　型	知识类型	引入知识的方法	下游任务
ERNIE-Tsinghua	结构化知识图谱 (Wikidata)	设计预训练任务 (去噪实体自编码器)	实体类别标记、关系分类
ERNIE-Baidu	非结构化文本 (中文维基、百科、新闻、贴吧)	设计预训练任务 (实体级别掩码策略)	各类中文 NLU 任务
KnowBERT	结构化知识图谱 (Wikidata, WordNet)	修改模型结构 (实体链接和表示对齐)	实体类别标记、关系分类、词义匹配
K-BERT	结构化知识图谱 (CN-DBpedia, HowNet, MedicalKG)	添加输入层特征 (构造句子树并作为输入特征)	各类中文 NLU 任务

表 9.4 所示为目前在预训练模型中引入知识的三种典型方法，如下所述。

1. 设计预训练任务

由于 BERT 使用的预训练任务均没有显式地考虑知识，所以设计相应的预训练任务来向预训练模型中引入知识便成为了一个很直接的想法。ERNIE-Tsinghua[104] 模型设计了去噪实体自编码器 (Denoising Entity Auto-Encoder) 的预训练任务，让预训练模型学习对齐文本中的实体序列和知识图谱中的实体信息；ERNIE-Baidu[105] 模型则提升了文本中的实体被掩盖的概率，期望预训练模型学到更好的实体表示。

2. 修改模型结构

KnowBERT[106] 模型在 BERT 模型的基础上增加了文本中的词到知识的注意力 (Word-to-entity Attention) 机制，从而将知识图谱的信息显式地引入预训练模型中。

3. 添加输入层特征

K-BERT[107] 模型将输入序列中的实体链接至知识图谱上，并将其相邻的关系和实体直接作为额外的文本特征添加至序列中，从而使预训练模型能够直接从输入中获取相关的知识信息。

从表 9.4 中还可以看出，目前在预训练模型中引入知识的工作多以自然语言理解为下游任务，在自然语言生成的预训练模型 (如 GPT 模型) 中加入知识的研究工作还比较少，这个方向也是语言生成领域的发展趋势之一。对知识的显式利用和控制，或结合多跳推理进行知识融合的语言生成，是预训练的生成模型中值得深入研究的问题。

除在预训练模型中引入知识外，预训练模型本身是否编码了知识近来也开始受到学术界的关注，此类问题一般称为模型的知识探测 (Knowledge Probing)。在各种探测知识的方法中，较有代表性的一类直接使用预训练任务对模型进行知识探测，最早由“语言模型分析器”(Language Model Analysis probe, LAMA)[108] 使用。这类方法将结构化的知识三元组转化为模型预训练任务的输入形式，根据模型在其预训练任务上的表现，可以得知模型本身是否编码了知识。例如，针对 BERT 模型的掩码语言模型任务，三元组 (Beijing, capital_of, China) 可以转换成 “Beijing is the capital of [MASK]” 作为输入，如果 BERT 模型可以预测出 MASK 的位置为 “China”，则说明其本身编码了上述三元组代表的知识。这种方法的局限在于，模型的预训练任务较为单一，而如果要对模型进行更加细粒度的知识探测，则通常需要为不同类别或形式的知识定义不同的探测任务，单一的预训练任务无法满足这样的需求。

另一类常用的知识探测方法通过在预训练语言模型的输出端外接简单的网络层 (如线性分类层)，将模型适配到更多样的知识探测任务，从而摆脱了前一类方法中只有单一探测任务的限制，使更细粒度的知识探测成为可能。这类方法在探测知识前，需要先固定预训练模型的参数，并在特定的知识探测任务上微调外接的网络层。当外接网络层足够简单且参数量足够小的时候，可以认为整体模型的表现反映了预训练模型本身是否编码了知识。例如，Liu 等人[109] 在固定预训练模型的参数后，在输出端外接不同的线性分类层，并在 10 种语言学任务上进行微调，观察模型在各个任务上的性能，从不同角度探测预训练模型对语言学知识的编码能力。然而，Hewitt[110] 等人在研究中发现，整体模型在知识探测任务上的性能可能较大程度来自微调后外接的网络层，而不是其中预训练模型的部分，这为此类方法的可靠性带来了挑战。

通过上述方法，人们发现预训练模型确实能够编码一些简单的事实知识或语言学知识，但是对复杂的多跳推理知识，模型依然无能为力。在前沿的研究中，一方面，人们尝试着设计更加强大、可靠的知识探测方法，以帮助了解预训练模型对知识的编码能力；另一方

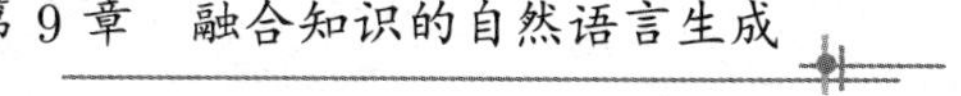

面，这些方法也可以作为编码知识的监督信号，辅助预训练模型更好地融入知识。

9.7　本章小结

本章首先介绍了在语言生成模型中引入知识的动机与挑战。知识源于人类对客观世界的总结和升华，理解并利用知识可以提高模型的语言理解和表达能力。模型在引入知识的过程中通常会面临编码和解码两方面的挑战，本章分别从这两方面入手，介绍了知识编码与表示方法及融合知识的解码方法。根据知识形式的不同，知识编码有多种方式，包括针对结构化知识的几何变换模型、图神经网络和针对非结构化知识的记忆网络。融合知识的解码方法则主要涵盖显式引入知识的拷贝网络和隐式引入知识的生成式预训练方法。然后，介绍了两个综合运用知识编码与解码方法的实例，即基于多跳常识推理的语言生成和故事生成。最后，本章展望了融合知识的自然语言生成模型的发展方向，包括语言模型和知识的融合及预训练模型和知识的融合。

总体来说，知识在语言生成中主要起到两方面作用：在编码层面，更好地理解用户的输入；在解码层面，利用额外信息进行隐式规划和多跳推理，以便生成更合理、更有信息量的内容。具体地，在编码层面，当模型把输入信息与特定的知识图谱相关联时，实体、关系等信息可以显著提高输入信息向量表示的语义表示能力；在解码层面，可以通过知识图谱路径规划、多跳推理，实现知识感知的文本生成。特别是在预训练语言生成模型中，目前只依靠大规模语料中词语的共现关系来捕捉知识，若能进一步与知识结合，必将会发挥更大的威力。在数据稀疏及更需要常识、背景知识的生成任务中，知识的作用将会更加显著。

第 10 章 常见的自然语言生成任务和数据资源

自然语言生成的应用十分广泛，任务的设定也多种多样。尤其是近些年来深度学习技术的发展，极大地促进了自然语言生成的任务发展和数据集建设。相对传统的简单文本生成任务如天气预报生成等，任务的难度和复杂度越来越高，从非开放端生成任务到开放端生成任务，从单一模态到多模态的语言生成，从短文本生成到长文本生成，自然语言生成领域的研究变得十分活跃，新任务和新数据集层出不穷。

本章将介绍自然语言生成的常见任务和数据集。本章内容不仅覆盖了经典非开放端语言生成任务如机器翻译、自动摘要，也覆盖了开放端语言生成任务如故事生成、对话生成。同时，本章还将介绍视觉与语言结合的生成任务——多模态语言生成。最后，本章将介绍无约束的语言生成，即在没有输入的情况下考察生成模型如何生成高质量的文本。

10.1 机器翻译

机器翻译是自然语言处理领域中的重要文本生成任务，是突破各语言之间交流沟通屏障的主要手段之一。机器翻译的目的是研究如何将源语言翻译成目标语言，通常包含两个阶段的任务：一是源语言理解，即机器理解源语言文本的语义；二是目标语言生成，即机器根据源语言的语义，按照目标语言的文法生成文本。机器翻译包含众多数据集和各种场景下的子任务，本节将介绍常规机器翻译、低资源机器翻译和无监督机器翻译三个场景下的任务及对应的常用数据集。

10.1.1 常规机器翻译

常规机器翻译任务中，源语言和目标语言之间有足够的平行语料，可以用来训练机器翻译系统。机器翻译任务的数据集通常从一些机构组织的评测中产生，这些机构可能是领域相关的学术组织，也可能是政府的权威机构。下面介绍三个较为常用的机器翻译数

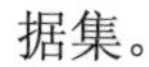

据集。

1. WMT2014

WMT2014 数据集从 WMT (Workshop on Statistical Machine Translation) 评测中产生，于 2014 年发布，包含英语与法语、印度语、捷克语、俄语之间的互译。其数据领域以新闻为主，同时也包含医药相关的语料。两个语言之间的平行语料训练集包含百万数量级的句子对，测试集除英语—印度语包含 520 个句子外，其他语种之间的测试句子数量在 2000~3000 之间。

2. WMT2016

WMT2016 数据集从 2016 年的 WMT 评测中产生，与 WMT2014 相比，增加了英语与罗马尼亚语、土耳其语之间的互译。英语和罗马尼亚语之间的测试集包含 2000 个句子对，而其他语种之间的测试集各包含 3000 个句子对。不同语种的训练集规模差别较大，如英语—法语之间的训练集包含千万级别的句子对，而英语—罗马尼亚语之间只包含 400 万左右的训练句子对。在平行语料外，WMT2016 还为每个语种增加了大量的单语数据，以方便研究者开展不同场景下的机器翻译实验。

3. IWSLT2015

IWSLT2015 数据集从 2015 年的 IWSLT(International Workshop on Spoken Language Translation) 中产生，其关注的任务主要和口语翻译相关。该数据集的来源主要包括 TED 演讲的语言字幕、QED 讲座影片的字幕等。IWSLT2015 涉及英语与汉语、捷克语、法语、德语、泰语、越南语之间的互译，训练集包含百万数量的句子对，测试集的句子数量为 1000~2000 个。

10.1.2　低资源机器翻译

机器翻译任务中的低资源主要原因包括以下两方面。

① 世界上一些语言使用人数较少，适用范围较窄，导致它们之间没有足够的平行语料用来构建机器翻译模型。

② 机器翻译任务经常会涉及一些和特定领域高度相关的词汇，如果这些领域中缺乏足够的数据，构建出的翻译模型效果较差。

因此，在低资源的场景下，翻译模型需要有效利用少量的平行语料作为训练数据，实现高质量的翻译。针对训练语料缺乏的情况，已有的工作使用迁移学习、数据增广等方式提升翻译模型的性能。低资源机器翻译任务的数据集往往也出自常规机器翻译的评测，通过对其中训练数据集的截断处理来实现低资源的设定。

10.1.3 无监督机器翻译

经典的机器翻译模型往往需要大量两个语种之间的平行语料进行训练，这些语料中，每一个源语言的句子都有一个目标语言的句子与之对应。但是现实中某些语言之间并没有可供模型使用的平行语料，这就要求模型仅仅通过学习两种语言中各自的单语数据来实现它们之间的翻译。与低资源的情形不同，在无监督场景下，机器翻译模型无法利用任何跨语言的平行语料，因此模型往往需要从单语数据中学习人类语言固有的特性，从而获得多种语言在同一个空间下的表示。无监督机器翻译任务中，较常用的数据集为 WMT2016 中的德语—英语翻译及 WMT2014 中的法语—英语翻译。由于 WMT 评测在平行语料之外还提供了部分语言的单语数据，所以可以直接利用这些单语数据实现无监督机器翻译的设定。

10.2 生成式文本摘要

生成式文本摘要是自动摘要的典型方式之一。给定一篇或多篇文档作为输入，模型输出一段摘要，要求保留输入文档的核心内容，且长度明显短于输入文档。在此基础上，近些年出现了许多文本摘要任务，如短文本摘要、长文本摘要、多文档摘要、跨语言文本摘要、对话摘要和细粒度文本摘要等。本节将介绍这些任务和常见的数据集。

10.2.1 短文本摘要

早期的文本摘要任务和数据集主要关注短文本，如新闻文本。CNN/Daily Mail 数据集[111] 包含 311672 个新闻—摘要对，数据来源为美国有线电视新闻网和《每日邮报》。新闻

的平均长度为 766 个词 (29.74 个句子)，摘要的平均长度为 53 个词 (3.72 个句子)。Gigaword 数据集[112] 包含约 950 万个新闻—摘要对，数据来源为美国新闻和国际新闻。LCSTS 数据集[113] 是一个常用的中文摘要数据集，包含 2400591 个新闻—摘要对，数据来源为微博认证的官方新闻用户。

10.2.2　长文本摘要

针对学术文章、专利文档、书籍等长文本的摘要需求，许多工作提出了长文本摘要数据集。Arxiv 数据集和 PubMed 数据集分别来源于 arXiv 和 PubMed 的论文及其摘要[114]。Arxiv 数据集包含约 215000 个论文—摘要对，论文平均长度为 4938 个词，摘要平均长度为 220 个词。PubMed 数据集包含约 133000 个论文—摘要对，论文平均长度为 3016 个词，摘要平均长度为 203 个词。BigPatent 数据集[115] 涵盖了 1971 年后 9 个不同领域的 1341362 个专利文档及其摘要。专利文档的平均长度为 3573 个词，摘要的平均长度为 116.5 个词 (3.5 个句子)。

10.2.3　多文档摘要

前面介绍的文本摘要任务均为单文档摘要，而现实中会遇到整合多篇新闻或文章的信息的需求，即多文档摘要。Multi-News 数据集[116] 是一个大规模的多文档摘要数据集，数据来源于 Newser 网站，此网站上的每篇新闻摘要会引用多个新闻源，这些新闻源被自然标注为输入文档集合。此数据集共有 56216 个文档集合—摘要对，文档集合的平均长度为 2103 个词 (82.73 个句子)，摘要的平均长度为 264 个词 (9.97 个句子)。WikiSum 数据集将维基百科文章视为引用文章集合 (过滤后) 的摘要，包含 2332000 个文章集合—摘要对。

10.2.4　跨语言文本摘要

跨语言文本摘要旨在为非母语者生成摘要，具有重要的实用价值。Global Voices 数据集[117] 关注多语言新闻的英文摘要，其包含 Global Voices 网站 15 种语言的新闻及其摘要，非英语新闻均有其对应的英文翻译。由于此网站的摘要多用于吸引用户，作者通过众包的方式人工标注了高质量英文摘要。

10.2.5 对话摘要

理解对话数据对交互式人工智能有重要意义。与非对话摘要相比，对话摘要涉及更多的语义消歧和转述的问题。Argumentative Dialogue Summary 数据集[118] 是一个小规模数据集，包含 45 段对话共 225 篇摘要。SAMSum 数据集[119] 是一个更大规模的对话摘要数据集，包含 16369 段对话，多为双人对话，表 10.1 所示为 SAMSum 数据集中的数据样例。

表 10.1 SAMSum 数据集中的数据样例

对话
Blair: Remember we are seeing the wedding planner after work Chuck: Sure, where are we meeting her? Blair: At Nonna Rita's Chuck: Can I order their seafood tagliatelle or are we just having coffee with her? I've been dreaming about it since we went there last month Blair: Haha sure why not Chuck: Well we both remember the spaghetti pomodoro disaster from our last meeting with Diane Blair: Omg hahaha it was all over her white blouse
对话摘要
Blair and Chuck are going to meet the wedding planner after work at Nonna Rita's. The tagliatelle served at Nonna Rita's are very good.

10.2.6 细粒度文本摘要

上述任务和数据集均假设文档或文档集合与摘要间存在一一对应的关系；然而，对于同一文档或文档集合，不同读者往往会关心不同内容。细粒度文本摘要任务为摘要生成提供了额外条件，其可以是一个主题 (如“体育”“政治”) 或一个对象 (如“手机性能”“相机质量”)。Multi-Aspect News 数据集[120] 包含 286701 个新闻文档，每个文档对应了多个细粒度的文本摘要，表 10.2 所示为 Multi-Aspect News 数据集中的数据样例。

表 10.2 Multi-Aspect News 数据集中的数据样例

文档: steffi graf reluctantly paid 1.3 million marks to charity last month as part of a settlement with german prosecutors [...] spiegel magazine said graf had 'agreed with a heavy heart' to the bargain with prosecutors because she wanted to put the [...] prosecutors dropped their investigation last month after probing graf's finances for nearly two years when she agreed to their offer to pay a sum to charity. [...] german prosecutors often use the charity donation procedure, [...] the seven-times wimbledon champion, who has not played since the semifinals [...]

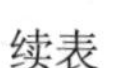

续表

Sports-摘要: seven-times wimbledon champion could make a return to the court at the end of april in the german open . former family tax adviser joachim eckardt received two and a half years for complicity .
News-摘要: prosecutors dropped their investigation last month after probing graf's finances for nearly two years when she agreed to their offer to pay a sum to charity last month as part of a settlement with german prosecutors who [...]
TVShowBiz-摘要: steffi graf reluctantly paid 1.3 million marks $ 777000 to charity last month as part of a settlement with german prosecutors who [...] the player said she had entrusted financial matters to her father and his advisers from an early age .

10.3　意义到文本生成

意义到文本生成是一个经典的自然语言生成任务。该任务的输入通常为一种抽象的语义表示，如逻辑表达式 (Logic Form) 或抽象语义表示 (Abstract Meaning Representation)，输出的文本要符合该抽象表示所表达的语义信息。因此，语言生成系统需要先对抽象语义表示进行准确建模，然后根据建模的语义信息生成通顺的句子。本节简要介绍两个常见的意义到文本生成任务及其常用的数据集。

10.3.1　抽象语义表示到文本生成

抽象语义表示到文本 (Abstract Meaning Representation to Text) 生成任务的输入通常为一个语义表示图谱，如图 10.1 所示，输出为包含图谱中信息的句子。语义表示图谱中的标签可以是来自 PropBank 语料集中预先定义好的基本语义标签，也可以是简单的英文词汇。图中的节点一般代表抽象的语义概念或者某个概念的具体取值，而边则代表概念之间的关系。

以图 10.1 为例，“describe-01” 出自 PropBank 语料集，表达“描述”的抽象概念，“person”“genius” 等节点则直接借用英文词汇表达“人物”“天才” 的概念。图中 “:ARG0” “:ARG1”“:ARG2” 的关系为 PropBank 中定义的常见关系，分别代表“施加者 (agent)” “接受者 (patient)”“属性 (attribute)”；而 “name” 与 “:op1” 标签则是另一些通用的语义关系，分别表示“名字” 和 “实例列表”。

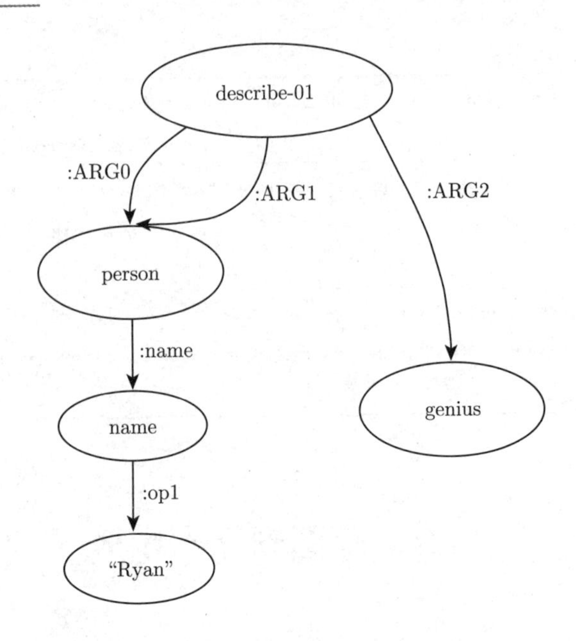

图 10.1　文本 "Ryan's description of himself: a genius." 对应的抽象语义表示图谱

抽象语义表示到文本生成任务通常使用以下两个数据集。

1. LDC2015E86

LDC2015E86 是一个抽象语义标注数据集。它由 Linguistic Data Consortium (LDC) 等机构于 2015 年联合开发，属于美国国防预先研究计划局 (DARPA)"文本深度挖掘和过滤"(DEFT) 项目的一部分。该数据集包含 19572 个样本，每一个样本包含一个句子及与其对应的语义表示图谱。语义表示图谱表示了句子中语法无关的语义信息，如命名实体、实体指代、反义、数字等。该数据集主要来自于英文论坛、新闻和一些中国社交媒体 (中文将被翻译成英文)。

2. LDC2017T10

LDC2017T10[121] 是 LDC2015E86 的一个扩展版本，同样由 Linguistic Data Consortium (LDC) 等机构开发。该数据集包含超过 39260 个英文句子和与之对应的抽象语义表示，部分继承自 LDC2015E86，覆盖新闻、论坛、社交媒体等诸多领域。和 LDC2015E86 相比，该数据集根据最新的抽象语义表示的标准对句子的标注进行了修改，并改正了一些标注错误。

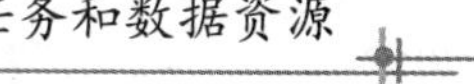

10.3.2　逻辑表达式到文本生成

在自然语言理解中，语义分析 (Semantic Parsing) 是指对给定文本进行深入语义抽象和解析，最后得到逻辑表达式的过程。逻辑表达式到文本生成任务正好是其反向过程，要求模型准确理解输入的表达式所表征的逻辑关系，进而生成符合此表达式的语义且自然通顺的文本。表 10.3 所示为一个根据 λ 表达式生成文本的示例。其中，λ 表达式包含变量 $x0$，$x1$，其分别代表文本中的两个 states，“loc”“next to” 等谓词代表 “位于”“毗邻” 的语义。

表 10.3　根据 λ 表达式生成文本的示例

输入的 λ 表达式	λx0.state(x0) $\wedge$ $\exists$x1.[loc(miss r, x1) $\wedge$ state(x1) $\wedge$ next to(x1, x0)]
输出的文本	give me the states bordering states that the mississippi runs through

逻辑表达式到文本生成的数据通常来自语义分析任务，因为语义分析任务要求模型分析文本结构，输出对应的语义图谱、语法树或逻辑表达式，其数据集中包含这些抽象语义表示和对应的文本。例如，GeoQuery 数据集包含 877 个和美国地理相关的问题，每个问题都有手工标注的类似表 10.3 的 λ 表达式，其可以直接用于逻辑表达式到文本生成的任务。

10.4　数据到文本生成

数据到文本生成任务是一个经典的自然语言生成任务，要求语言生成算法对结构化或半结构化数据进行分析，从中选择全部或部分数据进行处理、抽象和关联，并最终转换为自然语言的文本描述。本节将介绍数据到文本生成任务常用的数据集。

表 10.4 所示为数据到文本生成任务常用的 4 个数据集的统计信息。这 4 个数据集被提出的时间与它们在表中的顺序一致，从中不难发现数据到文本生成任务正朝着处理更复杂的数据和生成更长的文本这两个趋势发展。

表 10.4　数据到文本生成任务常用的 4 个数据集的统计信息

数据集	词汇量	样例数	文本平均长度	属性类型	平均元素数
WEATHERGOV	394	22.1k	28.7	10	191
WIKIBIO	400k	728k	26.1	1.7k	19.7
ROTOWIRE	11.3k	4.9k	337.1	39	628
SBNATION	68.6k	10.9k	805.4	39	628

WEATHERGOV 数据集[122] 是 Liang 等人于 2009 年收集的美国城市的本地天气预报信息，包括温度变化、风速等。然而该数据集涉及的数据属性类型较少且词汇量仅有数百个，说明样例的输入数据结构及天气预报文本都比较简单。

WIKIBIO 数据集[123] 由 Lebret 等人于 2016 年提出，在词汇量、样例数、属性类型等统计量上均大幅超过 WEATHERGOV 数据集。这个数据集从 WIKIProject Biography 上抓取得到，每个样例由一个人物的生平信息表和原文的第一句话组成，这句话作为人物的一句话简介需要语言生成算法根据信息表生成 (见表 10.5)。文本中平均有 1/3 的词直接来源于给定的信息表，并呈现出一定的叙述规律。例如，简介通常以人名开头，接着是人物的出生和死亡时间。

表 10.5　WIKIBIO 数据集中的数据样例

FIELD	CONTENT
Name	Arthur Ignatius Conan Doyle
Born	22 May 1859 Edinburgh, Scotland
Died	7 July 1930 (aged 71) Crowborough, England
Occupation	Author, writer, physician
Nationality	British
Alma mater	University of Edinburgh Medical School
Genre	Detective fiction fantasy
Notable work	Stories of Sherlock Homes
TEXT: Sir Arthur Ignatius Conan Doyle (22 May 1859-7 July 1930) was a British writer best known for his detective fiction featuring the character Sherlock Holmes.	

ROTOWIRE 数据集和 SBNATION 数据集由 Wiseman 等人于 2017 年提出[77]。Wiseman 等人认为，现有的神经生成算法虽然已经在 WEATHERGOV 和 WIKIBIO 等数据集上取得了较大的成功，但在处理更复杂的输入数据和需要生成更长的文本时，往往暴露出不忠实于输入数据和句间一致性较差等问题。因此，他们收集了 NBA 球赛的技术统计表及相应的摘要，构造了 ROTOWIRE 数据集和 SBNATION 数据集，其中的数据样例 (见表 10.6) 具有比 WEATHERGOV 数据集和 WIKIBIO 数据集显著更多的输入数据元素，同时文本的平均长度也提升了一个量级。ROTOWIRE 数据集中的摘要由专业人士书写，语言规整；而 SBNATION 数据集中的摘要主要由 NBA 球赛的爱好者书写，用语不正式，长度显著更长，且往往包含与输入数据不相关的内容，挑战性较大。因此，ROTOWIRE 数据集更加常用，也能够更好地考察语言生成算法对内容分析和选择的能力、对输入的忠实程度，以及建模句间一致性的能力。2018 年，Puduppully 等人提出的神经语言生成模型取得了 20 以上的 BLEU 值。

表 10.6 ROTOWIRE 数据集中的数据样例

TEAM	WIN	LOSS	PTS	FG_PCT	RB	AS ...
Heat	11	12	103	49	47	27
Hawks	7	15	95	43	33	20
PLAYER	AS	RB	PT	FG	FGA	CITY ...
Tyler Johnson	5	2	27	8	16	Miami
Dwight Howard	4	17	23	9	11	Atlanta
Paul Millsap	2	9	21	8	12	Atlanta
...						

TEXT: The Atlanta Hawks defeated the Miami Heat, 103 - 95, at Philips Arena on Wednesday. Atlanta was in desperate need of a win and they were able to take care of a shorthanded Miami team here. Defense was key for the Hawks, as they held the Heat to 42 percent shooting and forced them to commit 16 turnovers. Atlanta also dominated in the paint, winning the rebounding battle, 47 - 34, and outscoring them in the paint 58 - 26. The Hawks shot 49 percent from the field and assisted on 27 of their 43 made baskets. This was a near wire - to - wire win for the Hawks, as Miami held just one lead in the first five minutes. Miami (7 - 15) are as beat - up as anyone right now and it's taking a toll on the heavily used starters. Hassan Whiteside really struggled in this game, as he amassed eight points, 12 rebounds and one blocks on 4 - of - 12 shooting ...

10.5 故事生成

故事生成任务是典型的开放端语言生成任务，具有明显的一对多的特征。常见的故事生成任务包括：给定标题或开头续写故事情节，给定故事上文生成故事结局，给定部分上下文 (如开头和结尾) 补全完整故事，反事实故事生成等。这些任务都要求模型理解并扩展上下文情节，生成符合常识知识和日常逻辑的故事。本节介绍 4 类主流的故事生成任务及常用的数据集。

10.5.1 条件故事生成

最常见的故事生成任务是给定标题、开头或提示生成故事的条件故事生成。条件故事生成任务中常用的数据集有 ROCStories[124] 和 WritingPrompts[125]。

ROCStories 数据集由 University of Rochester 团队于 2016 年提出，最新版本的数据集由大约 10 万个英文日常生活故事组成。如表 10.7 所示，这些故事都仅有 1 个标题和 5 句话，并且包含了日常事件之间常见的因果和时序关系，使生成模型能够学习多样的事件主题，而非限定在单一领域或话题。ROCStories 数据集共包含 98159 个故事，另外还有 3744 个没有标题的故事专门为故事结局选择所设计。如表 10.8 所示，故事结局要求模型根据给定的前 4 句话从两个结局候选中选择正确的一个。这 3744 个故事中每个故事均提供了两个结局，研究者也可以仅使用正确的结局进行故事生成的研究。

WritingPrompts 数据集由 Facebook 团队于 2018 年提出，收集自知名网站 Reddit 的 WritingPrompts 论坛。在该论坛中，每个用户既能够发布故事的梗概或者提示，也能通过扩展其他人的提示发布完整的故事。该数据集共有 303358 个提示—故事对，其中提示涵盖了多样的话题。平均每个提示包括 28.4 个词，相应的故事必须包括至少 30 个词，同时也应该与提示有充足的相关性和一致性，平均每个故事包括 734.5 个词。表 10.9 所示为 WritingPrompts 数据集中的数据样例。相比 ROCStories 数据集，WritingPrompts 数据集中的故事更长，内容更丰富，其中也可能包括一些推动情节发展的对话，因此对故事生成模型要求更高。

表 10.7 ROCStories 数据集中的数据样例

标 题	5 句话故事
The Test	Jennifer has a big exam tomorrow. She got so stressed, she pulled an allnighter. She went into class the next day, weary as can be. Her teacher stated that the test is postponed for next week. Jennifer felt bittersweet about it.

表 10.8 ROCStories 数据集中的数据样例 (包含错误结局)

4 句话上文	Karen was assigned a roommate her first year of college. Her roommate asked her to go to a nearby city for a concert. Karen agreed happily. The show was absolutely exhilarating.
正确结局	Karen became good friends with her roommate.
错误结局	Karen hated her roommate.

表 10.9 WritingPrompts 数据集中的数据样例

提 示	The Mage, the Warrior, and the Priest
故事	A light breeze swept the ground, and carried with it still the distant scents of dust and time-worn stone. The Warrior led the way, heaving her mass of armour and muscle over the uneven terrain. She soon crested the last of the low embankments, which still bore the unmistakable fingerprints of haste and fear. She lifted herself up onto the top the rise, and looked out at the scene before her. [...]

在条件故事生成任务中，对表 10.7 中的样例，模型可以根据标题 “The Test” 生成一个 5 句话的故事，也可以根据故事的第一句话 “Jennifer has a big exam tomorrow.” 生成接下来 4 句话；对表 10.9 中的样例，模型则需要根据给定的提示生成一个完整的故事。条件故事生成是完全开放式的生成任务，只要生成的故事与给定的条件保持逻辑的一致性，有正确的因果和时序关系，符合常识知识，就是完全合理的。

10.5.2 故事结局生成

故事结局生成任务要求在给定故事上文时，生成一句话来结束整个故事，使故事的情节和逻辑得到完整的表达。如对表 10.7 中的数据样例，模型需要根据给定的前 4 句话生成第 5 句话。故事结局生成任务要求对上文的逻辑线索有很强的理解能力，同时能够运用常识知识理解上文情节并预测合理的故事结局。故事结局生成一般较多使用 ROCStories 数据集。

10.5.3 故事补全

故事补全任务要求为一个不完整的故事生成缺失的故事线索。例如，对表 10.7 中的数据样例，模型需要根据给定的第 1、3、4、5 句话，生成第 2 句话；或者根据第 1、2、4、5 句话生成第 3 句话。故事补全任务要求机器首先理解已经给定的部分故事内容，然后推断缺失的部分可能发生了什么，从而形成完整的故事。故事补全任务的输入是不连续的，因此也增加了模型自然语言理解和生成的难度。故事补全一般较多使用 ROCStories 和 WritingPrompts 这两个数据集。

10.5.4 反事实故事生成

如表 10.10 所示，反事实故事生成任务要求：给定一个故事及与之相关的反事实事件，通过最小程度地修改原始故事，使其与给定的反事实事件达成一致。解决反事实故事生成任务需要对故事中事件之间的因果和反事实变化有深度理解，同时也需要将故事推理能力较好地融合到条件故事生成模型中。该任务常用的数据集是 2019 年 University of Washington 基于 ROCStories 数据集提出的 TIMETRAVEL 数据集[126]。该数据集共包括 29849 条数据，每条数据包括原始故事、反事实事件及人根据该事件重写的与之相容的反事实故事。

表 10.10 反事实故事生成样例

原始故事	(1) Jaris wanted to pick some wildflowers for his vase. (2) He went to the state park. He picked many kinds of flowers. (3) Little did Jaris realize that it was a national park. (4) Jaris got in trouble and apologized profusely.
反事实事件	(2') He went to the local playground area.
反事实故事	(3') He found a very large bush of wildflowers. (4') He picked them up with his hands. (5') He carried them home and planted them in his vase.

10.6　对话生成

对话生成是自然语言处理领域十分热门的研究任务之一，一般可以分成任务领域对话生成① 和开放领域对话生成，两者的生成设定有一定差别。本章主要阐述开放领域对话生成任务，其接收的输入为对话的历史上下文，输出为符合人类对话习惯的自然语言回复。除对话历史上下文之外，对话生成任务还可以接收外部知识信息，如相关知识文本、知识图谱、人设和情感等信息，以进行知识驱动、个性化和不同情感的对话生成。本节将介绍 4 个开放领域对话生成任务及相应的数据集，包含常规对话生成的数据集、知识导引的对话的数据集、个性化对话生成的数据集和情感对话生成的数据集。

10.6.1　常规对话生成

常规对话生成任务是只接收对话历史上下文为输入，输出为符合人类对话习惯的自然语言回复的生成任务，由于只包含对话语料，没有任何外部标注，所以数据规模通常都十分庞大，常作为大规模预训练模型的训练语料。

1. OpenSubtitles

OpenSubtitles 数据集[127] 是从 OpenSubtitles 网站上抓取的电影字幕构成的对话语料集，包含约 1 亿 4 千万个语句、3 千 6 百万个对话、10 亿个词，是电影领域最庞大的对话数据集之一，然而其包含的多语言文本和噪声数据为其使用带来了一定困难。

2. Ubuntu Dialogue Corpus

Ubuntu Dialogue Corpus 数据集[128] 是从 Ubuntu 系统的技术支持对话日志中抽取而构造的多轮对话数据集，包含约 710 万个语句、93 万个对话、1 亿个词。由于对话内容多与 Ubuntu 系统技术问题相关，其更像是任务导向的对话数据集，然而由于仅包含对话历

① 任务领域对话生成有两种设定：一种是对话意图到文本的生成，属于“意义到文本生成”任务；另一种是给定对话上文和背景知识库，生成回复。一般后者涉及与知识库的交互。

史上下文信息而缺少任务相关的标注，所以多用于开放领域端到端对话系统 (特别是检索式模型) 的建模。

3. Reddit Corpus

Reddit Corpus 数据集[129] 是从 Reddit 网站上抓取 2007 年 ~2015 年的论坛评论数据而构造的多轮对话数据集，包含 21 亿条评论；经过噪声过滤后保留了 5 亿 5 千万个多轮对话，其对话内容以论坛评论为主且没有长度的限制。

4. Short Text Conversation (STC)

STC 数据集[130] 是从新浪微博网站上抓取社交网站上的用户发帖/回帖数据而构造的中文单轮对话数据集。其训练数据包含 219905 个 post 和 4308211 个 response，共有 4435959 个单轮对话，适合单轮的一对多对话生成任务的研究。

10.6.2 知识导引的对话生成

知识导引的对话生成任务除对话语料外，还提供了外部的知识信息。从知识信息的种类上可分为两种；结构化的知识图谱 (或知识库) 和非结构化的文本知识。其生成的对话回复除了需要符合对话上下文信息，还可以融合外部知识信息进行更加具体、信息量更加丰富的回复生成。近年来，涌现了很多非结构化文本知识和结构化的知识图谱引导的对话生成数据集，下面介绍几个重要的基准评测数据集。

1. CMU Document-grounded conversation (CMU DoG)

CMU DoG 数据集[131] 设计了基于背景知识文档的对话场景。作者收集了关于 30 部电影的维基百科简介，并依据篇幅划分为 4 个小节，让对话者根据指定电影的相关资料开展对话。CMU DoG 数据集采用了两类数据收集方式，即对话双方都能获取到知识文档，或者仅有一方能够阅读背景资料。整个数据集包含 4112 个对话，平均每个对话包含 31.6 个语句，每个语句包含 10.8 个词。该数据集中注明了对话者构建发言时所参考的文档的小节序号。

2. Holl-E

Holl-E 数据集[132] 也针对电影领域，收集了一系列共 921 部热门电影的背景知识，如影片短评或长评、情节介绍及演职员表、票房等事实信息，对话者会利用所提供的背景知识文档展开深入的讨论。在每个对话中，都会有一名对话者被严格要求从背景文档里抄录或者改写相关语句，以构建自己的发言。整个数据集包含 9071 个对话和 90810 个语句，平均每个对话包含 10 个语句，每个语句包含 15.3 个词。对话双方在构建发言时所参考的文档片段均给出了标注 (或注明未参考文档)。

3. Wizard of Wikipedia (WoW)

WoW 数据集[94] 中的对话基于从维基百科检索到的知识语句。其采用了巫师—学徒的数据收集场景，在收集过程中，对话平台会基于上下文检索相关的维基百科词条，将各个词条简介中的一定数量的知识语句提供给巫师参考，为巫师构建话语提供了更丰富的知识内容与更灵活自由的选择空间。整个数据集包含了 22311 个对话和 201999 个语句，平均每个对话包含 9 个语句。其中的发言均标注了所选择的知识语句 (或注明未采用任何知识)。

4. Topical-Chat

Topical-Chat 数据集[133] 旨在构建能够与人类展开多话题交流的对话系统，进一步为对话者提供来自多个话题与多种信息源的知识，涵盖包含时尚、政治、体育、书籍等 8 个领域的 300 个热门话题。对每一个话题，作者抓取了维基百科的简介部分及 Reddit 论坛上 8~10 条相关事实性语句。同时，作者还收集了 2018 年《华盛顿邮报》的新闻文章，每篇新闻都涉及 3 个以上的话题实体。由此，作者通过维基百科信息、事实性语句及新闻文章来构建对话所需的阅读材料。对话者在结对时，各自所分配的阅读材料或者是对称的 (完全相同)，或者是不对称的 (不完全相同)。整个数据集包含 11319 个对话和 248014 个语句，平均每个对话包含 22 个语句，每个语句包含 19.8 个词。

5. OpenDialKG

OpenDialKG 数据集[134] 是采用巫师—学徒的数据收集方式，通过人工标注者根据知识图谱进行对话来构造的、知识图谱驱动的多领域英文多轮对话数据集，包含电影、书籍、运动、音乐 4 个领域的共 91209 个语句和 15673 个对话。平均每个对话包含 5.8 个语句，对每个语句应用的知识还进行了人工标注，使模型可以利用这部分监督信号更好地进行知识交互的建模。同时，该数据集还区分了两种对话任务，其推荐任务包含电影和书籍领域的对话，闲聊任务包含运动和音乐领域的对话。多任务多领域的对话数据使其适合迁移学习和元学习等研究。

6. DuConv

DuConv 数据集[135] 是利用众包的方式通过人工标注者根据电影领域的知识图谱进行对话来构造的、知识图谱驱动的中文多轮对话数据集，包含电影领域的约 27 万个语句和 29858 个对话，平均每个对话包含 9.1 个语句。由于其构造的过程中规定了对话者需要从一个话题转移到另一个话题，所以导致其存在固定的知识转移模式，同时在知识标注层面也只提供了上述话题转移的标注。

7. KdConv

KdConv 数据集[136] 是利用众包的方式通过人工标注者根据知识图谱进行对话来构造的、知识图谱驱动的多领域中文多轮对话数据集，包含音乐、电影、旅游 3 个领域的约 86000 千个语句和 4500 个对话，平均每个对话包含 19 个对话语句。多轮次的对话数据使其更适合多轮对话中知识规划和话题转移的研究。同时，研究者还为其提供了句子级的应用知识的人工标注，使模型可以利用这部分监督信号更好地进行知识交互的建模。

10.6.3 个性化对话生成

个性化对话生成任务除对话语料外，还引入了对话者的个性化信息 (包括人物属性、对话风格等)，其生成的对话回复要在符合对话上下文信息的基础上，体现对话者的个性化信息。相应的数据集一般在对话文本外，还会提供对话者和相应个性化信息的标注。下面介绍几个重要的基准评测数据集。

1. PersonalDialog

PersonalDialog 数据集[137] 是从新浪微博网站上抓取社交网站上的用户发帖/回帖数据而构造的与用户相关的中文多轮对话数据集，包含约 5600 万个语句、2000 万个对话和

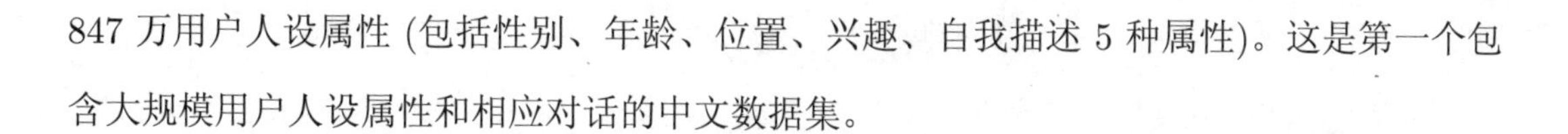

847 万用户人设属性 (包括性别、年龄、位置、兴趣、自我描述 5 种属性)。这是第一个包含大规模用户人设属性和相应对话的中文数据集。

2. Persona-Chat

Persona-Chat 数据集[138] 是 Facebook AI Research 构造的与人设相关的多轮对话数据集，包含 164356 个语句和 10981 个对话。研究者首先众包构造了 1155 个人物设定，每个人设至少包含 5 个自然语言描述语句的人设信息 (如 "I love the beach""My dad has a car dealership")，然后使标注者根据这些人设进行多轮对话，目标是认识了解对方。研究者还将这 1155 个人设语句进行了重写，降低了其和对话语句中的词共现频率，进一步加大了任务难度。Persona-Chat 数据集发布后已经成为人设相关对话研究的重要的基准评测数据集。

10.6.4　情感对话生成

情感对话生成任务在对话语料外还引入了情感信息，其生成的对话回复要在符合对话上下文信息的基础上，体现相应的情感特征。相应的数据集一般在对话文本外，还会提供对话回复对应的情感类别标注。下面介绍两个重要的基准评测数据集。

1. Emotional Short Text Conversation (ESTC)

ESTC 数据集[139] 是从 STC 数据集上进行情感标注后得到的与情感相关的对话数据集，包含 STC 数据集的 219905 个 post 和 4308211 个 response，共 4435959 个单轮对话，并且利用预训练句子对应的情感类别分类器给用户对话进行情感分类，赋予每一个对话相应的情感类别标注，共包含 6 个情感类别：喜欢、快乐、厌恶、悲伤、愤怒、其他。

2. DailyDialog

DailyDialog 数据集[140] 是从英文学习者的对话网站上抓取关于日常生活的英文对话而构造的多轮对话数据集，除此之外，研究者还为这些对话数据提供了关于情感 (包括 7 个情感类别：愤怒、厌恶、恐惧、开心、悲伤、惊讶、其他) 和意图 (包括 4 个意图类别：告知、提问、命令、许诺) 的人工标注。其包含 13118 个对话，平均每个对话包含 7.9 个语句，每个语句包含 14.6 个词。其对话数据是由真人对话数据构造且包含详细的关于情感和意图的人工标注，使其数据质量优于从社交网站上抓取数据而构造的与情感相关的数据集。

10.7　多模态语言生成

多模态语言生成任务是指根据给定图像/视频生成自然语言文本的任务，该任务不仅需要机器有生成自然语言文本的能力，还需要机器有理解图像/视频的能力。本节将介绍 4 类主流的多模态语言生成任务及广泛使用的数据集。

10.7.1　图像描述生成

图像描述 (Image Caption) 生成任务的输入是一张图像，输出是描述图像内容的句子。图像描述生成广泛使用的数据集有 Visual Genome[141]、Microsoft COCO Caption[142] 及 Flickr30k[143]。以 Microsoft COCO Caption 数据集为例，该数据集是由 Microsoft 于 2014 年提出的大规模数据集，包含图像分类、目标检测、物体分割及图像描述生成。其中，图像描述生成数据集 Microsoft COCO Caption 由 33 万张图像和对这些图像的约 150 万条描述组成。图像中的物体类型有 91 种，每张图像平均有 5 条由不同人撰写的描述，每条描述至少包含 8 个词。任务要求生成的描述要忽略图像中不重要的内容，不能涉及过去或者将来发生的事及图像中的人说的话，并且不能以 “There is” 开头。数据样例如图 10.2 所示。

10.7.2　视频描述生成

视频描述 (Video Caption) 生成任务是图像描述生成的进阶任务，描述的对象由图像变成视频。对机器来说，视频的理解比图像的理解更加困难，视频可以看成一连串图像的合成，机器需要能够识别出每一张图像的内容，并将这些关联在一起来组成整个视频的内容，因此视频描述生成比图像描述生成更加具有挑战性。该任务广泛使用的数据集有 MSR-VTT[144]、VATEX[145]。

VATEX 数据集是加州大学圣塔芭芭拉分校于 2019 年提出的视频描述生成数据集，相比 Microsoft 在 2016 年提出的 MSR-VTT 数据集，规模更大，质量更高，且更具多样性。

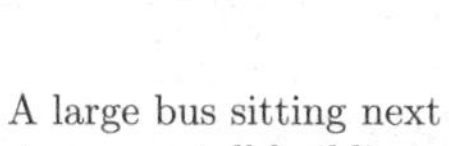

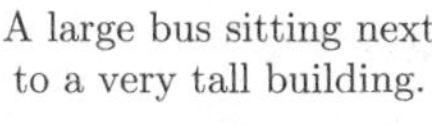

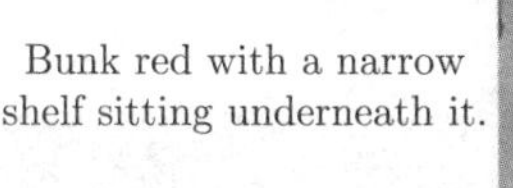

图 10.2　Microsoft COCO Caption 数据集中的数据样例

VATEX 数据集包含 4 万多个视频和 80 多万条对视频的描述，每个视频对应由 20 个不同的人撰写的 10 条英文描述和 10 条中文描述，这 4 万多个视频覆盖了 600 种人类的活动。在视频描述的多样性上，VATEX 数据集远远好于 MSR-VTT 数据集，MSR-VTT 数据集中有 2/3 的视频具有同样的描述，而 VATEX 数据集中的所有视频都没有这个问题。数据样例如图 10.3 所示。

英文描述:
- A person wearing a bear costume is inside an inflatable play area as they lose their balance and fall over.
- A person in a bear costumer stands in a bounce house and falls down as people talk in the background.
- A person dressed in a cartoon bear costume attempts to walk in a bounce house.
- A person in a mascot uniform trying to maneuver a bouncy house.
- A person in a comic bear suit falls and rolls around in a moonbounce.

中文描述:
- 一个人穿着熊的布偶外套倒在了蹦床上。
- 一个人穿着一套小熊服装在充气蹦蹦床上摔倒了。
- 一个穿着熊外衣的人在充气垫子上摔倒了。
- 一个穿着深色衣服的人正在蹦蹦床上。
- 在一个充气大型玩具里有一个人穿着熊的衣服站了一下之后就摔倒了。

图 10.3　VATEX 数据集中的数据样例

10.7.3 视觉故事生成

视觉故事生成 (Visual Storytelling) 的输入是若干张按照时间顺序排列好的图像，其目标是为每张图像生成一个描述该图像的句子，确保所有句子拼起来后能够组合成一个完整的故事。视觉故事生成与视频描述生成类似，因为视频可以看成一连串图像的合成，两者的区别在于视觉故事生成需要为每张图像生成一个句子，而视频描述生成是直接为整段视频生成一段描述。视觉故事生成任务常用的数据集是 VIST[146]，数据样例如图 10.4 所示。

We went on a hike yesterday.

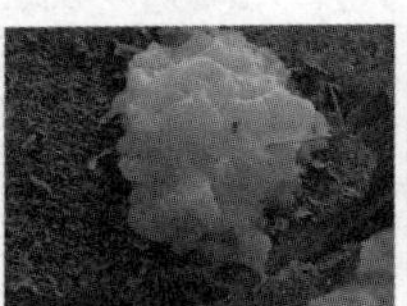

There were a lot of strange plants there.

I had a great time.

We drank a lot of water while we were hiking.

The view was spectacular.

图 10.4　VIST 数据集中的数据样例

VIST 数据集是由卡内基梅隆大学、微软研究院等研究机构提出的第一个从图像序列到自然语言的视觉故事生成数据集。该数据集有 8 万多张图像、2 万多个由图像组成的序列及这些序列对应的故事。数据集中的 2 万多个由图像组成的序列来自 Flickr 数据集的 2000 多个相册，同一个图像序列中的图像都取自 Flickr 数据集中的同一个相册，以尽量保证这些图像序列能对应合理的故事。

10.7.4 视觉对话

视觉对话 (Visual Dialog) 是指在给定图像的情况下，要求用自然语言和人类进行有意义的对话交流，对话的内容需围绕给定的图像并结合历史对话信息进行。视觉对话需要进行多个轮次，每轮对话可能是根据图像内容回答对方提出的问题，或者是提出一个和图像相关的问题让对方回答。视觉对话输入的自然语言信息丰富，将图像和语言信息融合在一起的难度进一步提升。该任务常用的数据集是 VisDial[147]，数据样例如图 10.5 所示。

VisDial 数据集是 2017 年由佐治亚理工学院和弗吉尼亚理工大学提出的视觉对话数据集。2017 年推出 0.9 版本，包含 12 万张图像，每张图像标注均有一段包含 10 个问题和相应答案的对话，这 12 万张图像是从 Microsoft COCO 数据集中收集得到的。2018 年推出 1.0 版本，和 0.9 版本相比，对话数量由 8 万提升到了 12 万。VisDial 数据集中的语句平均长度为 2.9 个词，出现频率最高的前 1000 条语句占语句总数的 63%。

A dog with goggles is in a motorcycle side car.

Q: Is motorcycle moving or still?
A: It's parked.
Q: What kind of dog is it?
A: Looks like beautiful pit bull mix.

Q: What color is it?

图 10.5　VisDial 数据集中的数据样例

10.8　无约束语言生成

无约束语言生成任务是自然语言生成中最基本的任务。该任务不考察模型对输入的理解而主要强调生成文本的内部关系，是其他所有自然语言生成任务的基础。该任务要求模型生成流畅自然的句子，并要求生成的句子具有一定的多样性。与之前介绍的其他任务相比，无约束语言生成任务在所有生成任务中最开放，要求模型具有一定的“创造力”，才能保证生成文本具有足够的信息量和多样性。该任务中最大的挑战是如何生成更长的文本：生成文本的长度越长，内容之间的关系就越难捕捉，因此在长文本生成中容易出现上下文矛盾、内容重复等问题。下面介绍几个不同的无约束语言生成任务的数据集。

1. Microsoft COCO Caption

Microsoft COCO Caption 数据集[142] 是由 Microsoft 于 2015 年收集的图像描述生成数据集。Guo 等人将数据集中图像描述单独抽取出来，忽略了原有的图像输入，构成了无约束语言生成任务的数据集。目前该数据集的常用版本包含约 1 万个随机从原数据选取的图像描述。数据样例可以参考图 10.2 中的文本部分。该数据集句子较短 (平均长度约为 13)，语法结构变化较为简单，因此广泛用于测试模型基本的文本生成能力。

2. EMNLP2017 WMT

EMNLP2017 WMT 数据集是于 2017 年提出的新闻领域的机器翻译数据集。Guo 等人将数据集中英文部分单独抽取出来，忽略另一种语言的输入，构成了无约束语言生成任务的数据集。该数据集的常用版本包含约 20 万个句子，句子平均长度约为 30，语言结构较前一个数据集也更加复杂。数据样例如表 10.11 所示。该数据集主要用于测试模型生成中等长度文本的能力。

表 10.11　EMNLP2017 WMT 数据集中的数据样例

My sources have suggested that so far the company sees no reason to change its tax structures, which are perfectly legal.
The 32-year-old reality star gave birth to her and West's first child together on Saturday, five weeks earlier than expected.

3. WikiText-103

WikiText-103 数据集[148] 是于 2017 年提出的语言建模数据集。该数据集语料来自 Wikipedia 网站中质量较好的词条文章。该数据集包含文章标题和文章内容，但通常只使用内容部分。WikiText-103 数据集包括 28577 篇文章，超过一亿个单词，一个较短的数据样例如表 10.12 所示。该数据集中的文章长度平均超过 3000 个词，使模型不仅需要考虑文

表 10.12　WikiText-103 数据集中的数据样例

标题： Gold dollar
内容： The gold dollar or gold one @-@ dollar piece was a coin struck as a regular issue by the United States Bureau of the Mint from 1849 to 1889. The coin had three types over its lifetime, all designed by Mint Chief Engraver James B. Longacre. The Type 1 issue had the smallest diameter of any United States coin ever minted. A gold dollar had been proposed several times in the 1830s and 1840s, but was not initially adopted. Congress was finally galvanized into action by the increased supply of bullion caused by the California gold rush, and in 1849 authorized a gold dollar. In its early years, silver coins were being hoarded or exported, and the gold dollar found a ready place in commerce. Silver again circulated after Congress in 1853 required that new coins of that metal be made lighter, and the gold dollar became a rarity in commerce even before federal coins vanished from circulation because of the economic disruption caused by the American Civil War.

本在局部的语法性，也需要考虑长距离的内容依赖关系。相比前两个数据集，WikiText-103 数据集涉及的词表更大，文本更长，内容也更复杂，因此具有较高的挑战性。

10.9　本章小结

本章列举了常见的自然语言生成任务和数据集，包括机器翻译、生成式文本摘要、意义到文本生成、数据到文本生成、故事生成、对话生成、多模态语言生成、无约束语言生成等。从中不难看出，自然语言生成的任务设定复杂多样，由此衍生的数据集也丰富多样。从发展趋势看，任务的难度越来越高，文本的长度越来越长，对模型创造性的要求也越来越高。值得一提的是，视觉与语言结合的生成任务在视觉理解和语言理解之间架起了一座桥梁，成为新兴的研究方向之一。

值得注意的是，“生成任务”往往代表了一个研究问题和研究方向，而“数据集”则是某个任务下的一个具体问题的体现，可能代表了通向任务解决的一小步。今天，深度学习模型更多是在“适应数据集”的，在鲁棒性、泛化性等方面存在许多缺陷，还远远难以做到“任务解决”。在自然语言生成方面，“任务解决”往往意味着对输入和外部关联信息的深度理解、抽象、推理，以及对世界知识、认知模型的运用，这甚至比自然语言理解任务更具挑战性。

第 11 章　自然语言生成的评价方法

自然语言生成的评价是自然语言生成中重要且基础的问题之一。好的评价指标可以为生成模型提供高质量的反馈信号，以便生成模型改进生成结果的质量。随着编码器—解码器框架、Transformer 结构和大规模预训练模型的快速发展，许多语言生成任务已经取得了长足的进步。然而，语言生成的评价依然有很大的发展空间，尤其是在开放端语言生成任务 (如开放域对话生成和故事生成等) 中存在着一对多问题，即对于相同的输入，存在许多无法观测但合理的输出。例如，对于故事续写任务，给定开头“我今天在公交车上看到一个老奶奶。”，可能的后续故事情节多种多样，这给语言生成评价造成了很大的困难。

语言生成评价包括人工评价和自动评价。在人工评价中，人类标注者根据预定义好的评价指南和范例对机器生成的文本进行评价。这种评价既可以是针对每个单独的生成结果 (逐点，Point-wise) 进行的，也可以是针对两个结果 (逐对，Pair-wise) 进行的。人工评价通常被认为是最有说服力的评价方式，因此在目前的语言生成工作中，人工评价被认为是评价模型优劣的黄金标准。但是人工评价也存在自身的问题，如非常昂贵，耗时长，标注者之间的差异大导致结果难以复现。自动评价指标由于可以自动计算，廉价快捷，所以被广泛使用。尤其是在模型开发的早期阶段，自动评价能够帮助研究者快速定位问题。除了传统的自动评价指标，近年来也兴起一种新的自动评价形式：可学习的自动评价方法。这种方法通过机器学习模型从人工标注的数据或自动构造的数据中学习如何自动评价生成质量，但在泛化性上面临“数据偏移”和“质量偏移”等关键挑战。

语言生成的人工评价和自动评价仍然存在许多需要解决的问题，探索与人工评价统计相关性高的可学习的评价方法成为新的研究趋势。尤其是评估开放端语言生成，如何建模语言生成中的一对多问题仍然是本质上的难题。本章将系统地介绍当前语言生成评价中的问题和现有方案，最后讨论语言生成评价未来的发展趋势。

11.1　语言生成评价的角度

语言生成评价的角度多种多样。回顾第 2 章关于语言生成可控性的问题，对应地可以总结语言生成的如下几种评价角度。

- **语法**：评价生成文本的通顺度，是否符合语法，是否存在用语错误、重复等。
- **信息量**：现代的语言生成模型很容易生成没有信息量的通用文本，即非常常见的文本内容或对许多不同的输入都适用的通用输出内容[①]。因此，评价生成内容是否包含充分信息就成为一个重要的评价维度，通常包括信息量 (Informativeness)、多样性 (Diversity)、信息特异度 (Specificity)、独特性 (Distinct) 等。
- **输入—输出的关系**：对条件语言生成，即给定输入、生成输出结果的任务中，可以通过输出与给定输入的关系进行评价，通常包括相关性 (Relevance)、忠实度 (Fidelity，即生成内容中的事实、关键信息必须与输入给定的一致)、连贯性 (Coherence，如对话生成或续写类任务需要保持输入与输出之间的连贯性) 等。
- **自洽性**：生成内容除与给定输入要一致、连贯外，其自身内部应该具有很好的自洽性，包括符合常识、逻辑，不包含语义冲突 (Conflict)，具有较好的一致性 (Consistency)。
- **总体评价**：从总体上评价生成内容的质量。在许多语言生成任务的评价中，除了细分维度的评价，还会对生成内容的总体质量进行评价，只是使用了不同的指标名称，如质量 (Quality)、自然度 (Naturalness)、合适性 (Adequacy) 等。

以上这些多数需要借助人工评价的方式进行。语言生成的评价角度还可以从“与参考内容的一致性”和“类人性”来考虑。在许多语言生成评价任务中，对同一个输入，通常会给出一个或多个人工编写的参考输出结果。因此，比较机器生成的结果与参考内容的相似性就成为一种常见的评价思路，体现在许多自动评价指标中。这一评价思路实际上隐含了一个假设：给定的参考内容是正确且完备的。因此，这种评价方法仅适用于非开放端的生

① 如“是的”“我不知道”等。

成任务，如机器翻译、文档摘要等；但对开放端生成任务如故事生成、对话生成，由于同一个输入存在许多种可能的输出结果，不同输出结果在用词、语义上差异很大，因此“与参考内容的一致性”并不能完整地评价生成质量的高低。

从“类人性”的角度考虑，一般通过评价文本内容是更像人类写作的还是更像机器生成的来进行语言生成评价，这与图灵测试的目标是一致的。多数情况下，可以通过构造同时包含人类写作和机器生成的文本数据集，训练分类器区分这两个类别。通过分类器给出的分数判别一个未知文本到底更像是人类写作的还是机器生成的。通常这种评价方法属于可学习的评价方法。本章将介绍的对抗评价方法就属于这一种。

11.2 人工评价

11.2.1 人工评价的分类

人工评价在自然语言生成任务中被视为黄金评价标准。评估自动评价的可靠性的一般方法是计算自动评价与人工评价的统计相关系数，相关系数越高就认为自动评价越可靠。

人工评价一般分成两种：内在评价 (Intrinsic Evaluation) 和外在评价 (Extrinsic Evaluation)。内在评价一般从总体或细分维度上直接评估一个模型生成文本的质量，这些维度包括通顺度 (Fluency)、连贯性 (Coherence)、一致性 (Consistency)、常识逻辑性 (Logic) 等。为了尽可能消除人工标注的偏差，一般采取多个标注者对同一条数据进行独立重复标注的方式。标注者通过阅读标注规范、参考输出，对标注结果给出离散的类别分数，或者输入连续分值作为最后的标注结果。

外在评价则通过语言生成结果在下游任务或实际应用系统中的表现间接评估语言生成的质量。例如，在针对产品销售场景的广告文案生成任务中，可以将机器自动生成的文案部署在线上实际系统，通过评估生成的文案被阅读的次数、点击率、成交转换率等评价文案生成的效果。当具备在线测试条件时，可以通过部署 A/B 测试，比较不同模型生成的结果在测试流量中各种统计指标的表现。在对话系统尤其是聊天机器人的生成任务评价中，外在评价是一种广泛采用的方式。用户通过与对话系统进行对话，评估对话轮次的平均数、持续时间、用户对系统的最终评分等，从多个角度实现对生成结果的间接评价。

人工评价按照执行方式一般分成两种：逐点 (Point-wise) 评价和逐对 (Pair-wise) 评价。在逐点评价中，标注者对每个生成结果按照既定的维度进行评估打分。但在许多标注任务中，这种判断具有很强的主观性，因而导致标注者之间的偏差很大，一致性很低。为了克服这一缺点，逐对评价不失为一种选择：将两个模型 A 和 B 在相同输入条件下的输出结果同时展现给标注者，标注者决定结果 A 相比结果 B 更好、更差或者差不多。逐对评价基于一个基本事实：标注者从两个结果中判断孰优孰劣比判断一个结果好到什么程度要更容易。

人工评价按照执行方式还可分为观测式评价 (Observational Evaluation) 和交互式评价 (Interactive Evaluation)，这在对话系统的评估中体现得最明显。在观测式评价中，标注者仅对展现的结果进行评估并给出相应的分数。例如，在对话生成评价中，标注者通过阅读整个对话，最后给出对话整体质量的评估分数。在交互式评价中，标注者需要与系统进行不断的交互，系统根据标注者输入动态生成输出，最终标注者根据其体验对系统进行评估。

11.2.2 标注一致性

由于人工标注存在天然的主观性 (标注任务的主观性和标注者本身的主观性)，所以在人工标注过程中往往需要设置多个标注者完成同一条数据的标注。因此，度量多个标注者之间的标注一致性就成为很重要的问题。一致性一方面可以体现标注质量的高低；另一方面也反映了标注任务的难易程度，以及标注任务是否定义得足够清晰。

度量标注一致性一般采用的方法有：一致性百分比、Cohen 卡帕系数、Fleiss 卡帕系数和 Krippendorff 阿尔法系数。Krippendorff 阿尔法系数的计算相对复杂，在文献中使用也不多，在此不做介绍。下面主要介绍前 3 种方法。

1. 一致性百分比

一致性百分比是最简单的度量两个标注者之间一致性的方法。假设在一个标注任务中待标注的测试数据集合为 $\mathcal{D}_t = \{X_i | 1 \leqslant i \leqslant N\}$，每个 X_i 代表一个标注样本。记 $a_i = 1$ 表示两个标注者对数据 X_i 给出了一致的标注结果，$a_i = 0$ 则表示没有给出一致的标注结

果。所有数据上的一致性百分比可以计算如下：

$$P_a = \frac{\sum_{i=1}^{N} a_i}{N} \tag{11.1}$$

当 P_a 为 0 时，表示两个标注者对所有的测试数据都不一致；当 P_a 为 1 时，表示对所有的测试数据都一致。这个方法虽然简单，但没有考虑两个标注者随机一致的情况，即他们随机地对样本给出一致或不一致的结果。

当同一个测试样本存在 $n(>2)$ 个标注者的情况，可以计算 $\frac{k}{n}$ 一致性百分比：在 n 个标注者中，有 k 个标注者给出了同样的标注结果，则其一致性为 $\frac{k}{n}$。例如，假设每条数据有 5 个标注者，可以计算 3、4、5 个人标注一致的百分比，即 $\frac{3}{5}$、$\frac{4}{5}$、$\frac{5}{5}$ 一致性百分比。这在一定程度上也能体现不同程度下的标注一致性。

2. Cohen 卡帕系数

Cohen 卡帕系数 (Cohen's κ) 考虑了两个标注者之间的随机一致性因素，主要通过估计两个标注者之间随机一致的概率 P_{ran} 实现。假设标注者 e_1 和 e_2 对给定的数据集 $\mathcal{D}_t$ 进行标注，标注结果从标签集合 $\mathcal{C} = \{c_1, c_2, \cdots, c_K\}$ 中选取，则 P_{ran} 可以计算如下：

$$P_{\text{ran}} = \sum_{c \in \mathcal{C}} P(c|e_1) \times P(c|e_2) \tag{11.2}$$

其中，$P(c|e_i) = \frac{n_{c,i}}{N}$，$n_{c,i}$ 是标注者 e_i 标记为类别 c 的样本数量。例如，在一个样本总数为 100 的二分类标注任务中，假设第一个标注者将其中的 60 个样本标记为类别 c_1，剩下的 40 个样本标记为类别 c_2；第二个标注者将 30 个样本标记为类别 c_1，剩下的 70 个样本标记为类别 c_2，那么 $P_{\text{ran}} = 0.6 \times 0.3 + 0.4 \times 0.7 = 0.39$。

由此，Cohen 卡帕系数计算如下：

$$\kappa = \frac{P_a - P_{\text{ran}}}{1 - P_{\text{ran}}} \tag{11.3}$$

其中，P_a 由公式 (11.1) 定义。

Cohen 卡帕系数在不同的区间显示了不同的一致性程度：系数小于 0 表示没有一致性，0~0.20 表示轻微 (Slight) 一致，0.21~0.40 表示一般 (Fair) 一致，0.41~0.60 表示中等 (Moderate) 一致，0.61~0.80 表示显著 (Substantial) 一致，0.81~1.00 表示几乎完美 (Perfect) 一致。

3. Fleiss 卡帕系数

Cohen 卡帕系数只能度量两个标注者之间的一致性。为了度量多个标注者之间的一致性，可以使用 Fleiss 卡帕系数 (Fleiss's κ)。定义每个样本有 n 个标注者进行标注，$n_{i,j}$ 是将样本 X_i 标注为类别 c_j 的标注者数量。在第 i 个样本上，标注者之间的一致性仍然可以采用两两标注者之间的一致性进行度量。不难看出，所有一致的两两标注者组合为 $C_{n_{i,j}}^2 = \frac{1}{2}n_{i,j}(n_{i,j}-1)$，而每个样本有 n 个标注者，则所有可能的两个标注者组合数为 $C_n^2 = \frac{1}{2}n(n-1)$。因此，第 i 个样本的标注一致性可以用下式表示：

$$P_i = \frac{1}{n(n-1)}\sum_{j=1}^{K} n_{i,j}(n_{i,j}-1) \tag{11.4}$$

所有样本上的平均一致性可以用下式表示：

$$P_a = \frac{1}{N}\sum_{i=1}^{N} P_i \tag{11.5}$$

其中，$n_{i,j}$ 是将样本 X_i 标注为类别 c_j 的标注者数量，则类别 c_j 被使用的概率为

$$P_j = \frac{\sum_{i=1}^{N} n_{i,j}}{N \times n} \tag{11.6}$$

两个标注者以此概率随机标记，将某个样本同时标记为 c_j 的概率为 $P_j \times P_j$。因此，所有类别上的随机标注概率为

$$P_{\mathrm{ran}} = \sum_{j=1}^{K} P_j \times P_j \tag{11.7}$$

将 P_a、P_{ran} 代入公式 (11.3) 计算即可得到 Fleiss 卡帕系数。

Fleiss 卡帕系数的分数区间与一致性程度的对应关系和 Cohen 卡帕系数完全相同，在此不再赘述。

11.2.3　人工评价的问题与挑战

人工评价存在不少问题和挑战。首先，人工评价非常昂贵、耗时长，尤其是一些生成任务的标注需要标注者具备很强的领域专家知识。其次，虽然众包平台的出现使人工标注变得更加便利和廉价，但这些平台存在固有的问题：标注质量很难控制，且存在以牟利为目的的欺骗性、虚假标注。再次，有些文本生成的评价维度，如多样性，就天然不适合人

工评价。最后，标注者之间的差异造成标注结果的方差大，研究结果很难被复现，这也是广为诟病的问题。

有许多因素会对人工标注的结果产生影响，如标注任务的设计细节会影响人工评价的一致性和质量。以开放域对话生成为例，有研究表明，采用离散值标注与输入连续值相比，前者的标注一致性更低。例如，Santhanam 和 Shaikh 在评估对话生成的可读性 (Readability) 和连贯性 (Coherence) 时，使用 1~6 分的离散尺度，相比 0~100 分的连续值，标注者之间的一致性更低，具体细节可参考文献 [149]。标注时是否展示参考标注值即参考文本的得分 (一般直接设为最高分 100)，对标注结果也有明显影响。Santhanam 等人的研究表明，当提供参考最大标注值时，人工标注的分数比不提供的时候更高，并且标注一致性也更高，具体细节可参考文献 [150]。此外，标注界面的设计、标注结果的展现方式、高亮显示和标注的文字说明都会影响标注质量。

以上这些问题表明，人工评价任务的设计标准化显得十分必要，但也成为一个巨大的挑战。自然语言生成的任务设定、评价维度多种多样，如何实现高质量、易复现的人工标注是一个值得深入研究的问题。

11.3 自动评价

相比人工评价，自动评价更加方便、快捷、容易复现。自动评价指标常常从以下几个角度进行考虑：生成句子参考内容在词汇、语义或分布上的一致性，词汇的多样性，与人类写作的相似性等，直接从人工评价中学习。常用的自动评价指标如表 11.1 所示，其中 FwPPL 和 RevPPL 分别表示 Forward Perplexity 和 Reverse Perplexity，RUBER_r 和 RUBER_u 分别表示 RUBER 中有参考和无参考的评价方法；有参考是指需要提供参考内容；可学习是指评价方法需要经过数据训练；开放端和非开放端是指适合的语言生成的任务类型，非开放端生成任务包括机器翻译、文本摘要生成、图像描述说明等，开放端生成任务包括对话生成和故事生成等；系统水平的指标是指得到的评价结果针对的是整个评价测试集，没有单个样本的评分。下面分别介绍这些评价方法。

表 11.1　常用的自动评价指标

名　称	评价维度	有参考	可学习	特　性	非开放端	开放端
BLEU	词汇相似性	✓		基于 n-gram，计算精确度	✓	✓
ROUGE	词汇相似性	✓		基于 n-gram，计算召回率或 F1	✓	
METEOR	词汇相似性	✓		基于 n-gram，计算 F1 得分，考虑同义词和词干匹配	✓	
CIDEr	词汇相似性	✓		基于测试集的 TF-IDF，单个样本评分受到整个测试集影响	✓	
Distinct	多样性			基于 n-gram，系统级评价		✓
Self-BLEU	多样性			基于 n-gram，系统级评价		✓
Perplexity	模型拟合数据的能力	✓	✓	无监督，计算语言模型得分，系统级评价	✓	✓
ADEM	总体质量	✓	✓	有监督	✓	✓
BLEURT	总体质量	✓	✓	有监督，有预训练	✓	✓
FwPPL	分布相似性、流畅性	✓	✓	无监督，计算语言模型得分，允许不成对的参考输出	✓	✓
RevPPL	分布相似性、多样性	✓	✓	无监督，计算语言模型得分，系统级评价，允许不成对的参考输出		✓
FID	分布相似性	✓	✓	无监督，基于分布距离，系统级评价，允许不成对的参考输出		✓
Embedding-based Metrics	语义相似性	✓	✓	无监督，基于静态词向量相似度	✓	
BERTScore	语义相似性	✓	✓	无监督，基于上下文相关的词向量相似度，考虑最大的词间距离	✓	
MoverScore	语义相似性	✓	✓	无监督，基于上下文相关的词向量相似度，综合考虑所有词间距离	✓	
对抗评价方法	类人性		✓	无监督，基于判别网络		✓
RUBER_r	语义相似性	✓	✓	无监督，基于词向量相似度		✓
RUBER_u	输入–输出关系		✓	无监督，基于负采样		✓
HUSE	总体质量、多样性		✓	无监督，自动评价和人工评价结合	✓	✓

11.3.1 无需学习的自动评价方法

1. 需要参考答案的评价方法

在目前的常见任务中，不少数据集都对测试输入提供了参考的答案。本节介绍需要参考答案的评价方法，这些方法一般用于评估模型生成句子和参考答案的相似性。

(1) BLEU

BLEU (Bilingual Evaluation Understudy) 最早在机器翻译的任务中引入[151]，之后被广泛运用到带参考答案的语言生成评价中。它使用了一种改进的词组匹配方法，用于衡量生成句子与一个或多个参考答案的相似性。具体来说，记测试集的输入文本集合为 $\mathcal{X}$，集合大小为 N，模型对应生成 N 个句子 $\hat{\mathcal{Y}} = \{\hat{Y}_1, \hat{Y}_2, \cdots, \hat{Y}_N\}$。每个输入可以同时对应 M 个参考输出，表示为 $\mathcal{Y} = \{\{Y_1^{(1)}, Y_1^{(2)}, \cdots, Y_1^{(M)}\}, \cdots, \{Y_N^{(1)}, \cdots, Y_N^{(M)}\}\}$。BLEU-K(考虑最高 K-gram 词组的 BLEU 得分) 的计算公式如下：

$$\text{BLEU-K}(\hat{\mathcal{Y}}, \mathcal{Y}) = \text{BP}(\hat{\mathcal{Y}}, \mathcal{Y}) \exp\left(\sum_{k=1}^{K} \alpha_k \log P_k(\hat{\mathcal{Y}}, \mathcal{Y})\right)$$

其中，$\text{BP}(\hat{\mathcal{Y}}, \mathcal{Y})$ 是过短惩罚 (Brevity Penalty)，$P_k(\hat{\mathcal{Y}}, \mathcal{Y})$ 是长度为 k 的 n-gram 词组匹配精度，α_k 为不同长度词组匹配精度的加权权重。对常用的 BLEU-4，K 取 4，$\alpha_1 = \alpha_2 = \alpha_3 = \alpha_4 = 0.25$。

词组匹配精度 P_k 可以按下式计算：

$$P_k(\hat{\mathcal{Y}}, \mathcal{Y}) = \frac{\sum_{i=1}^{N} \sum_{s \in \text{k-gram}(\hat{Y}_i)} \max_{j=1}^{M} \{\min(\#(\hat{Y}_i, s), \#(Y_i^{(j)}, s))\}}{\sum_{i=1}^{N} \sum_{s \in \text{k-gram}(\hat{Y}_i)} \#(\hat{Y}_i, s)} \tag{11.8}$$

其中，$\text{k-gram}(\hat{Y}_i)$ 是 $\hat{Y}_i$ 中所有出现过的长度为 k 的 n-gram 词组，$\#(X, s)$ 是 X 中 n-gram 词组 s 出现的次数。可以看出，$P_k(\hat{\mathcal{Y}}, \mathcal{Y})$ 的取值范围为 $[0, 1]$，其越大表示生成文本中有越多词组出现在参考答案中。当生成文本的词组在参考答案中不存在，或出现次数比参考答案多时，该精度会下降。

如果只考虑 n-gram 词组匹配精度，较短的句子会有较大的优势，此时公式 (11.8) 的分母较小，因此 BLEU 得分还需要考虑过短惩罚。首先，对于每一个 $\hat{Y}_i$，需要在参考答案

$Y_i^{(j)}(1 \leqslant j \leqslant M)$ 中找到和 $\hat{Y}_i$ 长度差距最小的 $Y_i^{(r)}$(若存在多个长度差距一样，则取最短的)。过短惩罚的计算公式如下：

$$\text{BP}(\hat{\mathcal{Y}}, \mathcal{Y}) = \min\left(\exp\left(1 - \frac{\sum_{i=1}^{N} \text{len}(Y_i^{(r)})}{\sum_{i=1}^{N} \text{len}(\hat{Y}_i)}\right), 1\right) \tag{11.9}$$

其中，$\text{len}(Y)$ 表示 Y 中的单词数目。

BLEU 得分取值在 0~1 之间，越大代表生成的句子和参考答案越接近。BLEU 得分基于词组的匹配方法，在带参考答案的语言生成评价中应用广泛。但是，BLEU 得分难以捕捉语义级别的相似性，在开放端语言生成中的作用也较为有限。

(2) ROUGE

ROUGE[152] 是一系列为摘要生成设计的评价方法，依赖词级别的匹配。虽然 ROUGE 主要为摘要生成设计，但也被广泛用于短句子的评价，如机器翻译。ROUGE 包含一系列的变种，其中应用最广泛的是 ROUGE-N，它计算了 N-gram 词组的召回率。若对测试集中的一个输入，记参考的候选输出为 $\mathcal{Y} = \{Y^{(1)}, Y^{(2)}, \cdots, Y^{(M)}\}$，模型生成的结果为 $\hat{Y}$，则 ROUGE-N 的计算公式为

$$\text{ROUGE-N}(\hat{Y}, \mathcal{Y}) = \frac{\sum_{i=1}^{M} \sum_{s \in \text{N-gram}(Y^{(i)})} \min\left(\#(Y^{(i)}, s), \#(\hat{Y}, s)\right)}{\sum_{i=1}^{M} \sum_{s \in \text{N-gram}(Y^{(i)})} \#(Y^{(i)}, s)} \tag{11.10}$$

其中，$\text{N-gram}(Y)$ 是 Y 中所有出现过的长度为 N 的词组，$\#(Y, s)$ 是 Y 中 N-gram 词组 s 出现的次数。

ROUGE-L 也是一种常用的指标，它不再使用词组的匹配，而改为计算最长公共子序列，从而支持非连续的匹配情况。对测试集中的一个输入，模型生成的候选项为 $\hat{Y}$，参考输出为 Y，则 ROUGE-L 的计算公式为

$$R = \frac{\text{LCS}(\hat{Y}, Y)}{\text{len}(Y)} \tag{11.11}$$

$$P = \frac{\text{LCS}(\hat{Y}, Y)}{\text{len}(\hat{Y})} \tag{11.12}$$

$$\text{ROUGE-L}(\hat{Y}, Y) = \frac{(1+\beta^2)RP}{R+\beta^2 P} \tag{11.13}$$

其中，$\text{LCS}(\hat{Y}, Y)$ 是 $\hat{Y}$ 与 Y 的最长公共子序列长度，R 为召回率，P 为精确率，ROUGE-L 是两者的加权调和平均数，β 为召回率的权重。一般 β 取值较大，即 ROUGE-L 倾向于关心模型的召回率。

除此之外，ROUGE 还包含更多的变种，但使用并不广泛。ROUGE-W 改进了 ROUGE-L，使用了加权的子序列算法，使指标更倾向于匹配连续的子序列。ROUGE-S 使用了二元的 Skip-gram 代替 ROUGE-N 中的 n-gram 词组，使指标能够匹配非连续词组。ROUGE-SU 同时考虑了 ROUGE-S 和 ROUGE-1，避免了语序倒置导致 ROUGE-S 过低的情况。

和 BLEU 相比，ROUGE 考虑了词级别的召回率，并且提出了处理非连续词组匹配的方法。ROUGE 具有更好的可解释性，并且支持系统级别的显著性测试。

(3) METEOR

METEOR[153] 是为机器翻译设计的评价方法，同时考虑了精确率和召回率，并且使用了一种新的匹配机制。METEOR 不再只从字面上对词进行匹配，而考虑了词的含义和词性上的变化。对测试集中的一个输入，模型生成的候选项为 $\hat{Y}$，参考输出为 Y。先定义词的匹配方式。在之前的指标 BLEU 和 ROUGE 中，两个词匹配当且仅当两个词完全一致。METEOR 引入了词汇资源库 WordNet①，将同义词也考虑在内；同时，METEOR 也考虑了词表和词性的变化，将词干相同的单词视为匹配，如 visited 与 visiting。在此之上，需要求得 $\hat{Y}$ 和 Y 的最大匹配。一个典型的示例如图 11.1 所示。

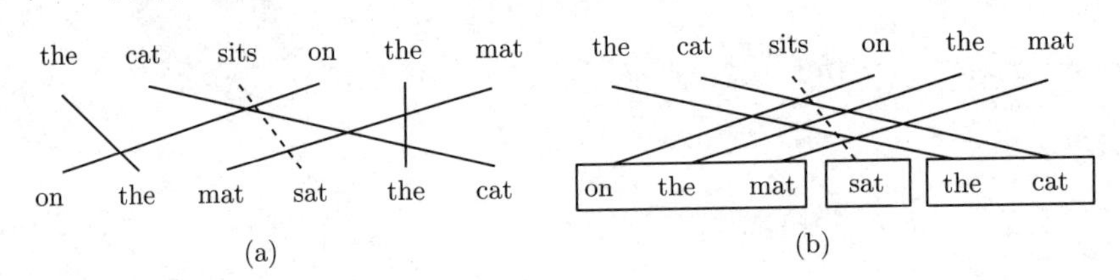

图 11.1 METEOR 匹配典型示例

其中，实线代表精确匹配，虚线代表词性变化的匹配。注意，两种匹配方法中匹配的数量一样，都为 6，此时算法要求取交叉最少的匹配。交叉的数量即为图上所有连线的交

① 参见 https://wordnet.princeton.edu/。

点数量①。例如，在图 11.1(a) 中，交叉数量为 8；在图 11.1(b) 中，交叉数量为 11。因此应选择图 11.1(a) 作为后续计算中的最大匹配。此时，记 $c(\hat{Y},Y)$ 为最大匹配数。

METEOR 的计算公式如下：

$$R = \frac{c(\hat{Y},Y)}{\text{len}(Y)} \tag{11.14}$$

$$P = \frac{c(\hat{Y},Y)}{\text{len}(\hat{Y})} \tag{11.15}$$

$$F_{\text{mean}} = \frac{(1+\beta^2)RP}{R+\beta^2 P} \tag{11.16}$$

$$\text{METEOR}(\hat{Y},Y) = F_{\text{mean}}(1-\text{penalty}) \tag{11.17}$$

其中，R 为召回率；P 为精确率；β 为调和平均权重，一般取常数 3；penalty 通过度量匹配不连续的程度，对零散的匹配给出惩罚。连续的匹配被定义为一个匹配块，例如，在图 11.1(a) 中，不存在连续匹配，因此每一个词都为一个匹配块，匹配块数量为 6；在图 11.1(b) 中，匹配块用黑框标出，匹配块数量为 3。注意，算法之前在求最大匹配的过程中，要求选用交叉最少的匹配，即这里应使用图 11.1(a) 的匹配块数量②。记匹配块数量为 $\text{ch}(\hat{Y},Y)$。此时，penalty 的计算公式如下：

$$\text{penalty} = \gamma\left(\frac{\text{ch}(\hat{Y},Y)}{c(\hat{Y},Y)}\right)^{\beta} \tag{11.18}$$

其中，γ 为最大惩罚，一般取 0.5；β 为惩罚系数，一般取 3。

和 BLEU 相比，METEOR 不再局限于词级别的一致匹配方法，而是利用外部语言知识来辅助评价。而且，METEOR 的匹配块惩罚在原有单个词匹配上做出了改进，对词序的调换更加敏感。实验证明，在机器翻译上，METEOR 能提供较好的与人工评价的统计相关性。

(4) CIDEr

CIDEr[154] 是在图像描述生成任务中引入的评价指标，它在词组匹配的基础上考虑了

---

① 这里的交点指两条直线的交点。更准确的说法是：若 $\hat{Y}$ 中的第 a，b 个单词分别匹配了 Y 中的第 c，d 个单词，且满足 $a<b$ 且 $c>d$，则四元组 (a,b,c,d) 称为一个交叉。

② 虽然图 11.1(b) 中的匹配方法看起来更加合理，但算法仍然要求选用交叉最少的匹配。这有两点原因：便于程序实现；这个方法假设模型生成的句子和参考输出的信息顺序是基本一致的。

词组频率对文本含义的影响。该方法使用了 TF-IDF(Term Frequency-Inverse Document Frequency) 的思想，对每句话抽取特征，进而计算相似度。具体来说，记测试集的输入文本集合为 $\mathcal{X}$，集合大小为 N，模型对应生成 N 个句子 $\hat{\mathcal{Y}}=\{\hat{Y}_1,\hat{Y}_2,\cdots,\hat{Y}_N\}$。每个输入可以同时对应 M 个参考输出，表示为 $\mathcal{Y}=\{\{Y_1^{(1)},Y_1^{(2)},\cdots,Y_1^{(M)}\},\cdots,\{Y_N^{(1)},\cdots,Y_N^{(M)}\}\}$。首先计算长度为 k 的词组 s 在参考答案 $Y_i^{(j)}$ 中的 TF-IDF 得分：

$$g(Y_i^{(j)},s)=\frac{\#(Y_i^{(j)},s)}{\sum\limits_{s'\in S_k}\#(Y_i^{(j)},s')}\log\frac{N}{\sum\limits_{i'=1}^{N}\min\left(1,\sum\limits_{j'=1}^{M}\#(Y_{i'}^{(j')},s)\right)} \tag{11.19}$$

其中，S_k 是整个语料中所有 k-gram 词组所组成的集合。再定义句子 $Y_i^{(j)}$ 的 TF-IDF 特征：

$$\boldsymbol{g}^k(Y_i^{(j)})=\left[g(Y_i^{(j)},w_1),g(Y_i^{(j)},w_2),\cdots,g(Y_i^{(j)},w_L)\right] \tag{11.20}$$

其中，$\boldsymbol{g}^k(Y_i^{(j)})$ 是 $Y_i^{(j)}$ 的一个特征向量表示，由每一维 k-gram 词组的 TF-IDF 得分构成；$w_i\in S_k$，L 为 S_k 中的元素个数。对 CIDEr-K，可以按下式计算：

$$\text{CIDEr-K}(\hat{Y}_i,Y_i)=\sum_{k=1}^{K}\frac{\alpha_k}{M}\sum_{j=1}^{M}\frac{\boldsymbol{g}^k(\hat{Y}_i)\cdot\boldsymbol{g}^k(Y_i^{(j)})}{||\boldsymbol{g}^k(\hat{Y}_i)||\,||\boldsymbol{g}^k(Y_i^{(j)})||} \tag{11.21}$$

其中，K 为考虑的最长词组长度，α_k 为加权权重。一般 K 取 4，$\alpha_1=\alpha_2=\alpha_3=\alpha_4=0.25$。CIDEr 即计算了生成句子和参考答案的特征向量的余弦相似度。

和之前的方法不同，CIDEr 不再局限于词语上的对应关系，而改为使用 TF-IDF 构建句子特征，并在图像描述生成领域获得广泛应用。

(5) Perplexity

Perplexity 即困惑度或混乱度，与模型生成参考答案的概率有关。生成参考答案每个词的概率越高，模型的困惑度越低。注意，并不是所有语言生成模型都能直接得到生成某个句子的概率，因此该指标需要根据被测模型选用。例如，在变分自编码器中，生成的句子概率应该在隐状态分布上积分，因此无法直接求得。不过，目前大部分语言生成模型都直接基于最小化负似然对数的方式[①]来训练，因此该指标也同样被广泛使用。具体来说，给定生成模型 $P_G(Y|X)$ (X 为输入；若是无输入的生成模型，X 可为空)、测试集输入 $\mathcal{X}=$

① 即最小化 $\mathcal{L}=-\log P(Y)$

$\{X_1, X_2, \cdots, X_N\}$ 和参考输出 $\mathcal{Y} = \{Y_1, Y_2, \cdots, Y_N\}$，Perplexity 按下式计算：

$$\text{Perplexity}(G, \mathcal{X}, \mathcal{Y}) = \exp\left(-\frac{\sum_{i=1}^{N}\sum_{t=1}^{\text{len}(Y_i)} \log P_G(y_{i,t}|X_i, Y_{i,<t})}{\sum_{i=1}^{N}\text{len}(Y_i)}\right) \tag{11.22}$$

其中，$\text{len}(Y_i)$ 是 Y_i 中的单词数目，$y_{i,t}$ 为 Y_i 的第 t 个词，$Y_{i,<t}$ 为 Y_i 的前 $t-1$ 个词。

Perplexity 衡量了模型生成参考答案的可能性。在计算过程中，模型并未生成任何句子，因此该指标反映的不是某个句子的好坏，而是模型 G 在数据集 $(\mathcal{X}, \mathcal{Y})$ 上的拟合情况。

2. 无需参考答案的评价方法

除以上介绍的方法外，也存在一些无需参考答案的评价方法，这些方法大多集中在对模型生成结果多样性的评价上。

(1) Distinct

Distinct[155] 衡量了模型生成词组的独特度，常用于开放端对话生成的多样性评价 。具体来说，模型在测试集上生成 N 个句子 $\hat{\mathcal{Y}} = \{\hat{Y}_1, \hat{Y}_2, \cdots, \hat{Y}_N\}$，统计集合 $\hat{\mathcal{Y}}$ 中长度为 k 的所有词组，得到词组集合 $\mathcal{G}_k$。该过程可形式化如下：

$$\mathcal{G}_k = \bigcup_{i=1}^{N} \text{k-gram}(\hat{Y}_i) \tag{11.23}$$

Distinct-K 则是去重后的词组数量除以所有词组数量，可以按下式计算：

$$\text{Distinct-K}(\hat{\mathcal{Y}}) = \frac{|\mathcal{G}_k|}{\sum_{s\in\mathcal{G}_k}\sum_{i=1}^{N} \#(\hat{Y}_i, s)} \tag{11.24}$$

其中，$\#(Y, s)$ 为 Y 中 s 出现的次数。Distinct 的取值范围在 0~1 之间，值越大代表模型生成结果的多样性越好。

(2) Self-BLEU

Self-BLEU[156] 衡量了模型生成句子之间的相似程度，常用于无条件语言生成的多样性评价。对模型在测试集上生成的 N 个句子 $\hat{\mathcal{Y}} = \{\hat{Y}_1, \hat{Y}_2, \cdots, \hat{Y}_N\}$，以每一个句子 $\hat{Y}_i$ 为目标，剩余句子组成的集合 $\hat{\mathcal{Y}}_{\neq i}$ 为参考，计算 BLEU 得分并求平均。计算公式如下：

$$\text{Self-BLEU}(\hat{\mathcal{Y}}) = \frac{1}{N}\sum_{i=1}^{N} \text{BLEU}(\{\hat{Y}_i\}, \hat{\mathcal{Y}}_{\neq i}) \tag{11.25}$$

Self-BLEU 的取值和 BLEU 中统计的词组长度相关。若使用 BLEU-4，则称计算的结果为 Self-BLEU-4。值得注意的是，Self-BLEU 的值和 N 的关系较为密切。一般来说，N 越大，Self-BLEU 的值越大。在 N 保持不变的情况下，Self-BLEU 的值越大，代表生成的 $\hat{y}$ 多样性越低。

3. 无需学习的自动评价面临的挑战

相比人工评价，自动评价成本低廉、快捷便利、可重复计算，在语言生成任务中被广泛采用。但无需学习的自动评价指标却也有其自身的问题。首先，多数指标依赖高质量的参考输出。为了取得较好的效果，有时需要对同一个输入人工撰写多个参考输出。特别是在某些任务中，撰写参考输出对领域专业知识有较高的要求，因此也带来了成本的问题。其次，在很多生成任务，特别是在开放端语言生成任务中，自动评价与人工评价的统计相关性很低，因此，相比人工评价，自动评价缺少足够的可靠性。最后，无需学习的自动评价指标对生成内容的评价大多使用词级别的匹配技术，因此其评价往往停留在词汇、用语等表层，很难捕获语义、语用等深层的信息。例如，连贯性、上下文一致性、输入—输出的一致性、逻辑性、语义冲突等维度，就很难被无需学习的自动指标所捕获。目前这些维度的评价还严重依赖人工评价，如何开发这类自动评价指标是值得深入研究的课题。

11.3.2 可学习的自动评价方法

可学习的自动评价方法按照是否需要人工标注的质量打分作为监督信号可分为有监督评价方法和无监督评价方法。有监督评价方法能够从人工打分中隐式学习到文本中标注者更关注的语言特征，可以实现与人工打分较高的一致性。但是，这种评价方法需要大量的人工标注，费时费力，且容易过拟合到训练数据上，难以泛化到新的数据上。因此，无监督评价方法被广泛应用，主要包括基于对抗训练的评价方法、基于自监督学习的评价方法等。

1. 有监督评价方法

(1) ADEM

有监督评价方法中比较典型的是 Ryan Lowe 等人为评价开放域对话系统提出的 ADEM[157]。ADEM 学习在给定用户请求和相应的人类真实回复时给系统生成的回复打

分，这个训练过程受到人工打分的监督。形式化地，可以将 ADEM 写成如下形式：

$$\text{score}(X,Y,\hat{Y}) = (\boldsymbol{X}^{\top}\boldsymbol{W}_1\hat{\boldsymbol{Y}} + \boldsymbol{Y}^{\top}\boldsymbol{W}_2\hat{\boldsymbol{Y}} + \alpha)/\beta \tag{11.26}$$

其中，$X, Y, \hat{Y}$ 分别是用户请求、人类的真实回复和模型生成的回复；$\boldsymbol{X}, \boldsymbol{Y}, \hat{\boldsymbol{Y}}$ 分别是 $X, Y, \hat{Y}$ 经 VHRED 模型[158] 编码后的表示向量；$\boldsymbol{W}_1, \boldsymbol{W}_2$ 是可训练参数矩阵；α, β 是标量常数，用来确保模型初始时的预测范围在 1~5 之间。模型在人工打分的监督下进行训练，其损失函数为

$$\mathcal{L} = \sum_i \left(\text{score}(X_i, Y_i, \hat{Y}_i) - z_i\right)^2 + \gamma||\boldsymbol{\theta}||_2^2 \tag{11.27}$$

其中，z_i 表示第 i 个样本 (X_i, Y_i) 相应的人工打分，$\gamma||\boldsymbol{\theta}||_2^2$ 是 L2 正则项，$\boldsymbol{\theta} = \{\boldsymbol{W}_1\boldsymbol{W}_2\}$，$\gamma$ 是一个可调节的标量超参数。通过学习人工打分，ADEM 在训练语料集上能够达到比 BLEU 等指标更高的和人工评分的统计相关性。但是 Ananya B Sai 等人指出，ADEM 的鲁棒性较差，仅仅通过颠倒词序就能让 ADEM 产生反直觉的评分 。

(2) BLEURT

BLEURT[159] 是一种基于预训练的有监督评价方法，最初应用于机器翻译系统的评价。BLEURT 首先在百万级别的合成数据上进行自监督预训练，然后在人工评分上进行监督训练的微调，既保证了模型具有较强的泛化能力，也使模型能够与人工评分保持较高的一致性。具体来说，在预训练阶段使用的合成数据应该包括不同质量、不同分布的句子，这些句子应该覆盖语言生成系统可能产生的词汇、句法和语义变化。因此，BLEURT 提出以下 3 种方式从大规模维基百科数据中自动构造合成数据。

其一，BERT 式掩码填空，随机将语料集中句子中的词替换为 [MASK]，让 BERT 预测 [MASK] 代表的词来进行填空。

其二，回译，先将语料集的句子通过机器翻译模型从英语翻译为另外某种语言，再将其翻译回英语。

其三，弃词，随机丢弃句子中的某些词。

预训练阶段的训练目标是，通过多任务学习的方式学习多种自动评价指标在合成数据上的得分，这些自动评价指标包括 BLEU、ROUGE、BERTScore 等，模型能够通过这种

多任务学习的方式综合多种自动评价指标从而对文本质量有更全面的理解能力。在微调阶段，BLEURT 学习模型生成的文本在给定参考文本时的人工打分，从而达到和人工评分较高的统计相关性。实验结果证明，BLEURT 通过大规模预训练具有更强的泛化能力，能够在零样本 (Zero-shot) 的设定下从机器翻译系统泛化到评价“数据到文本”生成系统，同时达到一个较高的和人工评分的统计相关性。

2. 无监督评价方法

(1) Language Model Score (Forward Perplexity，FwPPL)

Language Model Score[160] 译为语言模型分数。该分数和 Forward Perplexity 相关，在此介绍两个指标。具体来说，有测试集合 $\mathcal{Y} = \{Y_1, Y_2, \cdots, Y_M\}$ 和模型生成的句子 $\hat{\mathcal{Y}} = \{\hat{Y}_1, \hat{Y}_2, \cdots, \hat{Y}_N\}$。注意，这里不要求两个集合的句子必须成对，样本数量也可以不一致。这个方法首先在 $\mathcal{Y}$ 上训练一个语言模型 $G_{\mathcal{Y}}$，然后定义：

$$\text{LM\_Score}(\hat{\mathcal{Y}}, \mathcal{Y}) = \log \text{Perplexity}(G_{\mathcal{Y}}, \hat{\mathcal{Y}}) \tag{11.28}$$

$$\text{Forward\_Perplexity}(\hat{\mathcal{Y}}, \mathcal{Y}) = \text{Perplexity}(G_{\mathcal{Y}}, \hat{\mathcal{Y}}) \tag{11.29}$$

该指标并未明确 $G_{\mathcal{Y}}$ 所选用的具体模型是什么，一般可以采用 RNN 的语言模型或 n-gram 统计语言模型。但在比较该指标时，应该保证选用的 $G_{\mathcal{Y}}$ 一致。该指标计算了 $\hat{\mathcal{Y}}$ 的生成质量，质量越好，该指标越低。

(2) Reverse Perplexity (RevPPL)

Forward Perplexity 会有一种退化情况，若 $\hat{Y}$ 中只生成 $G_{\mathcal{Y}}$ 最容易出现的句子，则该指标将很低 (即质量很好)。这是因为 Forward Perplexity 中并未考虑 $\hat{Y}$ 的多样性情况。假设有测试集合 $\mathcal{Y} = \{Y_1, Y_2, \cdots, Y_M\}$ 和模型生成的句子 $\hat{\mathcal{Y}} = \{\hat{Y}_1, \hat{Y}_2, \cdots, \hat{Y}_N\}$。和 Forward Perplexity 一样，Reverse Perplexity[160] 不要求两个集合的句子必须成对，样本数量也可以不一致。Reverse Perplexity 方法首先在 $\hat{\mathcal{Y}}$ 上训练一个语言模型 $G_{\hat{\mathcal{Y}}}$，然后定义：

$$\text{Reverse\_Perplexity}(\hat{\mathcal{Y}}, \mathcal{Y}) = \text{Perplexity}(G_{\hat{\mathcal{Y}}}, \mathcal{Y}) \tag{11.30}$$

为了取得更低的 Reverse Perplexity，$\hat{\mathcal{Y}}$ 需要尽量覆盖 $\mathcal{Y}$ 中出现的所有情况。因此，该指标兼顾了质量和多样性，常与 Forward Perplexity 共同使用。

(3) Fréchet Inception Distance (FID)

FID 最早用于衡量图像的生成质量，后来也被拓展到文本质量的评价中[52]。在文本评价中，这个指标也被称为 Fréchet Embedding Distance(FED)。有测试集合 $\mathcal{Y}=\{Y_1,Y_2,\cdots,Y_M\}$ 和模型生成的句子集合 $\hat{\mathcal{Y}}=\{\hat{Y}_1,\hat{Y}_2,\cdots,\hat{Y}_N\}$。注意，不要求两个集合的句子必须成对，样本数量也可以不一致。该方法首先使用一个预训练好的特征抽取器 F 将每个句子编码成定长的向量。经过转换，将特征组成两个矩阵 $F\hat{\mathcal{Y}}=[F(\hat{Y}_1);F(\hat{Y}_2);\cdots;F(\hat{Y}_N)]^\top$，$F\mathcal{Y}=[F(Y_1);F(Y_2);\cdots;F(Y_M)]^\top$。然后计算两个集合之间的 Fréchet Distance。具体来说：

$$\boldsymbol{\mu}_{\hat{\mathcal{Y}}}=\sum_{i=1}^{N}F(\hat{Y}_i) \tag{11.31}$$

$$\boldsymbol{\mu}_{\mathcal{Y}}=\sum_{i=1}^{M}F(Y_i) \tag{11.32}$$

$$\boldsymbol{\Sigma}_{\hat{\mathcal{Y}}}=\frac{1}{N-1}(F\hat{\mathcal{Y}})^\top F\hat{\mathcal{Y}} \tag{11.33}$$

$$\boldsymbol{\Sigma}_{\mathcal{Y}}=\frac{1}{M-1}(F\mathcal{Y})^\top F\mathcal{Y} \tag{11.34}$$

$$\mathrm{FID}(\hat{\mathcal{Y}},\mathcal{Y})=\|\boldsymbol{\mu}_{\hat{\mathcal{Y}}}-\boldsymbol{\mu}_{\mathcal{Y}}\|_2^2+\mathrm{tr}(\boldsymbol{\Sigma}_{\hat{\mathcal{Y}}}+\boldsymbol{\Sigma}_{\mathcal{Y}}-2(\boldsymbol{\Sigma}_{\hat{\mathcal{Y}}}\boldsymbol{\Sigma}_{\mathcal{Y}})^{\frac{1}{2}}) \tag{11.35}$$

其中，$\mathrm{tr}(\boldsymbol{M})$ 是矩阵 $\boldsymbol{M}$ 的迹。注意，该指标在比较不同模型的结果时应该固定抽取器 F。FID 不再从词级别来计算，而转向了句子在特征空间上的分布与参考分布的距离，兼顾了质量和多样性。

(4) Embedding-based Metrics

基于嵌入表示的度量 (Embedding-based Metrics)[161] 是一种需要参考文本的评价方法，它通过计算候选文本的每个词与参考文本中每个词之间的相似度来进行自动评价。与 BLEU 等基于精确匹配的评价方法不同，Embedding-based Metrics 使用 Word2Vec 等方法预训练得到的静态词向量来计算相似度，具体来说通常有以下两类做法。

其一，首先直接计算参考文本和候选文本中的词两两之间的余弦相似度，然后基于这些词级相似度得到文本级相似度。这类做法中比较有代表性的是贪心匹配 (Greedy Matching)。形式化地，给定参考文本 $Y=(y_1,\cdots,y_{|Y|})$ 和候选文本 $\hat{Y}=(\hat{y}_1,\cdots,\hat{y}_{|\hat{Y}|})$，其中 $|Y|$ 和 $|\hat{Y}|$ 分别表示文本 Y 和 $\hat{Y}$ 的长度。其静态词向量序列为 $\boldsymbol{E}=\big(\boldsymbol{e}(y_1),\cdots,\boldsymbol{e}(y_{|Y|})\big)$

和 $\hat{\boldsymbol{E}} = \left(\boldsymbol{e}(\hat{y}_1), \cdots, \boldsymbol{e}(\hat{y}_{|\hat{Y}|})\right)$，其中任意两个词向量 $\boldsymbol{e}(y_i)$ 和 $\boldsymbol{e}(\hat{y}_j)$ 的余弦相似度计算式为 $\dfrac{\boldsymbol{e}(y_i) \cdot \boldsymbol{e}(\hat{y}_j)}{||\boldsymbol{e}(y_i)||\ ||\boldsymbol{e}(\hat{y}_j)||}$。为了简化计算，可以将词向量都进行归一化处理，即使所有单词的词向量满足 $||\boldsymbol{e}(y)|| = 1$，则其相似度计算式可简化为 $\boldsymbol{e}(y_i) \cdot \boldsymbol{e}(\hat{y}_j)$。文本级相似度 $S(Y, \hat{Y})$ 为

$$S(Y, \hat{Y}) = \frac{\tilde{S}(Y, \hat{Y}) + \tilde{S}(\hat{Y}, Y)}{2} \tag{11.36}$$

$$\tilde{S}(Y, \hat{Y}) = \frac{\displaystyle\sum_{y_i \in Y} \max_{\hat{y}_j \in \hat{Y}} \boldsymbol{e}(y_i) \cdot \boldsymbol{e}(\hat{y}_j)}{|Y|} \tag{11.37}$$

由于函数 $\tilde{S}(Y, \hat{Y})$ 对两个参数不是对称的，所以要对 $\tilde{S}(Y, \hat{Y})$ 和 $\tilde{S}(\hat{Y}, Y)$ 做平均从而得到最终的文本级相似度。

其二，把文本中每个词的词向量结合起来计算文本级特征向量，进而计算参考文本和候选文本的文本级特征向量的余弦相似度。基于词向量计算文本级特征向量的方法主要有词向量平均 (Embedding Average) 和向量极值 (Vector Extrema) 等。词向量平均即将文本中所有词的词向量做平均从而得到文本级特征向量：

$$\boldsymbol{e}(Y) = \frac{\displaystyle\sum_{y_i \in Y} \boldsymbol{e}(y_i)}{|Y|} \tag{11.38}$$

另一种获得文本级特征向量的方法是向量极值法，这种方法使用词向量每一维度的极值获得文本级特征向量。假设 $\boldsymbol{e}(\cdot)[i]$ 表示某向量第 i 维的值，它是一个标量，并假设文本级特征向量 $\boldsymbol{e}(Y)$ 和词向量有相同的维度 k，则文本级特征向量用下式计算：

$$\boldsymbol{e}(Y)[i] = \begin{cases} \max_{y_j \in Y} \boldsymbol{e}(y_j)[i], & \max_{y_j \in Y} \boldsymbol{e}(y_j)[i] > |\min_{y_j \in Y} \boldsymbol{e}(y_j)[i]| \\ \min_{Y_j \in Y} \boldsymbol{e}(y_j)[i], & \text{其他} \end{cases} \tag{11.39}$$

从直观上看，相比于对所有词平等处理的词向量平均法，向量极值法体现的思想是优先考虑信息词而非通用词。由于通用词容易出现在多样的文本中，其词向量的每一维通常更加接近零，因此向量极值法得到的文本级特征向量能更少地受到通用词的影响。在得到文本级特征向量后，文本相似度 $S(Y, \hat{Y}) = \dfrac{\boldsymbol{e}(Y) \cdot \boldsymbol{e}(\hat{Y})}{||\boldsymbol{e}(Y)||\ ||\boldsymbol{e}(\hat{Y})||}$。

(5) BERTScore

由于单词在不同的上下文中可以有不同的语义，基于静态词向量相似度的指标难以捕捉这种变化，所以研究者提出许多使用上下文相关的词向量计算相似度的评价方法，如

BERTScore[162]。BERTScore 在机器翻译和图像描述生成的评价上取得了比 BLEU 和静态词向量相似度等指标更高的与人工评价的统计相关性，同时实现了更好的鲁棒性。形式化地，用 $Y=(y_1,\cdots,y_{|Y|})$ 和 $\hat{Y}=(\hat{y}_1,\cdots,\hat{y}_{|\hat{Y}|})$ 分别表示参考文本和候选文本，用 BERT 获得其上下文相关的词向量序列，写作 $\boldsymbol{Y}=(\boldsymbol{e}(y_1),\cdots,\boldsymbol{e}(y_{|Y|}))$ 和 $\hat{\boldsymbol{Y}}=(\boldsymbol{e}(\hat{y}_1),\cdots,\boldsymbol{e}(\hat{y}_{|\hat{Y}|}))$。其余弦相似度计算式简化为 $\boldsymbol{e}(y_i)\cdot\boldsymbol{e}(\hat{y}_j)$。BERTScore 有三种形式，分别为将 Y 中的每个词与 $\hat{Y}$ 中的每个词做匹配来计算召回率 $R_{\text{BERTScore}}$，同时反过来计算精确度 $P_{\text{BERTScore}}$，进而计算 F1 得分 $F_{\text{BERTScore}}$，如下所示：

$$R_{\text{BERTScore}}=\frac{1}{|Y|}\sum_{y_i\in Y}\max_{\hat{y}_j\in\hat{Y}}\boldsymbol{e}(y_i)\cdot\boldsymbol{e}(\hat{y}_j) \tag{11.40}$$

$$P_{\text{BERTScore}}=\frac{1}{|\hat{Y}|}\sum_{\hat{y}_j\in\hat{Y}}\max_{y_i\in Y}\boldsymbol{e}(y_i)\cdot\boldsymbol{e}(\hat{y}_j) \tag{11.41}$$

$$F_{\text{BERTScore}}=2\frac{P_{\text{BERTScore}}R_{\text{BERTScore}}}{P_{\text{BERTScore}}+R_{\text{BERTScore}}} \tag{11.42}$$

先前的研究表明，稀有词比普通词更能指示句子相似度，因此 BERTScore 采用整个测试集中逆文档频率 (Inverse Document Frequency, IDF) 对词间相似度进行加权。以 BERTScore 中的召回率为例，假设测试集合为 $\mathcal{Y}=\{Y_1,\cdots,Y_M\}$，则加权后的计算公式为

$$R_{\text{BERTScore}}=\frac{\sum_{y_i\in Y}\text{IDF}(y_i)\max_{\hat{y}_j\in\hat{Y}}\boldsymbol{e}(y_i)\cdot\boldsymbol{e}(\hat{y}_j)}{\sum_{y_i\in Y}\text{IDF}(y_i)} \tag{11.43}$$

实验证实 BERTScore 有比 BLEU 等指标更高的与人工评价的统计相关性，在对抗样本攻击下有较好的鲁棒性，能够有效地帮助选择最优的生成模型。

(6) MoverScore

MoverScore[163] 与 BERTScore 相似，都是通过计算候选文本和参考文本之间的相似度 (或称语义距离) 来进行自动评价。不同的是，MoverScore 采用 WMD(Word Mover's Distance) 来计算语义距离，即从一个分布运输到另一个分布所花费的最小能量，形式化如下：

$$\text{WMD}(Y,\hat{Y})=\min_{\boldsymbol{F}\in\mathbb{R}^{|Y|\times|\hat{Y}|}}<\boldsymbol{C},\boldsymbol{F}> \tag{11.44}$$

$$\text{s.t.}, \boldsymbol{F1}=\boldsymbol{f}_Y, \boldsymbol{F}^\top\boldsymbol{1}=\boldsymbol{f}_{\hat{Y}} \tag{11.45}$$

其中，$\mathbf{1}$ 表示各维度全为 1 的列向量；$\boldsymbol{C}$ 是运输花费矩阵，$\boldsymbol{C}_{ij}=d(\boldsymbol{y}_i,\hat{\boldsymbol{y}}_j)$ 是 $\boldsymbol{y}_i,\hat{\boldsymbol{y}}_j$ 两个词向量之间的欧式距离，在给定词向量时 $\boldsymbol{C}$ 是一个常数；$<.,.>$ 指的是两个矩阵逐元素相乘并求和；$\boldsymbol{F}$ 称为运输流矩阵，其中每个元素 $\boldsymbol{F}_{ij}$ 代表 x_i 到 $\hat{x}_j$ 的信息流量；$\boldsymbol{f}_Y$ 和 $\boldsymbol{f}_{\hat{Y}}$ 分别是在 Y 和 $\hat{Y}$ 词序列上的权重分布，这里用每个词的归一化的 IDF 作为其权重，可以增强稀有词在计算时的影响。这样一来，WMD 相当于 $\boldsymbol{C}$ 中的距离以 $\boldsymbol{F}$ 为权重的加权和。在给定 $\boldsymbol{C}$ 和约束条件时，求解 WMD 就是一个典型的线性规划问题。同时，除了使用词向量之间的 WMD，MoverScore 也可以使用 n-gram 词组之间的 WMD，只需将词向量换为 n-gram 词组中每个词的词向量的加权和即可，权重就是每个词的 IDF；n-gram 词组上的权重分布 $\boldsymbol{f}$ 是每个 n-gram 中词的 IDF 的均值的分布。

BERTScore 其实是 MoverScore 的一种特殊情况，无论是召回率版本还是精确度版本的 BERTScore，都仅仅考虑了某句话中的词与另一句话中最相似的词之间的距离。而 MoverScore 测量的是两个分布之间的最小运输距离，是多对多的关系，因此它比 BERTScore 考虑了更多的距离信息。实验证实 MoverScore 在多种任务上都能达到比 BertScore 甚至有监督评价方法更高的与人工评价的统计相关性。

(7) 对抗评价方法

BLEU、BERTScore、MoverScore 都是基于参考文本的评价方法，但是在开放端语言生成评价任务 (如开放域对话生成、故事生成等) 上，这些评价方法通常很难达到较高的和人工评价的统计相关性，因为这些任务往往具有一对多的性质，有限的参考文本无法评价模型的生成质量。

例如，对同一个请求，可以接受的回复多种多样，与一个特定的参考文本不相似并不意味着模型生成的回复是不合理的。事实上，只要回复与上文保持一致，在逻辑上是自洽的，就是合理的对话回复。因此，一些研究者提出了仅基于上下文和生成文本本身而不考虑参考文本的评价方法，如对抗评价方法[164]。它最初用来评价对话回复生成模型，通过训练一个二元分类器去判别一个回复是人写的 (记为 1 分) 或者机器生成的 (记为 0 分)，用判别网络得分作为句子质量的评价结果。具体来说，对抗评价方法采用生成网络和判别网络对抗训练的思路，但为了避免对抗训练产生模式坍缩等问题，通常生成网络先用最大似

然法训练，然后保持生成网络固定不变，再训练判别网络。判别网络的输入是用户的请求和一个人工写的或者机器生成的回复，输出是一个 0~1 之间的分数，训练完成后输出的分数就可以看成对抗评价方法的自动评分。

尽管对抗评价方法能够识别机器回复中的许多语言特征，如通用回复、长度过短等，但对抗评价方法极容易过拟合到某一数据集或某一生成模型上，泛化性较差 。

(8) RUBER

RUBER[165] 是用有参考文本和无参考文本两种评价方法的均值。其中，有参考文本的评价方法和 BERTScore 等方法类似，通过计算和参考文本之间的词向量相似度来进行评价。无参考文本的评价方法则采用自监督的方法来学习如何度量请求和回复之间的关系。

与对抗评价方法类似，这种评价方法首先训练一个二元分类器，输入是请求和一个回复，但这时的回复是人工写的或者通过从其他对话中随机负采样得到的，而非由特定模型生成的，分类器需要学习判别这两类回复。训练完成后，在评价某一回复时，分类器认为该回复是人工写的的概率即可作为回复与请求之间的关系分数，进而可作为无参考文本评价的得分。实验证明，RUBER 能够在对话生成评价任务上达到比有参考文本的评价方法更高的与人工评价的统计相关性。

3. 可学习自动评价方法的问题与挑战

尽管可学习的自动评价方法通常在特定数据上和人工评价有更高的统计相关性，但仍然面临显著的泛化性和鲁棒性问题。

首先，可学习的自动评价方法非常容易过拟合到训练时所采用的数据集上，难以泛化到不同领域的数据，难以处理“数据偏移”的问题。

其次，可学习的自动评价方法训练时用的数据往往是由某些特定的语言生成模型生成的，因此难以评价其他未知生成模型的生成结果，导致“模型偏置”的问题。

再次，可学习的自动评价方法训练时所用数据的质量分布和在真正使用时待评价数据的质量分布可能存在较大偏差，此时可学习的自动评价方法通常也难以达到较好的性能，导致“质量偏移”的问题。例如，可学习的指标在评价低质量的和高质量的生成结果时，与人工评价的统计相关性可能存在显著不同。

最后，可学习的自动评价方法也容易被对抗攻击，甚至一些简单的操作 (如颠倒句子中的前后词序) 就能让评价器产生反直觉的评价。

虽然在大规模数据集上进行预训练，或用负采样方法设计丰富多样的训练数据，被认为能够更好地缓解这些问题，但仍然难以完全解决。

11.4 自动评价与人工评价的结合

一些研究将自动评价与人工评价相结合。Chaganty 等人[166] 提出结合自动评价和人工评价以获得评价指标的无偏估计 (Unbiased Estimate) 的控制变量方法 (Control Variates Estimator)，并且比单纯使用人工评价的成本更低。相比简单的对人工评价结果做平均，他们提出对人工评价与自动评价的差值进行平均以便减少评估中的方差，从而以更少人工标注数量获得同样的评估精度，减少成本。他们指出，这样的方法依赖两个关键因素：一个是人工标注的方差 (与标注任务、标注规范说明等有关)，另一个是人工评价与自动评价之间的统计相关性。自动评价与人工评价的相关性越高，对人工评价数量的减少程度也越高。这个算法的基本思路如算法 11.1 所示，具体细节可参考文献 [166]。可以看出，人工评价

算法 11.1 控制变量方法 (Control Variates Estimator)

Input:

N 个系统输出 $(X_i, \hat{Y}_i)$ 的人工标注结果 $z^{(i)}$；

规格化后的自动指标 g(如 ROUGE)，规格化是指变量减去均值除以标准差之后的值。

Output:

新的系统级评估分数 $\hat{\mu}$

1: $\bar{z} = \frac{1}{N}\sum_i z^{(i)}$

2: $\hat{\alpha} = \frac{1}{N}\sum_i (z^{(i)} - \bar{z})g(X_i, \hat{Y}_i)$

3: $\hat{\mu} = \frac{1}{N}\sum_i (z^{(i)} - \hat{\alpha}g(X_i, \hat{Y}_i))$

4: **return** $\hat{\mu}$

的分数 $z^{(i)}$ 能够与自动评价的分数 $g(X_i,\hat{Y}_i)$ 有机地结合在一起。值得注意的是，自动指标 $g(X_i,\hat{Y}_i)$ 可能需要参考答案，在此省略不计。

虽然人工评价常常被看成黄金标准的评价方法，能够很好地反映生成质量 (Quality)，但不能很好地反映生成结果的多样性 (Diversity)。一些统计评价指标并不适合用于评估生成质量，但能一定程度反映多样性。以混乱度为例，该指标可以度量模型对数据的拟合情况，若模型能够给测试集中未见过的数据赋以合理的概率，则说明模型多样性良好；反之，如果一个模型只能生成测试集中的一个结果，尽管这个模型的生成效果很好，但它在测试集中的混乱度将会趋近于无穷。

Hashimoto 等人[167] 则研究了如何同时利用模型的输出概率和人工标注结果进行评价的方法 HUSE，以便在评价指标中综合考虑生成质量和多样性。对给定 X 生成 Y 的任务，首先从人工撰写的数据中采样 N 个样本，即 $\{(X_i,Y_i)|1\leqslant i\leqslant N\}$。同样地，从模型的分布 $P_{\text{model}}(Y|X)$ 中采样得到 N 个模型生成的样本 $\{(X_i,\hat{Y}_i)|1\leqslant i\leqslant N\}$，由此得到 $2N$ 个样本的数据集 $\mathcal{D}$。对每一个样本，采用多人标注结果的平均值来计算人工标注的分数 $\text{HJ}(X,Y)$，由此构造了下面的特征表示：

$$\boldsymbol{\phi}_{\text{huse}}(X,Y)=\left[\frac{\log P_{\text{model}}(Y|X)}{\text{len}(Y)},\text{HJ}(X,Y)\right] \tag{11.46}$$

其中，$\text{len}(Y)$ 表示生成文本 Y 的长度。得到这样的特征表示后，构造基于 KNN 的分类器以区分每个样本 (X,Y) 是来自人工写的还是机器生成的，其中 KNN 中的距离度量采用 $\boldsymbol{\phi}(X,Y)$ 的二范数距离测度。采用 KNN 是因为这是一个无参数的算法，不需要训练，通过调节近邻的个数可以实现任意复杂的分类面。新的评估分数 $L(\boldsymbol{\phi}(X,Y))$ 被定义为最佳分类器的 2 倍错误率，如下所示：

$$L(\boldsymbol{\phi})\overset{\text{def}}{=}2\inf_{f}P(f(\boldsymbol{\phi}(X,Y))\neq z) \tag{11.47}$$

其中，$z\in\{0,1\}$，0 表示样本是机器生成的，1 表示是人工写的。当分类器采用 KNN 时，$L(\boldsymbol{\phi})$ 被定义为 KNN 分类器在数据集 $\mathcal{D}$ 上的留一法错误率 (Leave-one-out Error Rate)。留一法指的是依次把每个点看成测试点，用周围的 k 近邻个点预测这个点的标签。假设数据集中有 N 个样本，需要这样做 N 次测试，最后这 N 次测试的错误率就是留一法的错误率。

注意，这里 $L(\phi)$ 是一个系统级评估分数，即每个模型可以构造相应的测试数据集 $\mathcal{D}$，进而计算出相应的留一法错误率。Hashimoto 等人指出，人工评价存在对欠多样性的模型(即仅生成少量常见的输出结果) 惩罚不足的问题，而他们的评价方法能够更平衡地评价生成质量和多样性，并且理论上总是不差于单纯的人工评价，具体细节可参考相关文献 [167]。

11.5 自动评价与人工评价的统计相关性

研究者通常用与人工评价的统计相关性来评价自动评价指标。具体方法是，取 N 个文本数据，用人工评价和自动评价分别打分，得到 N 个打分对，即 $\{(z_i, u_i)\}|_{i=1}^{N}$。计算这两组打分的相关系数，统计相关性越高说明自动评价指标越接近人工评价指标。常用的相关系数有三种，分别是 Pearson 相关系数、Spearman 相关系数和 Kendall 相关系数。这 3 种相关系数的取值均在 $-1 \sim 1$ 之间，负数表示负相关，正数表示正相关，绝对值越大表示统计相关性越强。下面将分别介绍这三种相关系数。

11.5.1 Pearson 相关系数

Pearson 相关系数通常用 r 表示，用于衡量两个随机变量 Z 和 U 之间的线性相关性，定义为

$$r = \frac{\operatorname{cov}(Z,U)}{\sigma_Z \sigma_U} \tag{11.48}$$

$$= \frac{\mathbb{E}[ZU] - \mathbb{E}[Z]\mathbb{E}[U]}{\sqrt{\mathbb{E}[Z^2] - (\mathbb{E}[Z])^2}\sqrt{\mathbb{E}[U^2] - (\mathbb{E}[U])^2}} \tag{11.49}$$

其中，$\operatorname{cov}(Z,U)$ 指的是 Z 与 U 之间的协方差，σ_Z 和 σ_U 分别是 Z 和 U 的标准差，$\mathbb{E}[\cdot]$ 是数学期望。给定一组观测到的 Z 和 U 的数据点 $(z_1, u_1), \cdots, (z_N, u_N)$，其 Pearson 相关系数为

$$r = \frac{\sum_{i=1}^{N}(z_i - \bar{z})(u_i - \bar{u})}{\sqrt{\sum_{i=1}^{N}(z_i - \bar{z})^2}\sqrt{\sum_{i=1}^{N}(u_i - \bar{u})^2}} \tag{11.50}$$

Pearson 相关系数有以下特征。

- Pearson 相关系数衡量的是线性相关性，对曲线相关等更为复杂的情况，Pearson 相关系数的大小并不能代表相关性强弱。例如，Z 和 U 满足 $Z^2+U^2=1$ 时，其 Pearson 相关系数为 0，但 Z 和 U 并非不相关的。但在评价人工评价指标和自动评价指标的统计相关性时，评价的通常都是线性相关性。
- Pearson 相关系数要求 Z 和 U 的联合分布服从二元正态分布，尽管在实际使用时并不能保证满足这个约束，但是 Pearson 相关系数仍然能得出较为鲁棒的结果。
- Pearson 相关系数会考虑到每个数据点的绝对大小，因此易受到极端异常值的影响，在实际使用时可以利用散点图等方法先剔除异常值。

11.5.2 Spearman 相关系数

Spearman 相关系数通常用 ρ 表示，用于衡量两个变量 Z 和 U 的关系能用单调函数表示的程度，即序位 (Rank) 相关性。序位是指变量的排列顺序，如变量 Z 有 4 个观测样本点 $(11.1, 15.5, 12.2, 14.4)$，则其相应的序位为 $(1,4,2,3)$(假设按照从小到大排列)。Spearman 相关系数就可以解释为两个变量序位之间的 Pearson 相关性，即

$$\rho=\frac{\mathrm{cov}(R(Z),R(U))}{\sigma_{R(Z)}\sigma_{R(U)}} \tag{11.51}$$

其中，$R(Z), R(U)$ 分别是将 Z 和 U 转换为排列序位之后的值。Spearman 相关系数是非参数的统计方法，对原始变量的分布不做要求，因此适用范围比 Pearson 相关系数更广 (可适用于无具体数值但有序位关系的变量，如等级的高级、中级、初级)，但统计效能比 Pearson 相关系数低，即不易检测出两个变量事实存在的相关关系。此外，Spearman 相关系数对异常值也更鲁棒，因为异常值的序位并不是异常值 (要么最大，要么最小)，不会对结果产生显著的影响。

11.5.3 Kendall 相关系数

Kendall 相关系数通常用 τ 表示。和 Spearman 相关系数类似，Kendall 相关系数也用于衡量两个变量之间的序位相关性。令 $(z_1,u_1),\cdots,(z_N,u_N)$ 是观测到的数据点。任取一

对数据点 (z_i, u_i) 和 (z_j, u_j)，其中 $i < j$，若 $z_i > z_j$ 且 $u_i > u_j$，或 $z_i < z_j$ 且 $u_i < u_j$，则称这对数据点一致 (Concordant)；若 $z_i < z_j$ 且 $u_i > u_j$，或 $z_i > z_j$ 且 $u_i < u_j$，则称为不一致 (Discordant)；若 $z_i = z_j$ 或 $u_i = u_j$，则它们既不是一致的，也不是不一致的。事实上，这里的 $>$ 或 $<$ 既可以是数字本身的大小关系，也可以是一般集合上定义的偏序关系，如要衡量性别和身高的相关性，对于性别可自定义 “男性”>“女性” 或 “女性”>“男性”。τ 的形式化定义如下：

$$\tau = \frac{2(\#\{\text{concordant}\} - \#\{\text{discordant}\})}{N(N-1)} \tag{11.52}$$

其中，$\#\{\text{concordant}\}$ 表示一致的数据对个数，$\#\{\text{discordant}\}$ 表示不一致的数据对个数。通常来说，Kendall 相关系数的绝对值大小要小于 Spearman 相关系数，但对异常值相对更鲁棒。

11.5.4 相关系数的显著性

由于人工评价和自动评价均有一定的随机性，根据有限数量样本计算得到的相关系数不为零，并不意味着两者确实相关，所以需要进行假设检验来对统计相关性的显著性进行检验。检验时的基本思路是，空假设为两个变量不相关，备择假设为两个变量相关，则其 p 值为当空假设成立时在数据样本上得到该相关系数的概率，通常认为 $p < 0.01$ 或 $p < 0.05$ 时推翻空假设 (即认为两个变量相关)。具体来讲，当满足空假设时，对 Pearson 相关系数和 Spearman 相关系数做如下变换：$t = r\sqrt{\frac{N-2}{1-r^2}}$，其中 r 是相关系数，则 t 服从自由度为 $N-2$ 的 t 分布；对 Kendall 相关系数，$\mu = \frac{3(\#\{\text{concordant}\} - \#\{\text{discordant}\})}{\sqrt{N(N-1)(2N+5)/2}}$ 近似满足正态分布。利用这些分布即可计算出相应 p 值。

11.6 本章小结

自然语言生成的任务设定繁杂多样，最终目标也多种多样，这很大程度导致了评价维度、评价指标、评价方式的多种多样。本章首先探讨了自然语言生成评价的角度，然后分别阐述了人工评价方法、无需学习的自动评价方法、可学习的自动评价方法，并分别探讨了这些方法的局限性和面临的挑战。由于自然语言的复杂性，语言生成的评价也是十分复杂的，从语言学角度对语言表达、写作质量的评价也是值得深入研究的问题，而语言学的研究成果对研究者开发评价方法将具有重要的启发意义。

一个普遍的共识是，每一种评价方法都只能捕获语言生成质量的某些方面。综合评价一个语言生成模型往往需要借助多个评价方法和指标才能得出可靠的结论。在非开放端语言生成任务如机器翻译、自动摘要中，BLEU、ROUGE 等自动评价指标与人工评价具有很高的统计相关性，也被学术界广泛认可和采用。但在开放端语言生成任务如故事生成、对话生成中，这些自动评价指标与人工评价的统计相关性很低。因此，探索这类生成任务的评价方法是十分重要的研究课题，值得深入探索和实践。

第 12 章　自然语言生成的趋势展望

12.1　现状分析

本书从统计语言模型开始讲起，介绍了现代自然语言生成的问题、模型、方法和挑战。围绕语言文字的概率建模问题，传统的统计语言模型采用的是完全符号化的方法，通过词与上下文之间的简单计数估计语言模型中的条件概率。在以神经网络模型为代表的现代语言生成模型中，语言文字之间的语义相似性通过向量空间的距离来体现，这些模型都遵从了分布假设的基本思想：出现在相似上下文中的词是相似的。向量表示的方式极大地便利了计算和学习，使这些模型能充分地利用大数据和大模型的优势，在语言建模和表示建模上取得了前所未有的成功。

围绕自然语言生成，本书从基础模型结构和优化方法两个方面进行了介绍。在基础模型结构方面，介绍了循环神经网络 (RNN) 模型和 Transformer 模型，这些模型将语言文字直接编码为向量空间中的确定性的向量，在向量表示的基础上进行语言建模和语言生成。RNN 模型采用循环递归结构，顺序连接每个位置上的隐状态，基于当前位置的隐状态预测需要生成的词，对上文信息的利用体现在依次连接的隐状态中。Transformer 模型采取了完全不同的设计结构，去掉了循环递归结构，采用自注意力机制在每个位置上与所有位置直接计算注意力分布，使模型不仅在计算上更加高效，在刻画任意上下文之间的依赖关系上也更加有效。进一步，与预训练任务结合，Transformer 模型结构充分发挥了大数据和模型大容量的优势，相比其他模型取得了显著的优势，近期 GPT、BERT、XLNet 系列模型的发展趋势充分说明了这些特点。

在优化方法方面，介绍除直接优化负对数似然[①]外的变分优化方法 (变分自编码器) 和

① 即最小化 $\mathcal{L} = -\log P(X)$。

对抗式优化方法 (生成式对抗网络)。基于 RNN 或 Transformer 的语言生成模型都定义了显式的概率似然函数并直接通过最小化负对数似然进行优化。相较而言，变分自编码器的优化目标是最大化证据下界 (Evidence Lower Bound，ELBo)，证据下界是概率似然函数的一个下界。变分自编码器将文本映射为隐空间中的概率分布而非确定的向量，通过从概率分布中采样随机变量以建模文本的多样性和实现文本生成的类别可控性。具体地说，文本经过神经网络编码，对应转换到高斯分布中的均值向量和协方差矩阵参数，并通过从该分布中采样的隐变量部分地控制所生成的内容。通过这种方式，输入信息实际上被编码在了一个概率分布中，通过引入先验分布和近似后验分布之间的 KL 散度约束，以控制隐变量的分布形态。

与之前介绍的方法相比，生成式对抗网络则从一个全新的角度对模型进行优化。前面提到语言生成模型通常显式地建模了生成句子的概率似然，但生成式对抗网络不需要这一过程。它采用了一种截然不同的训练方式：模型分为判别网络和生成网络两个相反目标的网络，训练过程被视为两个网络之间的博弈过程，训练的目标是希望达到纳什均衡的状态。判别网络尝试区分生成的句子和数据集中的真实样本，生成网络尽量生成逼真的样本去欺骗判别网络。通过两者的对抗行为，判别网络能不断地提高辨别水平，而生成网络能够生成更加真实的句子。

特别值得注意的是，RNN 和 Transformer 神经网络是在各种语言生成模型中广泛采用的基础模型结构，适用于各种编码器和解码器。在变分自编码器中，编码网络负责将输入编码为概率分布的参数，解码网络根据隐变量重构原有输入；在生成式对抗网络中，生成网络负责解码生成，辨别网络对生成内容进行编码。这些网络均可以采用 RNN 或 Transformer 结构。

传统的自然语言生成方式是采用自回归的方式从左到右生成，这符合人类基本的阅读和写作习惯。在自回归的生成方式中，已经生成的词被依次重新输入模型以便生成下一个词。近些年来，变序生成 (如从右到左、从中间往两边生成等)、非自回归和半自回归的生成方式为文本生成提供了一些新的视角和思考。非自回归的语言生成在生成顺序上并不存在前后依赖关系，而是一次性解码所有位置的单词，具有很好的并行性，但在生成质量上还存在很大的提高空间。半自回归生成则介于自回归和非自回归之间，在有较好并行性的同时，也需要迭代的解码过程，以提升生成质量。这些新的生成方法虽然在生成效果上距离最佳模型还存在一定差距，但这些研究是非常有意义的新尝试。

规划是人类进行文字创作的基本步骤，在语言生成尤其是长文本生成中具有重要的作用。合理的规划可以显著提升生成文本的通顺度和连贯性，增加生成内容的信息量，减少无意义的重复内容。在数据到文本生成任务中，规划体现在决定输入数据的展现顺序，建模数据之间的依赖，对数据进行关联和组合，对数据进行选择和抽象等方面。在故事生成这类开放端语言生成任务中，规划显得尤为重要，通过事件链、故事骨架等逐步构建故事情节、篇章结构，使之成为一个有机整体。以 GPT 为代表的预训练语言生成模型虽然能生成看似流畅的文本，但它们在题材、情节、篇章结构的显式规划上有所欠缺，因此在文本生成过程中的可控性、可解释性上还存在很多不足，引入显式规划机制十分必要。

人类的语言文字中包含丰富的知识，包括文字中直接表达的世界知识如“2008 年北京成功举办了奥运会，中国创记录地夺得了 48 枚金牌”，隐式表达的常识知识如“柠檬是酸的，树有叶子”。尤其是常识问题，早在 1959 年就被 John McCarthy 和 Marvin Minsky 认为是人工智能中最重要的问题之一。在语言生成中，如何让语言生成模型生成符合世界知识、常识的内容，在连贯性、一致性、逻辑自洽性等方面取得突破依然是目前研究中主要的挑战。今天强大的 GPT 模型依然很容易犯常识性的错误，尤其在长文本生成中很容易产生前后矛盾、不一致的内容。融合知识的语言生成研究还处在早期阶段，本书介绍了这一方向的两个主要问题，即知识的编码与表示及融合知识的解码，并以故事生成、基于多跳常识推理的语言生成为例，说明了知识是如何融入文本生成过程中的。以知识为基础的文本生成是未来重要的研究方向。

语言生成的评价是自然语言生成中最重要和最基本的问题之一。本书系统、全面地阐述了语言生成评价的问题，涉及多个重要的方面：人工评价和自动评价，“与参考答案的相似性”和“类人性”，依赖人工评价的有监督方法和不依赖人工评价的无监督方法。开发与人工评价具有高统计相关性的自动评价指标始终是自然语言生成中面临的难题。特别是在一些开放端语言生成任务，如故事生成、对话生成中，仅仅对照有限的参考答案是完全不够的。解决这个问题，一方面，我们要深入开展语言学的研究，从词汇、篇章、语用等多个角度探索什么是好的文字表达；另一方面，从数据和计算的角度探索任务相关的自动评价方法。近年来的研究趋势表明，基于海量数据训练的预训练模型，利用其模型容量足够大的特点，能"记住"很多训练数据中的内容，因此在语言生成评价上也具有一定优势。结合预训练模型的语言生成评价，是一个值得尝试的研究方向。

12.2　趋势展望

基于神经网络的现代语言生成模型在许多生成任务中获得了成功，这一领域的研究也变得十分活跃，新的任务层出不穷，尤其是基于大规模预训练模型的生成模型受到广泛关注。下面以偏宏观的角度，从 4 个方面讨论现代自然语言生成的发展趋势：可控性问题、知识运用、长文本生成、语言生成中的创造性。

自然语言生成的可控性问题很大程度上制约了语言生成模型的应用范围和场景。例如，在对话系统或实时机器翻译系统中，不可控的语言生成可能会带来灾难性的后果。关于自然语言生成的可控性问题，我们需要回答"控什么""如何控"两个问题。第 1 章介绍了可控性的 4 个维度：语法性问题、信息量问题、关联度问题、语义问题。这基本上覆盖了目前自然语言生成中绝大部分问题。语言生成中的随机性本质上来自生成概率估计的不可靠及从生成概率中采样的随机性。针对第一个问题，语言生成概率分布的可靠估计始终是模型优化的目标，目前基于最大似然准则的优化方法在数据观测有限的条件下还存在不少局限。尤其是开放端语言生成任务，仅仅依赖有限观测数据的最大似然优化存在较大局限。例如，最近有研究表明，在对话生成中为了避免模型生成恶意、歧视、人身攻击的文本，采用反似然训练能有效降低生成这类文本的概率。针对第二个概率采样随机性的问题，新的采样方法如 Top k 和 Top p，能一定程度避免生成低概率的词，提高生成质量。这两个方向还有许多值得深入研究的问题。

现有的语言生成模型较大程度地缺少知识，特别是常识。因此，如何将世界知识、常识、领域知识等与语言生成模型有机结合在一起，是十分值得深入的研究方向。以目前强大的语言生成模型 GPT-2 为例，虽然它能生成令人惊叹的故事，但还经常出现“四个角的独角兽”之类的常识错误；同时，一些探究类的研究工作表明，GPT-2 模型无法应对简单的常识推理问题，尤其是两跳以上的推理问题。本书介绍了在预训练模型 GPT-2 中引入知识的两个方式，即知识增强的再训练及与图谱多跳推理结合的语言生成，这些工作表明知识引入能显著地改善语言生成的质量。融合知识的语言生成是未来重要的研究方向，特别是与现有的大规模预训练模型的结合，如何让语言模型生成连贯、通顺，符合世界知识、常识的文本依然是迫切需要解决的问题。其中的重要问题包括：知识表示与文本表示之间的映射和对齐，结合复杂知识推理的语言生成，零样本或少样本知识融合的语言生成等。近年来出现了一些综合语言生成和常识推理的研究任务，如常识解释生成、归因推理 (如何给定开头和结尾，推导中间情节)、反事实故事生成，表明在语言生成中的知识表达开始受到重视。

如何生成高质量的长文本 (如故事、散文、现代诗等) 是语言生成面临的主要挑战之一。现有端到端语言生成模型在短文本生成上取得了显著进展，但在长文本生成上，即便现在最强大的 GPT-2、GPT-3 模型也还面临显著的问题：缺少宏观规划，容易生成通用无意义文本、重复内容。规划是人类创作的基本步骤，特别是在创作长篇作品之前，往往需要在作品的多个维度上进行精心的规划，包括作品的题材、情节、骨架等，从而能够较好地掌控作品的呈现，以准确地传达作品的精神和思想。现有的语言生成模型在规划宏观话题、事件脉络、叙事结构等方面均存在显著不足，这导致生成文本缺少句间一致性和连贯性，并进一步导致通用无意义文本、重复内容的生成。因此，研究长文本生成的关键问题是未来重要的研究方向。

创造性 (Creativity) 是高质量人类写作的典型特征。维基百科关于“创造性”的定义为“创建新的、有价值物品的能力”，这种物品可能是抽象的 (如科学理论、想法等)，也可能是具体的 (如专利发明、艺术画、小说著作等)。在许多自然语言生成任务中，尤其是一些开放端的语言生成任务中，如现代诗生成、古诗生成、歌词生成、故事生成等，都体现了对“创造性”的要求。如何定义创造性，如何评价创造性，如何在语言生成中体现创造性，都是亟待研究的问题。在第 1 章提及的语言生成模型中“创造性”的定义是狭义的，意指模型生成输入中未指定、未约束的部分。相对广义的“创造性”可以定义为生成训练数据中未出现的、新颖、有价值的内容。以故事生成为例，对模型创造性的要求体现在生成新颖、有趣的故事情节上。

最后，我们以小学二年级语文课本上的小故事《蜘蛛开店》为例，说明知识、规划在长文本生成中的重要性。在这个故事中，这些常识起到了重要的作用：蜘蛛会织网，口罩、围巾、袜子是织物，河马嘴巴大，长颈鹿脖子很长，蜈蚣有 42 条腿。这些知识通过一个顺序结构串联在一起，事件前后连贯形成了“有趣、好笑”的故事情节，充分体现了“创造性”的特点。《蜘蛛开店》故事中的思维导图 (见图 12.1) 体现了知识和规划在其中扮演的重要角色。显然，现代最先进的语言生成模型距离这样的创作水平仍然十分遥远，在知识运用、句子规划等方面还存在显著不足。期待越来越多的研究者投入自然语言生成领域的研究，推动这一领域的研究发展和应用实践。

有一只蜘蛛，每天蹲在网上，等着小飞虫落在上面，好寂寞，好无聊哇。

蜘蛛决定开一家商店。卖什么呢？就卖口罩吧，因为口罩织起来很简单！于是，蜘蛛在一间小木屋外面挂了一个招牌，上面写着：“口罩编织店，每位顾客只需付一元钱。”顾客来了，是一只河马！河马嘴巴那么大，口罩好难织啊，蜘蛛用了一整天的工夫，终于织完了。

晚上，蜘蛛想：还是卖围巾吧，因为围巾织起来很简单！第二天，蜘蛛的招牌换了，上面写着：“围巾编织店，每位顾客只需付一元钱。”顾客来了，只见身子不见头。蜘蛛向上一看，原来是一只长颈鹿！它的脖子和大树一样高，脑袋从树叶间露出来，正对着蜘蛛笑呢。蜘蛛织啊织，足足忙了一个星期，才织完那条长长的围巾。

蜘蛛累得趴倒在地上，心里想：还是卖袜子吧，因为袜子织起来很简单！第二天，蜘蛛的招牌又换了，上面写着：“袜子编织店，每位顾客只需付一元钱。”可是，蜘蛛看到顾客以后，却吓得匆忙跑回网上。原来那位顾客竟是一只 42 条腿的蜈蚣！

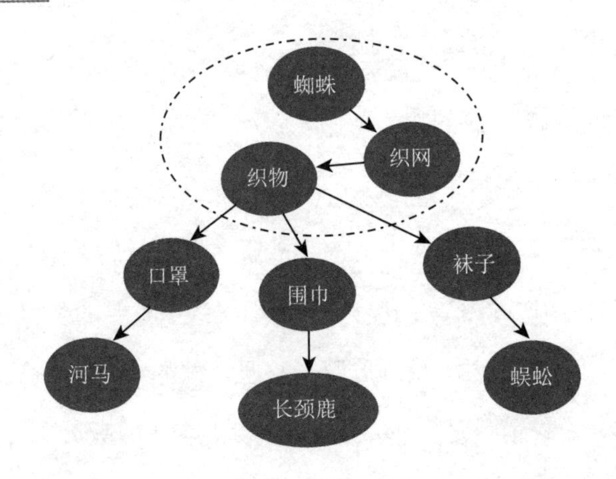

图 12.1 《蜘蛛开店》故事中的思维导图

参 考 文 献

[1] Bengio Y, Ducharme R, Vincent P, et al. A neural probabilistic language model [J]. JMLR, 2003, 3(Feb): 1137-1155.

[2] Mikolov T, Chen K, Corrado G, et al. Efficient estimation of word representations in vector space [J]. arXiv preprint arXiv:1301.3781, 2013.

[3] Reiter E, Dale R. Building applied natural language generation systems [J]. Natural Language Engineering, 1997, 3(1): 57-87.

[4] McDonald D D. Natural language generation. [J]. Handbook of Natural Language Processing, 2010, 2: 121-144.

[5] Espinosa D, White M, Mehay D. Hypertagging: Supertagging for surface realization with ccg [C]. ACL, 2008: 183-191.

[6] Steedman M. The syntactic process: volume 24 [M]. Cambridge: MIT press, 2000.

[7] Vaswani A, Shazeer N, Parmar N, et al. Attention is all you need [C]. NeurIPS, 2017: 5998-6008.

[8] Devlin J, Chang M, Lee K, et al. BERT: pre-training of deep bidirectional transformers for language understanding [C]. NAACL, 2019: 4171-4186.

[9] Radford A. Improving language understanding by generative pre-training [C]. OpenAI Blog, 2018.

[10] Harris Z S. Distributional structure [J]. Word, 1954, 10(2-3): 146-162.

[11] Hinton G, McClelland J, Rumelhart D. Distributed representations [C]. Parallel distributed processing: explorations in the microstructure of cognition, vol. 1., 1986: 77-109.

[12] Collobert R, Weston J, Bottou L, et al. Natural language processing (almost) from scratch [J]. JMLR, 2011, 12: 2493-2537.

[13] Firth J R. The technique of semantics. [J]. Transactions of the philological society, 1935, 34(1): 36-73.

[14] Peters M E, Neumann M, Iyyer M, et al. Deep contextualized word representations [C]. NAACL, 2018: 2227-2237.

[15] Yang Z, Dai Z, Yang Y, et al. Xlnet: Generalized autoregressive pretraining for language understanding [C]. NeurIPS, 2019: 5753-5763.

[16] Hochreiter S, Schmidhuber J. Long short-term memory [J]. Neural Computation, 1997, 9(8): 1735-1780.

[17] Grave E, Joulin A, Usunier N. Improving neural language models with a continuous cache [J]. arXiv preprint arXiv:1612.04426, 2016.

[18] Kim Y, Jernite Y, Sontag D, et al. Character-aware neural language models [C]. AAAI, 2016.

[19] Adel H, Vu N T, Kirchhoff K, et al. Syntactic and semantic features for code-switching factored language models [J]. TASLP, 2015, 23(3): 431-440.

[20] Bahdanau D, Cho K, Bengio Y. Neural machine translation by jointly learning to align and translate [C]. ICLR, 2015.

[21] Luong M T, Pham H, Manning C D. Effective approaches to attention-based neural machine translation [C]. EMNLP, 2015: 1412-1421.

[22] Holtzman A, Buys J, Du L, et al. The curious case of neural text degeneration [C]. ICLR, 2020.

[23] Ba J L, Kiros J R, Hinton G E. Layer normalization [J]. Stat, 2016, 1050: 21.

[24] Dai Z, Yang Z, Yang Y, et al. Transformer-xl: Attentive language models beyond a fixed-length context [C]. ACL, 2019: 2978-2988.

[25] Child R, Gray S, Radford A, et al. Generating long sequences with sparse transformers [J]. arXiv preprint arXiv:1904.10509, 2019.

[26] Guo Q, Qiu X, Liu P, et al. Star-transformer [C]. NAACL, 2019: 1315-1325.

[27] Sennrich R, Haddow B, Birch A. Neural machine translation of rare words with subword units [C]. ACL, 2016: 1715-1725.

[28] Radford A, Wu J, Child R, et al. Language models are unsupervised multitask learners [J]. OpenAI Blog, 2019, 1(8).

[29] Brown T B, Mann B, Ryder N, et al. Language models are few-shot learners [J]. arXiv preprint arXiv:2005.14165, 2020.

[30] Dong L, Yang N, Wang W, et al. Unified language model pre-training for natural language understanding and generation [C]. NeurIPS, 2019: 13042-13054.

[31] Song K, Tan X, Qin T, et al. MASS: masked sequence to sequence pre-training for language generation [C]. ICML, 2019: 5926-5936.

[32] Lewis M, Liu Y, Goyal N, et al. BART: denoising sequence-to-sequence pre-training for natural language generation, translation, and comprehension [C]. ACL, 2020: 7871-7880.

[33] Raffel C, Shazeer N, Roberts A, et al. Exploring the limits of transfer learning with a unified text-to-text transformer [J]. JMLR, 2020, 21(140): 1-67.

[34] Kingma D P, Welling M. Auto-encoding variational bayes [C]. ICLR, 2014.

[35] DOERSCH C. Tutorial on variational autoencoders [J]. Stat, 2016, 1050: 13.

[36] Kingma D P, Salimans T, Józefowicz R, et al. Improving variational autoencoders with inverse autoregressive flow [C]. NeurIPS, 2016: 4736-4744.

[37] Sohn K, Lee H, Yan. X. Learning structured output representation using deep conditional generative models [C]. NeurIPS, 2015: 3483-3491.

[38] Zhao T, Zhao R, Eskénazi M. Learning discourse-level diversity for neural dialog models using conditional variational autoencoders [C]. ACL, 2017: 654-664.

[39] Du J, Li W, He Y, et al. Variational autoregressive decoder for neural response generation [C]. EMNLP, 2018: 3154-3163.

[40] Schulz P, Aziz W, Cohn T. A stochastic decoder for neural machine translation [C]. ACL, 2018: 1243-1252.

[41] Xu J, Durrett G. Spherical latent spaces for stable variational autoencoders [C]. EMNLP, 2018: 4503-4513.

[42] Yang Z, Hu Z, Salakhutdinov R, et al. Improved variational autoencoders for text modeling using dilated convolutions [C]. ICML, 2017: 3881-3890.

[43] Jang E, Gu S, Poole B. Categorical reparameterization with gumbel-softmax [C]. ICLR, 2017.

[44] Zhao T, Lee K, Eskénazi M. Unsupervised discrete sentence representation learning for interpretable neural dialog generation [C]. ACL, 2018: 1098-1107.

[45] Goodfellow I J, Pouget-Abadie J, Mirza M, et al. Generative adversarial nets [C]. NeurIPS, 2014: 2672-2680.

[46] Sutton R S, Barto A G. Reinforcement learning: An introduction [J]. IEEE Trans. Neural Networks, 1998, 9(5): 1054-1054.

[47] Sutton R S, McAllester D A, Singh S P, et al. Policy gradient methods for reinforcement learning with function approximation [C]. NeurIPS, 1999: 1057-1063.

[48] Yu L, Zhang W, Wang J, et al. Seqgan: Sequence generative adversarial nets with policy gradient [C]. AAAI, 2017: 2852-2858.

[49] Lin K, Li D, He X, et al. Adversarial ranking for language generation [C]. NeurIPS, 2017: 3155-3165.

[50] Fedus W, Goodfellow I J, Dai A M. Maskgan: Better text generation via filling in the ________ [C]. ICLR, 2018.

[51] Williams R J. Simple statistical gradient-following algorithms for connectionist reinforcement learning [J]. Machine Learning, 1992, 8(3-4): 229-256.

[52] de Masson d'Autume C, Mohamed S, Rosca M, et al. Training language gans from scratch [C].

NeurIPS, 2019: 4302-4313.

[53] Bengio Y, Léonard N, Courville A. Estimating or propagating gradients through stochastic neurons for conditional computation [J]. arXiv preprint arXiv:1308.3432, 2013.

[54] Zhang Y, Gan Z, Fan K, et al. Adversarial feature matching for text generation [C]. ICML, 2017: 4006-4015.

[55] Chen L, Dai S, Tao C, et al. Adversarial text generation via feature-mover's distance [C]. NeurIPS, 2018: 4671-4682.

[56] Nie W, Narodytska N, Patel A. Relgan: Relational generative adversarial networks for text generation [C]. ICLR, 2019.

[57] Radford A, Metz L, Chintala S. Unsupervised representation learning with deep convolutional generative adversarial networks [C]. ICLR, 2016.

[58] Mirza M, Osindero S. Conditional generative adversarial nets [J]. arXiv preprint arXiv: 1411.1784, 2014.

[59] Zhu J, Park T, Isola P, et al. Unpaired image-to-image translation using cycle-consistent adversarial networks [C]. ICCV, 2017: 2242-2251.

[60] Dai N, Liang J, Qiu X, et al. Style transformer: Unpaired text style transfer without disentangled latent representation [C]. ACL, 2019: 5997-6007.

[61] Gu J, Bradbury J, Xiong C, et al. Non-autoregressive neural machine translation [C]. ICLR, 2018.

[62] Zhou J, Keung P. Improving non-autoregressive neural machine translation with monolingual data [C]. ACL, 2020: 1893-1898.

[63] Guo J, Tan X, He D, et al. Non-autoregressive neural machine translation with enhanced decoder input [C]. AAAI, 2019: 3723-3730.

[64] Shaw P, Uszkoreit J, Vaswani A. Self-attention with relative position representations [C]. NAACL-HLT, 2018: 464-468.

[65] Li X, Meng Y, Yuan A, et al. Lava nat: A non-autoregressive translation model with look-around decoding and vocabulary attention [J]. arXiv preprint arXiv:2002.03084, 2020.

[66] Tu L, Pang R Y, Wiseman S, et al. ENGINE: energy-based inference networks for non-autoregressive machine translation [C]. ACL, 2020: 2819-2826.

[67] Shao C, Feng Y, Zhang J, et al. Retrieving sequential information for non-autoregressive neural machine translation [C]. ACL, 2019: 3013-3024.

[68] Libovický J, Helcl J. End-to-end non-autoregressive neural machine translation with connec-

tionist temporal classification [C]. EMNLP, 2018: 3016-3021.

[69] Ghazvininejad M, Karpukhin V, Zettlemoyer L, et al. Aligned cross entropy for non-autoregressive machine translation [J]. arXiv preprint arXiv:2004.01655, 2020.

[70] Kaiser L, Bengio S, Roy A, et al. Fast decoding in sequence models using discrete latent variables [C]. ICML, 2018: 2395-2404.

[71] Ma X, Zhou C, Li X, et al. Flowseq: Non-autoregressive conditional sequence generation with generative flow [C]. EMNLP-IJCNLP, 2019: 4281-4291.

[72] Bao Y, Zhou H, Feng J, et al. Non-autoregressive transformer by position learning [J]. arXiv preprint arXiv:1911.10677, 2019.

[73] Lee J, Mansimov E, Cho K. Deterministic non-autoregressive neural sequence modeling by iterative refinement [C]. EMNLP, 2018: 1173-1182.

[74] Ghazvininejad M, Levy O, Liu Y, et al. Mask-predict: Parallel decoding of conditional masked language models [C]. EMNLP-IJCNLP, 2019: 6111-6120.

[75] Wang C, Zhang J, Chen H. Semi-autoregressive neural machine translation [C]. EMNLP, 2018: 479-488.

[76] Han Q, Meng Y, Wu F, et al. Non-autoregressive neural dialogue generation [J]. arXiv preprint arXiv:2002.04250, 2020.

[77] Wiseman S, Shieber S M, Rush A M. Challenges in data-to-document generation [C]. EMNLP, 2017: 2253-2263.

[78] Liu T, Wang K, Sha L, et al. Table-to-text generation by structure-aware seq2seq learning [C]. AAAI, 2018: 4881-4888.

[79] Sha L, Mou L, Liu T, et al. Order-planning neural text generation from structured data [C]. AAAI, 2018: 5414-5421.

[80] Shao Z, Huang M, Wen J, et al. Long and diverse text generation with planning-based hierarchical variational model [C]. EMNLP-IJCNLP, 2019: 3255-3266.

[81] Meehan J R. The metanovel: Writing stories by computer. [D]. USA: Yale University, 1976.

[82] Penberthy J S, Weld D S. Ucpop: a sound, complete, partial order planner for adl [C]. KR, 1992: 103-114.

[83] Weld D S. An introduction to least commitment planning [J]. AI magazine, 1994, 15(4): 27-27.

[84] Riedl M O, Young R M. Narrative planning: Balancing plot and character [J]. JAIR, 2010, 39: 217-268.

[85] Fan A, Lewis M, Dauphin Y N. Strategies for structuring story generation [C]. ACL, 2019: 2650-2660.

[86] Tambwekar P, Dhuliawala M, Martin L J, et al. Controllable neural story plot generation via reward shaping [C]. IJCAI, 2019: 5982-5988.

[87] Xu J, Ren X, Zhang Y, et al. A skeleton-based model for promoting coherence among sentences in narrative story generation [C]. EMNLP, 2018: 4306-4315.

[88] Bordes A, Usunier N, García-Durán A, et al. Translating embeddings for modeling multi-relational data [C]. NeurIPS, 2013: 2787-2795.

[89] Kipf T N, Welling M. Semi-supervised classification with graph convolutional networks [C]. ICLR, 2017.

[90] Schlichtkrull M S, Kipf T N, Bloem P, et al. Modeling relational data with graph convolutional networks [C]. ESWC, 2018: 593-607.

[91] Velickovic P, Cucurull G, Casanova A, et al. Graph attention networks [C]. ICLR, 2018.

[92] Nathani D, Chauhan J, Sharma C, et al. Learning attention-based embeddings for relation prediction in knowledge graphs [C]. ACL, 2019: 4710-4723.

[93] Sukhbaatar S, Weston J, Fergus R, et al. End-to-end memory networks [C]. NeurIPS, 2015: 2440-2448.

[94] Dinan E, Roller S, Shuster K, et al. Wizard of wikipedia: Knowledge-powered conversational agents [C]. ICLR, 2019.

[95] Ghazvininejad M, Brockett C, Chang M, et al. A knowledge-grounded neural conversation model [C]. AAAI, 2018: 5110-5117.

[96] Gu J, Lu Z, Li H, et al. Incorporating copying mechanism in sequence-to-sequence learning [C]. ACL, 2016.

[97] Ahn S, Choi H, Pärnamaa T, et al. A neural knowledge language model [J]. arXiv preprint arXiv:1608.00318, 2016.

[98] Bosselut A, Rashkin H, Sap M, et al. COMET: Commonsense transformers for automatic knowledge graph construction [C]. ACL, 2019: 4762-4779.

[99] Ji H, Ke P, Huang S, et al. Language generation with multi-hop reasoning on commonsense knowledge graph [C]. EMNLP, 2020: 725-736.

[100] Guan J, Huang F, Huang M, et al. A knowledge-enhanced pretraining model for commonsense story generation [J]. TACL, 2020, 8: 93-108.

[101] Vashishth S, Sanyal S, Nitin V, et al. Composition-based multi-relational graph convolutional networks [C]. ICLR, 2020.

[102] IV R L L, Liu N F, Peters M E, et al. Barack's wife hillary: Using knowledge graphs for

fact-aware language modeling [C]. ACL, 2019: 5962-5971.

[103] Hayashi H, Hu Z, Xiong C, et al. Latent relation language models [C]. AAAI, 2020: 7911-7918.

[104] Zhang Z, Han X, Liu Z, et al. ERNIE: enhanced language representation with informative entities [C]. ACL, 2019: 1441-1451.

[105] Sun Y, Wang S, Li Y, et al. ERNIE: enhanced representation through knowledge integration [J]. arXiv preprint arXiv: 1904.09223, 2019.

[106] Peters M E, Neumann M, IV R L L, et al. Knowledge enhanced contextual word representations [C]. EMNLP-IJCNLP, 2019: 43-54.

[107] Liu W, Zhou P, Zhao Z, et al. K-BERT: enabling language representation with knowledge graph [C]. AAAI, 2020: 2901-2908.

[108] Petroni F, Rocktäschel T, Riedel S, et al. Language models as knowledge bases? [C]. EMNLP, 2019: 2463-2473.

[109] Liu N F, Gardner M, Belinkov Y, et al. Linguistic knowledge and transferability of contextual representations [C]. NAACL, 2019: 1073-1094.

[110] Hewitt J, Liang P. Designing and interpreting probes with control tasks [C]. EMNLP, 2019: 2733-2743.

[111] Hermann K M, Kociský T, Grefenstette E, et al. Teaching machines to read and comprehend [C]. NIPS, 2015: 1693-1701.

[112] Graff D, Cieri C. English gigaword [DS/OL]. Linguistic Data Consortium, Philadelphia, 2003.

[113] Hu B, Chen Q, Zhu F. LCSTS: A large scale chinese short text summarization dataset [C]. EMNLP, 2015: 1967-1972.

[114] Cohan A, Dernoncourt F, Kim D S, et al. A discourse-aware attention model for abstractive summarization of long documents [C]. NACCL-HLT, 2018: 615-621.

[115] Sharma E, Li C, Wang L. BIGPATENT: A large-scale dataset for abstractive and coherent summarization [C]. ACL, 2019: 2204-2213.

[116] Fabbri A R, Li I, She T, et al. Multi-news: A large-scale multi-document summarization dataset and abstractive hierarchical model [C]. ACL, 2019: 1074-1084.

[117] Nguyen K, III H D. Global voices: Crossing borders in automatic news summarization [C]. Proceedings of the 2nd Workshop on New Frontiers in Summarization, 2019: 90-97.

[118] Misra A, Anand P, Tree J E F, et al. Using summarization to discover argument facets in online idealogical dialog [C]. NAACL-HLT, 2015: 430-440.

[119] Gliwa B, Mochol I, Biesek M, et al. Samsum corpus: A human-annotated dialogue dataset for abstractive summarization [J]. arXiv preprint arXiv: 1911.12237, 2019.

[120] Fremmann L, Klementiev A. Inducing document structure for aspect-based summarization [C]. ACL, 2019: 6263-6273.

[121] Knight K, Badarau B, Baranescu L, et al. Abstract meaning representation (amr) annotation release 2.0 [DS/OL]. Linguistic Data Consortium, Philadelphia, 2017.

[122] Liang P, Jordan M I, Klein D. Learning semantic correspondences with less supervision [C]. ACL/IJCNLP, 2009: 91-99.

[123] Lebret R, Grangier D, Auli M. Neural text generation from structured data with application to the biography domain [C]. EMNLP, 2016: 1203-1213.

[124] Mostafazadeh N, Chambers N, He X, et al. A corpus and cloze evaluation for deeper understanding of commonsense stories [C]. NAACL HLT, 2016: 839-849.

[125] Fan A, Lewis M, Dauphin Y N. Hierarchical neural story generation [C]. ACL, 2018: 889-898.

[126] Qin L, Bosselut A, Holtzman A, et al. Counterfactual story reasoning and generation [C]. EMNLP-IJCNLP, 2019: 5042-5052.

[127] Tiedemann J. Parallel data, tools and interfaces in opus. [C]. Lrec, 2012: 2214-2218.

[128] Lowe R, Pow N, Serban I, et al. The ubuntu dialogue corpus: A large dataset for research in unstructured multi-turn dialogue systems [C]. ACL/ISCA, 2015: 285-294.

[129] Al-Rfou R, Pickett M, Snaider J, et al. Conversational contextual cues: The case of personalization and history for response ranking [J]. arXiv preprint arXiv:1606.00372, 2016.

[130] Shang L, Lu Z, Li H. Neural responding machine for short-text conversation [C]. ACL, 2015: 1577-1586.

[131] Zhou K, Prabhumoye S, Black A W. A dataset for document grounded conversations [C]. EMNLP, 2018: 708-713.

[132] Moghe N, Arora S, Banerjee S, et al. Towards exploiting background knowledge for building conversation systems [C]. EMNLP, 2018: 2322-2332.

[133] Gopalakrishnan K, Hedayatnia B, Chen Q, et al. Topical-chat: Towards knowledge-grounded open-domain conversations. [C]. INTERSPEECH, 2019: 1891-1895.

[134] Moon S, Shah P, Kumar A, et al. Opendialkg: Explainable conversational reasoning with attention-based walks over knowledge graphs [C]. ACL, 2019: 845-854.

[135] Wu W, Guo Z, Zhou X, et al. Proactive human-machine conversation with explicit conversation goal [C]. ACL, 2019: 3794-3804.

[136] Zhou H, Zheng C, Huang K, et al. Kdconv: A chinese multi-domain dialogue dataset towards multi-turn knowledge-driven conversation [C]. ACL, 2020: 7098-7108.

[137] Zheng Y, Chen G, Huang M, et al. Personalized dialogue generation with diversified traits [J].

arXiv preprint arXiv:1901.09672, 2019.

[138] Zhang S, Dinan E, Urbanek J, et al. Personalizing dialogue agents: I have a dog, do you have pets too? [C]. ACL, 2018.

[139] Zhou H, Huang M, Zhang T, et al. Emotional chatting machine: Emotional conversation generation with internal and external memory [C]. AAAI, 2018: 730-739.

[140] Li Y, Su H, Shen X, et al. Dailydialog: A manually labelled multi-turn dialogue dataset [C]. IJCNLP, 2017: 986-995.

[141] Krishna R, Zhu Y, Groth O, et al. Visual genome: Connecting language and vision using crowdsourced dense image annotations [J]. IJCV, 2017, 123(1): 32-73.

[142] Chen X, Fang H, Lin T Y, et al. Microsoft coco captions: Data collection and evaluation server [J]. arXiv preprint arXiv:1504.00325, 2015.

[143] Plummer B A, Wang L, Cervantes C M, et al. Flickr30k entities: Collecting region-to-phrase correspondences for richer image-to-sentence models [C]. ICCV, 2015: 2641-2649.

[144] Xu J, Mei T, Yao T, et al. Msr-vtt: A large video description dataset for bridging video and language [C]. CVPR, 2016: 5288-5296.

[145] Wang X, Wu J, Chen J, et al. Vatex: A large-scale, high-quality multilingual dataset for video-and-language research [C]. ICCV, 2019: 4581-4591.

[146] Huang T H, Ferraro F, Mostafazadeh N, et al. Visual storytelling [C]. NAACL, 2016: 1233-1239.

[147] Das A, Kottur S, Gupta K, et al. Visual dialog [C]. CVPR, 2017: 1080-1089.

[148] Merity S, Xiong C, Bradbury J, et al. Pointer sentinel mixture models [C]. ICLR, 2017.

[149] Santhanam S, Shaikh S. Towards best experiment design for evaluating dialogue system output [C]. INLG, 2019: 88-94.

[150] Santhanam S, Karduni A, Shaikh S. Studying the effects of cognitive biases in evaluation of conversational agents [C]. CHI, 2020: 1-13.

[151] Papineni K, Roukos S, Ward T, et al. Bleu: a method for automatic evaluation of machine translation [C]. ACL, 2002: 311-318.

[152] Lin C Y. ROUGE: A package for automatic evaluation of summaries [C]. Text Summarization Branches Out, 2004: 74-81.

[153] Banerjee S, Lavie A. METEOR: an automatic metric for MT evaluation with improved correlation with human judgments [C]. Proceedings of the Workshop on Intrinsic and Extrinsic Evaluation Measures for Machine Translation and/or Summarization, 2005: 65-72.

[154] Vedantam R, Zitnick C L, Parikh D. Cider: Consensus-based image description evaluation [C]. CVPR, 2015: 4566-4575.

[155] Li J, Galley M, Brockett C, et al. A diversity-promoting objective function for neural conversation models [C]. NAACL-HLT, 2016: 110-119.

[156] Zhu Y, Lu S, Zheng L, et al. Texygen: A benchmarking platform for text generation models [C]. ACM, 2018: 1097-1100.

[157] Lowe R, Noseworthy M, Serban I V, et al. Towards an automatic turing test: Learning to evaluate dialogue responses [C]. ACL, 2017: 1116-1126.

[158] Serban I V, Sordoni A, Lowe R, et al. A hierarchical latent variable encoder-decoder model for generating dialogues [C]. AAAI, 2017: 3295-3301.

[159] Sellam T, Das D, Parikh A P. BLEURT: learning robust metrics for text generation [C]. ACL, 2020: 7881-7892.

[160] Zhao J J, Kim Y, Zhang K, et al. Adversarially regularized autoencoders [C]. ICML: volume 80, 2018: 5897-5906.

[161] Forgues G, Pineau J, Larchevêque J M, et al. Bootstrapping dialog systems with word embeddings [C]. Modern Machine Learning and Natural Language Processing workshop @ NIPS: volume 2, 2014.

[162] Zhang T, Kishore V, Wu F, et al. Bertscore: Evaluating text generation with BERT [C]. ICLR, 2020.

[163] Zhao W, Peyrard M, Liu F, et al. Moverscore: Text generation evaluating with contextualized embeddings and earth mover distance [C]. EMNLP-IJCNLP, 2019: 563-578.

[164] Kannan A, Vinyals O. Adversarial evaluation of dialogue models [J]. arXiv preprint arXiv: 1701.08198, 2017.

[165] Tao C, Mou L, Zhao D, et al. RUBER: an unsupervised method for automatic evaluation of open-domain dialog systems [C]. AAAI, 2018: 722-729.

[166] Chaganty A, Mussmann S, Liang P. The price of debiasing automatic metrics in natural language evaluation [C]. ACL, 2018: 643-653.

[167] Hashimoto T, Zhang H, Liang P. Unifying human and statistical evaluation for natural language generation [C]. NAACL, 2019: 1689-1701.